普通高等教育"十二五"规划教材

建设工程监理

主　编　梁　鸿　郭世文

U0284047

中国水利水电出版社
www.waterpub.com.cn

内 容 提 要

本书为全国普通高等教育"十二五"规划教材,共分九章,包括绪论、建设工程监理实施、建设工程质量控制、建设工程进度控制、建设工程投资控制、建设工程合同管理、建设工程信息管理、建设工程安全生产监理、建设工程环境监理。

本书注重理论与实际相结合,在保证系统全面的同时,按照当前最新法规、标准规范的有关要求编写,适用于高等学校工程建设类专业本科高年级学生及研究生选修用书,也可供工程监理人员参考。

图书在版编目(CIP)数据

建设工程监理/梁鸿,郭世文主编 . —北京:中
国水利水电出版社,2012.8(2017.8重印)
普通高等教育"十二五"规划教材
ISBN 978-7-5170-0065-5

Ⅰ.①建… Ⅱ.①梁…②郭… Ⅲ.①建筑工程-监
理工作-高等学校-教材 Ⅳ.①TU712

中国版本图书馆 CIP 数据核字(2012)第 189882 号

书　　名	普通高等教育"十二五"规划教材 **建设工程监理**
作　　者	主编　梁鸿　郭世文
出版发行	中国水利水电出版社 (北京市海淀区玉渊潭南路1号D座　100038) 网址:www.waterpub.com.cn E-mail:sales@waterpub.com.cn 电话:(010)68367658(营销中心)
经　　售	北京科水图书销售中心(零售) 电话:(010)88383994、63202643、68545874 全国各地新华书店和相关出版物销售网点
排　　版	中国水利水电出版社微机排版中心
印　　刷	北京嘉恒彩色印刷有限责任公司
规　　格	184mm×260mm　16开本　13印张　308千字
版　　次	2012年8月第1版　2017年8月第2次印刷
印　　数	3001—4000册
定　　价	**28.00元**

凡购买我社图书,如有缺页、倒页、脱页的,本社营销中心负责调换

版权所有·侵权必究

前　言

　　本书结合我国建设工程监理制度推行以来取得的成绩和积累的丰富工程监理经验，融合当代工程管理领域新的研究成果以及不断变化的趋势和要求，从适应我国建设工程监理事业和从业人员的教育发展的需求出发，全面系统地阐述了工程建设监理的基本理论，以及工程建设监理实施程序、工程建设监理目标控制的方法与手段。

　　本书注重理论与实际相结合，持续与发展相结合，在保证系统全面的同时，按照当前最新法规、标准规范的有关要求编写，内容新颖、实用，可操作性强。本书作为全国普通高等教育"十二五"规划教材，编写中注意到与大学本科工程建设类专业已修课程相关内容尽量不重复，适用于高等学校工程建设类专业本科高年级学生及研究生选修用，也可作为工程监理人员参考用书。

　　编写分工如下：内蒙古农业大学梁鸿编写第一章和第三章，中国农业大学郭世文编写第二章和第九章，内蒙古农业大学屈冉编写第四章和第五章，内蒙古电子信息职业技术学院王燕编写第六章和第七章，内蒙古大学信志刚编写第八章。

　　本书在编写过程中参阅了书后所列参考文献的相关内容，引用了大量前人的工作成果和现行相关教材的有关内容，在此，编者深表谢意。由于国内外工程建设的理论与技术在不断提高，相应建设工程监理内容也在不断发展，加之作者水平有限，书中缺点和错误在所难免，恳请读者批评指正。

编　者

2012 年 5 月

目 录

第一章 绪 论

第一节 建设工程监理制度

一、建设工程监理制产生的背景

从新中国成立直至 20 世纪 80 年代，我国固定资产投资基本上是由国家统一安排计划（包括具体的项目计划），由国家统一财政拨款。在我国当时经济基础薄弱、建设投资和物资短缺的条件下，这种方式对于国家集中有限的财力、物力、人力进行经济建设，迅速建立我国的工业体系和国民经济体系起到了积极作用。

当时，我国建设工程的管理基本上采用两种形式：对于一般建设工程，由建设单位自己组成筹建机构，自行管理；对于重大建设工程，则从与该工程相关的单位抽调人员组成工程建设指挥部，由指挥部进行管理。因为建设单位无须承担经济风险，这两种管理形式得以长期存在，但其弊端是不言而喻的。由于这两种形式都是针对一个特定的建设工程临时组建的管理机构，相当一部分人员不具有建设工程管理的知识和经验，因此，他们只能在工作实践中摸索。而一旦工程建成投入使用，原有的工程管理机构和人员就解散，当有新的建设工程时再重新组建。这样，建设工程管理的经验不能承袭升华，用来指导今后的工程建设，而教训却不断重复发生，使我国建设工程管理水平长期在低水平状态，难以提高。投资"三超"（概算超估算、预算超概算、结算超预算）、工期延长的现象较为普遍。工程建设领域存在的上述问题受到政府和有关单位的关注。

20 世纪 80 年代我国进入了改革开放的新时期，国务院决定在基本建设和建筑业领域采取一些重大的改革措施，例如，投资有偿使用（即"拨改贷"）、投资包干责任制、投资主体多元化、工程招标投标制等。在这种情况下，改革传统的建设工程管理形式，已经势在必行。否则，难以适应我国经济发展和改革开放新形势的要求。

通过对我国几十年建设工程管理实践的反思和总结，并对国外工程管理制度与管理方法进行了考察，认识到建设单位的工程项目管理是一项专门的学问，需要一大批专门的机构和人才，建设单位的工程项目管理应当走专业化、社会化的道路。在此基础上，建设部于 1988 年发布了"关于开展建设监理工作的通知"，明确提出要建立建设监理制度。建设监理制作为工程建设领域的一项改革举措，旨在改变陈旧的工程管理模式，建立专业化、社会化的建设监理机构，协助建设单位做好项目管理工作，以提高建设水平和投资效益。

建设工程监理制于 1988 年开始试点，5 年后逐步推开，1997 年《中华人民共和国建筑法》（以下简称《建筑法》）以法律制度的形式作出规定，国家推行建设工程监理制度，从而使建设工程监理在全国范围内进入全面推行阶段。

二、建设工程监理的概念

（一）定义

建设工程监理，是指具有相应资质的工程监理企业，接受建设单位的委托，承担其项目管理工作，并代表建设单位对施工单位的建设行为进行监督管理的专业化服务活动。

建设单位，也称为项目法人，是委托监理的一方。建设单位在工程建设中拥有确定建设工程规模、标准、功能以及选择勘察、设计、施工、监理单位等工程建设中重大问题的决定权。

工程监理企业是指取得企业法人营业执照，具有监理资质证书的依法从事建设工程监理业务活动的经济组织。

（二）监理概念的要点

1. 建设工程监理的行为主体

《建筑法》明确规定，实行监理的建设工程，由建设单位委托具有相应资质条件的工程监理企业实施监理。建设工程监理只能由具有相应资质的工程监理企业来开展，建设工程监理的行为主体是工程监理企业，这是我国建设工程监理制度的一项重要规定。

建设工程监理不同于建设行政主管部门的监督管理。后者的行为主体是政府部门，它具有明显的强制性，是行政性的监督管理，它的任务、职责、内容不同于建设工程监理。同样，总承包单位对分包单位的监督管理也不能视为建设工程监理。

2. 建设工程监理实施的前提

《建筑法》明确规定，建设单位与其委托的工程监理企业应当订立书面建设工程委托监理合同。也就是说，建设工程监理的实施需要建设单位的委托和授权。工程监理企业应根据委托监理合同和有关建设工程合同的规定实施监理。

建设工程监理只有在建设单位委托的情况下才能进行。只有与建设单位订立书面委托监理合同，明确了监理的范围、内容、权利、义务、责任等，工程监理企业才能在规定的范围内行使管理权，合法地开展建设工程监理。工程监理企业在委托监理的工程中拥有一定的管理权限，能够开展管理活动，是建设单位授权的结果。

承建单位根据法律、法规的规定和它与建设单位签订的有关建设工程合同的规定接受工程监理企业对其建设行为进行的监督管理，接受并配合监理是其履行合同的一种行为。工程监理企业对哪些单位的哪些建设行为实施监理要根据有关建设工程合同的规定来进行。例如，仅委托施工阶段监理的工程，工程监理企业只能根据委托监理合同和施工合同对施工行为实行监理。而在委托全过程监理的工程中，工程监理企业则可以根据委托监理合同以及勘察合同、设计合同、施工合同对勘察单位、设计单位和施工单位的建设行为实行监理。

3. 建设工程监理的依据

建设工程监理的依据包括：工程建设文件、有关的法律、法规、规章和标准、规范、建设工程委托监理合同和有关的建设工程合同。

（1）工程建设文件。工程建设文件主要包括：批准的可行性研究报告、建设项目选址意见书、建设用地规划许可证、建设工程规划许可证、批准的施工图设计文件、施工许可证等。

（2）有关的法律、法规、规章和标准、规范。有关的法律、法规、规章和标准、规范主要包括：《建筑法》、《中华人民共和国合同法》、《中华人民共和国招标投标法》、《建设工程质量管理条例》等法律法规，《工程建设监理规定》等部门规章，以及地方性法规等，也包括《工程建设标准强制性条文》、《建设工程监理规范》以及有关的工程技术标准、规范等。

（3）建设工程委托监理合同和有关的建设工程合同。工程监理企业应当根据下述两类合同进行监理，一是工程监理企业与建设单位签订的建设工程委托监理合同；二是建设单位与承建单位签订的建设工程合同。

4. 建设工程监理的范围

建设工程监理范围可以分为监理的工程范围和监理的建设阶段范围。

（1）工程范围。为了有效发挥建设工程监理的作用，加大推行监理的力度，根据《建筑法》，国务院公布的《建设工程质量管理条例》对实行强制性监理的工程范围作了原则性的规定，2001年建设部颁布了《建设工程监理范围和规模标准规定》（86号部令），规定了必须实行监理的建设工程项目的具体范围和规模标准。

下列建设工程必须实行监理：

1）国家重点建设工程：依据《国家重点建设项目管理办法》所确定的对国民经济和社会发展有重大影响的骨干项目。

2）大中型公用事业工程：项目总投资额在3000万元以上的供水、供电、供气、供热等市政工程项目；科技、教育、文化等项目；体育、旅游、商业等项目；卫生、社会福利等项目；其他公用事业项目。

3）成片开发建设的住宅小区工程：建筑面积在5万 m^2 以上的住宅建设工程。

4）利用外国政府或者国际组织贷款、援助资金的工程：包括使用世界银行、亚洲开发银行等国际组织贷款资金的项目；使用国外政府及其机构贷款资金的项目；使用国际组织或者国外政府援助资金的项目。

5）国家规定必须实行监理的其他工程：项目总投资额在3000万元以上关系社会公共利益、公众安全的交通运输、水利建设、城市基础设施、生态环境保护、信息产业、能源等基础设施项目；学校、影剧院、体育场馆项目。

建设工程监理范围不宜无限扩大，否则会造成监理力量与监理任务严重失衡，使得监理工作难以到位，保证不了建设工程监理的质量和效果。从长远来看，随着投资体制的不断深化改革，投资主体日益多元化，对所有建设工程都实行强制监理的做法，既与市场经济的要求不相适应，也不利于建设工程监理行业的健康发展。

（2）建设阶段范围。建设工程监理可以适用于工程建设投资决策阶段和实施阶段，但目前主要是建设工程施工阶段。

在建设工程施工阶段，建设单位、勘察单位、设计单位、施工单位和工程监理企业等工程建设的各类行为主体均出现在建设工程当中，形成了一个完整的建设工程组织体系。在这个阶段，建筑市场的发包体系、承包体系、管理服务体系的各主体在建设工程中会合，由建设单位、勘察单位、设计单位、施工单位和工程监理企业各自承担工程建设的责任和义务，最终将建设工程建成并投入使用。在施工阶段委托监理，其目的是更有效地发挥监理的规划、控制、协调作用，为在计划目标内建成工程提供最好的管理。

三、建设工程监理的性质

1. 服务性

建设工程监理具有服务性，是从它的业务性质方面定性的。建设工程监理的主要方法是规划、控制、协调，主要任务是控制建设工程的投资、进度和质量，最终应当达到的基本目的是协助建设单位在计划的目标内将建设工程建成投入使用。这就是建设工程监理的管理服务的内涵。

工程监理企业既不直接进行设计，也不直接进行施工；既不向建设单位承包造价，也不参与承包商的利益分成。在工程建设中，监理人员利用自己的知识、技能和经验、信息以及必要的试验、检测手段，为建设单位提供管理和技术服务。

工程监理企业不能完全取代建设单位的管理活动。它不具有工程建设重大问题的决策权，它只能在授权范围内代表建设单位进行管理。

建设工程监理的服务对象是建设单位，监理服务是按照委托监理合同的规定进行的，是受法律约束和保护的。

2. 科学性

科学性是由建设工程监理要达到的基本目的决定的。建设工程监理以协助建设单位实现其投资目的为己任，力求在计划的目标内建成工程。面对工程规模日趋庞大，环境日益复杂，功能、标准要求越来越高，新技术、新工艺、新材料、新设备不断涌现，参加建设的单位越来越多，市场竞争日益激烈，风险日渐增加的情况，只有采用科学的思想、理论、方法和手段才能驾驭工程建设。

科学性主要表现在：工程监理企业应当由组织管理能力强、工程建设经验丰富的人员担任领导；应当有足够数量的、有丰富的管理经验和应变能力的监理工程师组成的骨干队伍；要有一套健全的管理制度；要有现代化的管理手段；要掌握先进的管理理论、方法和手段；要积累足够的技术、经济资料和数据；要有科学的工作态度和严谨的工作作风，要实事求是、创造性地开展工作。

3. 独立性

《建筑法》明确指出，工程监理企业应当根据建设单位的委托，客观、公正地执行监理任务，《工程建设监理规定》和《建设工程监理规范》要求工程监理企业按照"公正、独立、自主"原则开展监理工作。

按照独立性要求，工程监理单位应当严格地按照有关法律、法规、规章、工程建设文件、工程建设技术标准、建设工程委托监理合同、有关的建设工程合同等的规定实施监理；在委托监理的工程中，与承建单位不得有隶属关系和其他利害关系；在开展工程监理的过程中，必须建立自己的组织，按照自己的工作计划、程序、流程、方法、手段，根据自己的判断，独立地开展工作。

4. 公正性

公正性是社会公认的职业道德准则，是监理行业能够长期生存和发展的基本前提，在开展建设工程监理的过程中，工程监理企业应当排除各种干扰，客观、公正地对待监理的委托单位和承建单位。特别是当这两方发生利益冲突或者矛盾时，工程监理企业应以事实为依据，以法律及有关合同为准绳，在维护建设单位的合法权益时，不损害承建单位的合法权益，例如，在调整建设单位和承建单位之间的争议、处理工程索赔和工程延期，进行工程款支付控制以及竣工结算时，应客观、公正地对待建设单位和承建单位。

四、建设工程监理的作用

建设单位的工程项目实行专业化、社会化管理在国外已有 100 多年的历史，在提高投资的经济效益方面发挥了重要作用。我国实施建设工程监理的时间虽然不长但已经发挥出明显的作用，为政府和社会所承认。建设工程监理的作用主要表现在以下几方面：

1. 有利于提高建设工程投资决策科学化水平

在建设单位委托工程监理企业实施全方位全过程监理的条件下，在建设单位有了初步的项目投资意向之后，工程监理企业可协助建设单位选择适当的工程咨询机构，管理工程咨询合同的实施，并对咨询结果（如项目建议书、可行性研究报告）进行评估，提出有价值的修改意见和建议；或者直接从事工程咨询工作，为建设单位提供建设方案，这样不仅可使项目投资符合国家经济发展规划、产业政策、投资方向，而且可使项目投资更加符合市场需求。工程监理企业参与或承担项目决策阶段的监理工作，有利于提高项目投资决策的科学化水平，避免项目投资决策失误，也为实现建设工程投资综合效益最大化打下了良好的基础。

2. 有利于规范工程建设参与各方的建设行为

工程建设参与各方的建设行为都应当符合法律、法规、规章和市场准则。要做到这一点仅依靠自律机制远远不够，还需要建立有效的约束机制。为此，首先需要政府对工程建设参与各方的建设行为进行全面的监督管理，这是最基本的约束，也是政府的主要职能之一。但是，由于客观条件所限，政府的监督管理不可能深入到每一项建设工程的实施过程中，因而，还需要建立其他约束机制，能在建设工程实施过程中对工程建设参与各方的建设行为进行约束。建设工程监理制就是这样一种约束机制。

在建设工程实施过程中，工程监理企业可依据委托监理合同和有关的建设工程合同对承建单位的建设行为进行监督管理。由于这种约束机制贯穿于工程建设的全过程，采用事前、事中和事后控制相结合的方式，可以有效地规范各承建单位的建设行为，最大限度地避免不当建设行为的发生。即使出现不当的建设行为，也可以及时加以制止，最大限度地减少其不良后果。另一方面，由于建设单位不了解建设工程有关的法律、法规、规章、管理程序和市场行为准则，也可能发生不当建设行为。在这种情况下，工程监理单位可以向建设单位提出适当的建议，从而避免发生建设单位的不当建设行为，这对规范建设单位的建设行为也可起到一定的约束作用。

当然，要发挥上述约束作用，工程监理企业首先必须规范自身的行为，并接受政府的监督管理。

3. 有利于促使承建单位保证建设工程质量和使用安全

建设工程是一种特殊的产品，不仅价值大、使用寿命长，而且还关系到人民的生命财产安全、健康和环境。因此，保证建设工程质量和使用安全就显得尤为重要，不允许有丝毫的懈怠和疏忽。

工程监理企业对承建单位建设行为的监督管理，实际上是从产品需求者的角度对建设工程生产过程的管理，这与产品生产者自身的管理有很大的不同。而工程监理企业又不同于建设工程的实际需求者，其监理人员都是既懂工程技术又懂经济管理的专业人士，他们有能力及时发现建设工程实施过程中出现的问题，发现工程材料、设备存在的问题，从而避免留下工程质量隐患。因此，实行建设工程监理制之后，在加强承建单位自身对工程质量管理的基础上，由工程监理企业介入建设工程生产过程的管理，对保证建设工程质量和使用安全有着重要作用。

4. 有利于实现建设工程投资效益最大化

建设工程投资效益最大化有以下三种不同表现：

（1）在满足建设工程预定功能和质量标准的前提下，建设投资额最小。

（2）在满足建设工程预定功能和质量标准的前提下，建设工程寿命周期费用（或全寿命费用）最少。

（3）建设工程本身的投资效益与环境、社会效益的综合效益最大化。

实行建设工程监理制之后，工程监理企业一般都能协助建设单位实现上述建设工程投资效益最大化的第一种表现，也能在一定程度上实现上述第二种和第三种表现。随着建设工程寿命周期费用思想和综合效益理念被越来越多的建设单位所接受，建设工程投资效益最大化的第二种和第三种表现的比例将越来越大，从而大大提高全社会的投资效益，促进我国国民经济的发展。

第二节　监　理　工　程　师

监理工程师是指经考试取得中华人民共和国监理工程师资格证书，并经注册，取得中华人民共和国注册监理工程师注册执业证书和执业印章，从事工程监理及相关业务活动的专业人员。

一、监理工程师执业特点

我国的监理工程师执业特点主要表现在以下几方面。

1. 执业范围广泛

建设工程监理，就其监理的工程类别来看，包括土木工程、建筑工程、线路管道与设备安装工程和装修工程等类别，而各类工程所包含的专业累计多达 200 余项；就其监理的过程来看，可以包括工程项目前期决策、招标投标、勘察设计、施工、项目运行等各阶段。因此，监理工程师的执业范围十分广泛。

2. 执业内容复杂

监理工程师执业内容的基础是合同管理，主要工作内容是建设工程目标控制和协调管理，执业方式包括监督管理和咨询服务。执业内容主要包括：在工程项目建设前期阶段，为建设单位提供投资决策咨询，协助建设单位进行工程项目可行性研究，提出项目评估；在设计阶段，审查、评选设计方案，选择勘察、设计单位，协助建设单位签订勘察、设计合同，监督管理合同的实施，审核设计概算；在施工阶段，监督、管理工程承包合同的履行，协调建设单位与工程建设有关各方的工作关系，控制工程质量、进度和造价，组织工程竣工预验收，参与工程竣工验收，审核工程结算；在工程保修期内，检查工程质量状况，鉴定质量问题责任，督促责任单位维修。此外，监理工程师在执业过程中，还要受环境、气候、市场等多种因素干扰。所以，监理工程师的执业内容十分复杂。

3. 执业技能全面

工程监理业务是高智能的工程管理服务，涉及多学科、多专业，监理方法需要运用技术、经济、法律、管理等多方面的知识。监理工作需要一专多能的复合型人才来承担，监理工程师应具有复合型的知识结构，不仅要有专业基础理论知识，还要熟悉设计、施工、管理，要有组织协调能力，能够综合应用各种知识解决工程建设中的各种问题。因此，工程监理业务对执业者的执业技能要求比较全面，资格条件要求较高。

4. 执业责任重大

监理工程师在执业过程中担负着重要的经济和管理等方面涉及生命、财产安全的法律责任，统称为监理责任。监理工程师所承担的责任主要包括两方面：一是国家法律法规赋予的行政责任。我国的法律法规对监理工程师从业有明确具体的要求，不仅赋予监理工程师一定的权力，同时也赋予监理工程师相应的责任，如《建设工程质量管理条例》所赋予的质量管理责任、《建设工程安全生产管理条例》所赋予的安全生产管理责任等；二是委托监理合同约定的监理人义务，体现为监理工程师的合同民事责任。

建设工程监理的实践证明，没有专业技能的人不能从事监理工作；有一定专业技能，从事多年工程建设工作，如果没有学习过工程监理知识，也难以开展监理工作。

二、监理工程师的职业道德和素质

1. 监理工程师的职业道德

监理工程师要本着公正的原则，在执业过程中不能损害工程建设任何一方的利益。因此，为了确保工程建设监理事业的健康发展，对监理工程师的职业道德和工作纪律都有严格的要求，在有关法规里也作了具体规定。在监理行业中，监理工程师应严格遵守如下职业道德守则：

（1）维护国家的荣誉和利益，按照"守法、诚信、公正、科学"的准则执业。

（2）执行有关工程建设的法律、法规、标准、规范、规程和制度，履行监理合同规定的义务和职责。

（3）努力学习专业技术和建设监理知识，不断提高业务能力和监理水平。

（4）不以个人名义承揽监理业务。

（5）不同时在两个或两个以上监理单位注册和从事监理活动，不在政府部门和施工、材料设备的生产供应等单位兼职。

（6）不为所监理的项目指定承包商、建筑构配件、设备、材料生产厂家和施工方法。

（7）不收受被监理单位的任何礼金。

（8）不泄露所监理工程各方认为需要保密的事项。

（9）坚持独立自主地开展工作。

2. 监理工程师素质

具体从事监理工作的监理人员，不仅要有一定的工程技术或工程经济方面的专业知识、较强的专业技术能力，能够对工程建设进行监督管理，提出指导性的意见，而且要有一定的组织协调能力，能够组织、协调工程建设有关各方共同完成工程建设任务。因此，监理工程师应具备以下素质：

（1）较高的专业学历和复合型的知识结构。工程建设涉及的学科很多，其中主要学科就有几十种。作为一名监理工程师，当然不可能掌握这么多的专业理论知识，但至少应掌握一种专业理论知识。没有专业理论知识的人员无法承担监理工程师岗位工作。所以，要成为一名监理工程师，至少应具有工程类大专以上学历，并应了解或掌握一定的工程建设经济、法律和组织管理等方面的理论知识，不断了解新技术、新设备、新材料、新工艺，熟悉与工程建设相关的现行法律法规、政策规定，成为一专多能的复合型人才，持续保持较高的知识水准。

（2）丰富的工程建设实践经验。监理工程师的业务内容体现的是工程技术理论与工程管理理论的应用，具有很强的实践性。因此，实践经验是监理工程师的重要素质之一。据有关资料统计分析，工程建设中出现的失误，少数原因是责任心不强，多数原因是缺乏实践经验。实践经验丰富则可以避免或减少工作失误。工程建设中的实践经验主要包括立项评估、地质勘测、规划设计、工程招标投标、工程设计及设计管理、工程施工及施工管理、工程监理、设备制造等方面的工作实践经验。

（3）良好的品德。监理工程师的良好品德主要体现在以下几个方面：热爱本职工作；具有科学的工作态度；具有廉洁奉公、为人正直、办事公道的高尚情操；能够听取不同方面的意见，冷静分析问题。

（4）健康的体魄和充沛的精力。尽管建设工程监理是一种高智能的管理服务，以脑力劳动为主，但是，也必须具有健康的身体和充沛的精力，才能胜任繁忙、严谨的监理工作。尤其在建设工程施工阶段，由于露天作业，工作条件艰苦，工期往往紧迫，业务繁忙，更需要有健康的身体，否则，难以胜任工作。我国对年满65周岁的监理工程师不再进行注册，主要就是考虑监理从业人员身体健康状况的适应能力而设定的条件。

三、监理工程师的法律地位、责任以及违规行为的处罚

1. 监理工程师的法律地位

监理工程师的主要业务是受聘于工程监理企业从事监理工作，受建设单位委托，代表工程监理企业完成委托监理合同约定的委托事项。因此，监理工程师的法律地位主要表现为受托人的权利和义务。

监理工程师一般享有以下权利：

（1）使用注册监理工程师称谓。

（2）在规定范围内从事执业活动。

（3）依据本人能力从事相应的执业活动。

（4）保管和使用本人的注册证书和执业印章。

（5）对本人执业活动进行解释和辩护。

（6）接受继续教育。

（7）获得相应的劳动报酬。

（8）对侵犯本人权利的行为进行申诉。

同时，监理工程师还应当履行下列义务：

（1）遵守法律、法规和有关管理规定。

（2）履行管理职责，执行技术标准、规范和规程。

（3）保证执业活动成果的质量，并承担相应责任。

（4）接受继续教育，努力提高执业水准。

（5）在本人执业活动所形成的工程监理文件上签字、加盖执业印章。

（6）保守在执业中知悉的国家秘密和他人的商业、技术秘密。

（7）不得涂改、倒卖、出租、出借或者以其他形式非法转让注册证书或者执业印章。

（8）不得同时在两个或者两个以上单位受聘或者执业。

（9）在规定的执业范围和聘用单位业务范围内从事执业活动。

（10）协助注册管理机构完成相关工作。

2. 监理工程师的法律责任

监理工程师的法律责任主要来源于法律法规的规定和委托监理合同的约定。《建筑法》第 35 条规定："工程监理单位不按照委托监理合同的约定履行监理义务，对应当监督检查的项目不检查或者不按照规定检查，给建设单位造成损失的，应当承担相应的赔偿责任。"《建设工程质量管理条例》第 36 条规定："工程监理单位应当依照法律、法规以及有关技术标准、设计文件和建设工程承包合同，代表建设单位对施工质量实施监理并对施工质量承担监理责任。"《建设工程安全生产管理条例》第 14 条规定"工程监理单位和监理工程师应当按照法律、法规和工程建设强制性标准实施监理，并对建设工程安全生产承担监理责任。"

工程监理企业是订立委托监理合同的当事人。监理工程师一般主要受聘于工程监理企业，代表监理企业从事工程监理业务。监理企业在履行委托监理合同时，是由具体的监理工程师来实现的，因此，如果监理工程师出现工作过错，其行为将被视为监理企业违约，应承担相应的违约责任。监理企业在承担违约赔偿责任后，有权在企业内部向有过错行为的监理工程师追偿损失。所以，由监理工程师个人过失引发的合同违约行为，监理工程师必然要与监理企业承担一定的连带责任。

《刑法》第 137 条规定："建设单位、设计单位、施工单位、工程监理单位违反国家规定，降低工程质量标准，造成重大安全事故的，对直接责任人员，处五年以下有期徒刑或者拘役，并处罚金；后果特别严重的，处五年以上十年以下有期徒刑，并处罚金。"导致安全事故或问题的原因很多，有自然灾害、不可抗力等客观原因，也有建设单位、设计单位、施工单位、材料供应单位等主观原因。

如果监理工程师有下列行为之一，则要承担一定的监理责任：

（1）未对施工组织设计中的安全技术措施或者专项施工方案进行审查。

（2）发现安全事故隐患未及时要求施工单位整改或者暂时停止施工。

（3）施工单位拒不整改或者不停止施工，未及时向有关主管部门报告。

（4）未依照法律、法规和工程建设强制性标准实施监理。

如果监理工程师有下列行为之一，则应当与质量、安全事故责任主体承担连带责任：

（1）违章指挥或者发出错误指令，引起安全事故的。

（2）将不合格的建设工程、建筑材料、建筑构配件和设备按照合格签字，造成工程质量事故，由此引发安全事故的。

（3）与建设单位或施工单位串通，弄虚作假、降低工程质量，从而引发安全事故的。

3. 监理工程师违规行为的处罚

监理工程师在执业过程中必须严格遵纪守法。政府建设行政主管部门对于监理工程师的违法违规行为，将追究其责任，并根据不同情节给予必要的行政处罚。监理工程师的违规行为及相应的处罚办法，一般包括以下几个方面：

（1）对于未取得《监理工程师执业资格证书》、《监理工程师注册证书》和执业印章，以监理工程师名义执行业务的人员，政府建设行政主管部门将予以取缔，并处以罚款；有违法所得的，予以没收。

（2）对于以欺骗手段取得《监理工程师执业资格证书》、《监理工程师注册证书》和执业印章的人员，政府建设行政主管部门将吊销其证书，收回执业印章，并处以罚款；情节严重的，3年之内不允许考试及注册。

（3）如果监理工程师出借《监理工程师执业资格证书》、《监理工程师注册证书》和执业印章，情节严重的，将被吊销证书，收回执业印章，3年之内不允许考试和注册。

（4）监理工程师注册内容发生变更，未按照规定办理变更手续的，将被责令改正，并可能受到罚款的处罚。

（5）同时受聘于两个及以上单位执业的，将被注销其《监理工程师注册证书》，收回执业印章，并将受到罚款处理；有违法所得的，将被没收。

（6）对于监理工程师在执业中出现的行为过失，产生不良后果的，《建设工程质量管理条例》有明确规定：监理工程师因过错造成质量事故的，责令停止执业1年；造成重大质量事故的，吊销执业资格证书，5年内不予注册；情节特别恶劣的，终身不予注册。

对于监理工程师在安全生产监理工作中出现的行为过失，《建设工程安全生产管理条例》中明确规定：未执行法律、法规和工程建设强制性标准的，责令停止执业3个月以上1年以下；情节严重的，吊销执业资格证书，5年内不予注册；造成重大安全事故的，终身不予注册；构成犯罪的，依照刑法有关规定追究刑事责任。

四、监理工程师执业资格考试和注册

1. 监理工程师执业资格考试

执业资格是政府对某些责任较大、社会通用性强、关系公共利益的专业技术工作实行的市场准入控制，是专业技术人员依法独立开业或独立从事某种专业技术工作所必备的学识、技术和能力标准。我国按照有利于国家经济发展、得到社会公认、具有国际可比性、事关社会公共利益等四项原则，在涉及国家、人民生命财产安全的专业技术工作领域，实行专业技术人员执业资格制度。执业资格一般要通过考试方式取得，这体现了执业资格制度公开、公平、公正的原则。监理工程师是新中国成立以来在工程建设领域第一个设立的执业资格。

实行监理工程师执业资格考试制度的意义在于：促进监理人员努力钻研监理业务，提高业务水平；统一监理工程师的业务能力标准；有利于公正地确定监理人员是否具备监理工程师的资格；合理建立工程监理人才库；便于同国际接轨，开拓国际工程监理市场。因此，我国要建立监理工程师执业资格考试制度。

对考试合格人员，由省、自治区、直辖市人民政府人事行政主管部门颁发由国务院人事行政主管部门统一印制，国务院人事行政主管部门和建设行政主管部门共同用印的《监理工程师执业资格证书》。取得执业资格证书并经注册后，即成为监理工程师。

2. 监理工程师注册

监理工程师注册制度是政府对监理从业人员实行市场准入控制的有效手段。监理工程师经注册，即表明获得了政府对其以监理工程师名义从业的行政许可，因而具有相应工作岗位的责任和权力。仅取得《监理工程师执业资格证书》，没有取得《监理工程师注册证书》的人员，则不具备这些权力，也不承担相应的责任。

监理工程师的注册，根据注册内容的不同分为3种形式，即初始注册、延续注册和变更注册。按照我国有关法规规定，监理工程师依据其所学专业、工作经历、工程业绩，按专业注册，每人最多可以申请两个专业注册，并且只能在一家建设工程勘察、设计、施工、监理、招标代理、造价咨询等企业注册。

第三节　工程监理企业

一、工程监理企业的概念

工程监理企业是指从事工程监理业务并取得工程监理企业资质证书的经济组织。它是监理工程师的执业机构。

按照我国现行法律法规的规定，我国企业的组织形式分为5种，即公司、合伙企业、个人独资企业、中外合资经营企业和中外合作经营企业。因此，我国的工程监理企业有可能存在的企业组织形式包括：公司制监理企业、合伙监理企业、个人独资监理企业、中外合资经营监理企业和中外合作经营监理企业。

二、工程监理企业的资质和业务范围

（一）工程监理企业资质

工程监理企业资质是企业技术能力、管理水平、业务经验、经营规模、社会信誉等综合性实力指标。对工程监理企业进行资质管理的制度是我国政府实行市场准入控制的有效手段。

工程监理企业应当按照所拥有的注册资本、专业技术人员数量和工程监理业绩等资质条件申请资质，经审查合格，取得相应等级的资质证书后，才能在其资质等级许可的范围内从事工程监理活动。

工程监理企业的资质按照等级分为综合资质、专业资质和事务所资质。其中，专业资质按照工程性质和技术特点划分为若干工程类别。综合资质、事务所资质不分级别。专业资质分为甲级、乙级；其中，房屋建筑、水利水电、公路和市政公用专业资质可设立丙级。甲级、乙级和丙级，按照工程性质和技术特点分为14个专业工程类别，每个专业工程类别按照工程规模或技术复杂程度又分为3个等级。

（二）业务范围

1. 综合资质

可以承担所有专业工程类别建设工程项目的工程监理业务。

2．专业资质

（1）专业甲级资质：可承担相应专业工程类别建设工程项目的工程监理业务。

（2）专业乙级资质：可承担相应专业工程类别二级以下（含二级）建设工程项目的工程监理业务。

（3）专业丙级资质：可承担相应专业工程类别三级建设工程项目的工程监理业务。

3．事务所资质

可承担三级建设工程项目的工程监理业务，但是，国家规定必须实行监理的工程除外。

此外，工程监理企业都可以开展相应类别建设工程的项目管理、技术咨询等业务。

三、工程监理企业的资质申请、审批程序及资质的管理

（一）工程监理企业的资质申请

工程监理企业申请资质，一般要到企业注册所在地的县级以上地方人民政府建设行政主管部门办理有关手续。新设立的工程监理企业申请资质，应当先到工商行政管理部门登记注册并取得企业法人营业执照后，才能到建设行政主管部门办理资质申请手续。

（二）工程监理企业资质审批程序

工程监理企业申请综合资质、专业甲级资质的，要向企业工商注册所在地的省、自治区、直辖市人民政府建设主管部门提出申请。省、自治区、直辖市人民政府建设主管部门自受理申请之日起 20 日内审查完毕，将审查意见和全部申请材料报国务院建设主管部门，国务院建设主管部门自受理申请材料之日起 20 日内作出决定，其中涉及铁道、交通、水利、信息产业、民航等专业工程监理资质的，由国务院有关部门初审，国务院建设主管部门根据初审意见审批。

工程监理企业申请专业乙级、丙级资质和事务所资质的，由企业所在地省、自治区、直辖市人民政府建设主管部门审批。

工程监理企业合并的，合并后存续或者新设立的工程监理企业可以承继合并前各方中较高的资质等级，但应当符合相应的资质等级条件。工程监理企业分立的，分立后企业的资质等级，根据实际达到的资质条件，按照本规定的审批程序核定。

四、工程监理企业经营活动的基本准则

工程监理企业从事建设工程监理活动，应当遵循"守法、诚信、公正、科学"的准则。

1．守法

守法，即遵守国家的法律法规。对于工程监理企业来说，守法即是要依法经营，主要体现在：

（1）工程监理企业只能在核定的业务范围内开展经营活动。

工程监理企业的业务范围，是指填写在资质证书中、经工程监理资质管理部门审查确认的主项资质和增项资质。核定的业务范围包括两方面：一是监理业务的工程类别；二是承接监理工程的等级。

（2）工程监理企业不得伪造、涂改、出租、出借、转让、出卖《资质等级证书》。

（3）建设工程监理合同一经双方签订，即具有法律约束力，工程监理企业应按照合同的约定认真履行，不得无故或故意违背自己的承诺。

（4）工程监理企业离开原所在地承接监理业务，要自觉遵守当地人民政府颁发的监理法规和有关规定，主动向监理工程所在地的省、自治区、直辖市建设行政主管部门备案登记，接受其指导和监督管理。

（5）遵守国家关于企业法人的其他法律、法规的规定。

2. 诚信

诚信，即诚实守信。监理企业应当树立良好的信用意识，使企业成为讲道德、讲信用的市场主体。工程监理企业应当建立健全企业的信用管理制度。信用管理制度主要有：

（1）建立健全合同管理制度。

（2）建立健全与建设单位的合作制度，及时进行信息沟通，增强相互间的信任感。

（3）建立健全监理服务需求调查制度，这也是企业进行有效竞争和防范经营风险的重要手段之一。

（4）建立企业内部信用管理责任制度，及时检查和评估企业信用的实施情况，不断提高企业信用管理水平。

3. 公正

公正，是指工程监理企业在监理活动中既要维护建设单位的利益，又不能损害承包单位的合法利益，并依据合同公平合理地处理建设单位与承包单位之间的争议。

工程监理企业要做到公正，必须做到以下几点：

（1）要具有良好的职业道德。

（2）要坚持实事求是。

（3）要熟悉有关建设工程合同条款。

（4）要提高专业技术能力。

（5）要提高综合分析判断问题的能力。

4. 科学

科学，是指工程监理企业要依据科学的方案，运用科学的手段，采取科学的方法开展监理工作。工程监理工作结束后，还要进行科学的总结。实施科学化管理主要体现在：

（1）科学的方案，就是在实施监理前，尽可能地把各种问题都列出来，并拟定解决办法，使各项监理活动都纳入计划管理的轨道。要集思广益，充分运用已有的经验和智能，制定出切实可行、行之有效的监理方案，指导监理工作顺利进行。

（2）科学的手段，就是必须借助于先进的科学仪器才能做好监理工作，如已普遍使用的计算机，各种检测、试验仪器等。

（3）科学的方法，主要体现在监理人员在掌握大量的、确凿的有关监理对象及其外部环境实际情况的基础上，适时、公正、高效地处理有关问题，要用"事实说话"、用"书面文字说话"、用"数据说话"，利用计算机辅助进行监理等。

第四节　建设工程监理理论基础

一、建设工程监理的理论基础

1988 年我国建立建设工程监理制之初就明确界定，我国的建设工程监理是专业化、社会化的工程单位项目管理，所以依据的基本理论和方法来自建设项目管理学。建设项目管理学，又称工程项目管理学，它是以组织论、控制论和管理学作为理论基础，结合建设工程项目和建筑市场的特点而形成的一门新兴学科。研究的范围包括管理思想、管理体制、管理组织、管理方法和管理手段，研究的对象是建设工程项目管理总目标的有效控制，包括费用（投资）目标、时间（工期）目标和质量目标的控制。我国监理工程师培训教材就是以建设项目管理学的理论为指导编写的，并尽可能及时地反映建设项目管理学的最新发展，因此，从管理理论和方法的角度看，建设工程监理与国外通称的建设项目管理是一致的，这也是我国的建设工程监理很容易为国外同行理解和接受的原因。

需要说明的是，我国提出建设工程监理制构想时，还充分考虑了FIDIC合同条件。20世纪80年代中期，在我国接受世界银行贷款的建设工程上普遍采用了FIDIC土木工程施工合同条件，这些建设工程的实施效果都很好，受到有关各方的重视。而FIDIC合同条件中对工程师作为独立、公正的第三方的要求及其对承建单位严格、细致的监督和检查被认为起到了重要的作用，因此，在我国建设工程监理制中也吸收了对工程监理单位和监理工程师独立、公正的要求，以保证在维护建设单位利益的同时，不损害承建单位的合法权益。同时，强调了对承建单位施工过程和施工工序的监督、检查和验收。

二、现阶段建设工程监理的特点

我国的建设工程监理无论是理论和方法，还是在业务内容和工作程序，与国外的建设项目管理都是相同的。但在现阶段，由于发展条件不尽相同，主要是需求方对监理的认知度较低，市场体系发育不够成熟，市场运行规则不够健全，因此还有一些差异，呈现出某些特点。

1. 建设工程监理的服务对象具有单一性

在国际上，建设项目管理按服务对象主要可分为建设单位服务的项目管理和为承建单位服务的项目管理。而我国的建设工程监理制规定，工程监理企业只接受建设单位的委托，即只为建设单位服务。它不能接受承建单位的委托为其提供管理服务。从这个意义上看，可以认为我国的建设工程监理就是为建设单位服务的项目管理。

2. 建设工程监理属于强制推行的制度

建设项目管理是适应建筑市场中建设单位新的需求的产物，其发展过程也是整个建筑市场发展的一个方面，没有来自政府部门的行政指导或干预。而我国的建设工程监理一开始就是作为对计划经济条件下所形成的建设工程管理体制改革的一项新制度提出来的，也是依靠行政手段和法律手段在全国范围推行的。为此，不仅在各级政府部门中设立了主管建设工程监理有关工作的专门机构，而且制定了有关的法律、法规、规章，明确提出国家推行建设工程监理制度，并明确规定了必须实行建设工程监理的工程范围，其结果是在较短时间内促进了建设工程监理在我国的发展，形成了一批专业化、社会化的工程监理企业和监理工程师队伍，缩小了与发达国家建设项目管理的差距。

3. 建设工程监理具有监督功能

我国的工程监理企业有一定的特殊地位，它与建设单位构成委托与被委托关系，在承建单位虽然无任何经济关系，但根据建设单位授权，有权对其不当建设行为进行监督，或者预先防范，或者指令及时改正，或者向有关部门反映，请求纠正。不仅如此，我国的建设工程监理中还强调对承建单位施工过程和施工程序的监督、检查和验收，而且在实践中又进一步提出了旁站监理的规定。我国监理工程师在质量控制方面所做的工作对保证工程质量起了很好的作用。

4. 市场准入的双重控制

在建设项目管理方面，一些发达国家只对专业人士的执业资格提出要求，而没有对企业的资质管理作出规定，而我国建设工程监理的市场准入采取了企业资质和人员资格的双重控制。要求专业监理工程师以上的监理人员要取得监理工程师资格证书，不同资质等级的工程监理企业至少要有一定数量的取得监理工程师资格证书并经注册的人员。应当说，这种市场准入的双重控制对于保证我国建设工程监理队伍的基本素质规范我国建设工程监理市场起到了积极的作用。

三、建设工程监理的发展趋势

我国的建设工程监理已经取得有目共睹的成绩，并且已为社会各界所认同和接受，但是应当承认，目前仍处在发展的初期阶段，与发达国家相比还存在很大的差距。因此，为了使我国的建设工程监理实现预期效果，在工程建设领域发挥更大的作用，应从以下几个方面发展。

1. 加强法制建设，走法制化的道路

目前，我国颁布的法律法规中有关建设工程监理的条款不少，部门规章和地方性法规的数量更多，这充分反映了建设工程监理的法律地位。但从加入WTO的角度看法制建设还比较薄弱，突出表现在市场规则和市场机制方面，市场规则特别是市场竞争规则和市场交易规则还不健全。市场机制，包括信用机制、价格形成机制、风险防范和机制，仲裁机制等尚未形成。应当在总结经验的基础上，借鉴国际上通行的做法，逐步建立和健全起来，只有这样才能使我国的建设工程监理走上有法可依、有法必依的轨道，才能适应加入WTO后的新的形势。

2. 以市场需求为导向，向全方位、全过程监理发展

我国实行建设工程监理只有20几年的时间，目前仍然以施工阶段监理为主。造成这种状况既有体制上、认识上的原因，也有建设单位需求和监理企业素质及能力等原因。但应当看到，随着项目法人责任制的不断完善，以及民营企业和私人投资项目的大量增加，建设单位将对工程投资效益越加重视，工程前期决策阶段的监理将日益增多。从发展趋势看，代表建设单位进行全方位、全过程的工程项目管理，将是我国工程监理行业发展的趋向。当前，应当按照市场需求多样化的规律，积极扩展监理服务内容。要从现阶段以施工阶段为主，向全过程、全方位监理发展，即不仅要进行施上阶段质量、投资和进度控制，做好合同管理、信息管理和组织协调工作，而且要进行决策阶段和设计阶段的监理。只有实施全方位、全过程监理，才能更好地发挥建设工程监理的作用。

3. 适应市场需求，优化工程监理企业结构

在市场经济条件下，任何企业的发展都必须与市场需求相适应，工程监理企业的发展也不例外，建设单位对建设工程监理的需求是多种多样的，工程监理企业所能提供的"供给"（即监理服务）也应当是多种多样的。前文所述建设工程监理应当向全方位、全过程监理发展，是从建设工程监理整个行业而言，并不意味着所有的工程监理企业都朝这个方

向发展。因此，应当通过市场机制和必要的行业政策引导，在工程监理行业逐步建立起综合性监理企业与专业性监理企业相结合、大中小型监理企业相结合的合理的企业的结构。按工作内容分，建立起能承担全过程、全方位监理任务的综合性监理企业与能承担某专业监理任务（如招标代理、工程造价咨询）的监理企业相结合的企业结构。按工作阶段分，建立起能承担工程建设全过程监理的大型监理企业与能承担某一阶段工程监理任务的中型监理企业和只提供旁站监理劳务的小型监理企业相结合的企业结构这样，既能满足建设单位的各种需求，又能使各类监理企业各得其所，都能有合理的生存和发展空间。一般来说，大型、综合素质较高的监理企业应当向综合监理方向发展，而中小型监理企业则应当逐渐形成自己的专业特色。

4. 加强培训工作，不断提高从业人员素质

从全方位、全过程监理的要求来看，我国建设工程监理从业人员的素质还不能与之相适应，迫切需要加以提高，另一方面，工程建设领域的新技术、新工艺、新材料层出不穷，工程技术标准、规范、规程也时有更新，信息技术日新月异，都要求建设工程监理从业人员与时俱进，不断提高自身的业务素质和职业道德素质，这样才能为建设单位提供优质服务。从业人员的素质是整个工程监理行业发展的基础。只有培养和造就出大批高素质的监理人员，才可能形成相当数量的高素质的工程监理企业，才能形成一批公信力强、有品牌效应的工程监理企业，才能提高我国建设工程监理的总体水平及其效率才能推动建设工程监理事业更好更快地发展。

5. 与国际惯例接轨，走向世界

毋庸讳言，我国的建设工程监理虽然形成了一定的特点，但在一些方面与国际惯例还有差异。我国已加入WTO，如果不尽快改变这种状况，将不利于我国建设工程监理事业的发展。前面说到的几点，都是与国际惯例接轨的重要内容，但仅仅在某些方面与国际惯例接轨是不够的，必须在建设工监理领域多方面与国际惯例接轨。为此，应当认真学习和研究国际上被普遍接受的规则，为我所用。

与国际惯例接轨可使我国的工程监理企业与国外同行按照同一规则同台竞争，这既可能表现在国外项目管理公司进入我国后与我国工程监理企业之间的竞争，也可能表现在我国工程监理企业走向世界，与国外同类企业之间的竞争。要在竞争中取胜，除有实力、业绩、信誉之外，不掌握国际上通行的规矩也是不行的。我国的监理工程师和工程监理企业应当做好充分准备，不仅要迎接国外同行进入我国后的竞争挑战，而且也要把握进入国际市场的机遇，敢于到国际市场与国外同行竞争。在这方面，大型、综合素质较高的工程监理企业应当率先采取行动。

四、建设工程监理的法规体系

建立我国建设工程监理的法规体系，目的在于建立调整建设工程监理活动及其社会关系和规范建设行为的各项法律、行政法规、部门规章和有关规范。它们是一个相互联系，相互补充、相互协调、多层次的完整统一的有机整体，属于我国建设法律体系的一个部分。

我国建设工程监理的法规体系分为4个层次。

1. 建设工程法律

建设工程法律是由全国人民代表大会及其常务委员会通过的规范工程建设活动的法律规范，如《中华人民共和国建筑法》、《中华人民共和国合同法》等。

2. 建设工程行政法规

建设工程行政法规是由国务院根据宪法和法律制定的规范工程建设活动的各项法规，如《建设工程质量管理条例》、《建设工程勘察设计管理条例》等。

3. 建设工程部门规章

建设工程部门规章是指建设部按照国务院规定的职权范围，独立或同国务院有关部门联合根据法律和国务院的行政法规、决定、命令，制定的规范工程建设活动的各项规章，如《工程监理企业资质管理规定》、《注册监理工程师管理规定》等。

4. 地方性建设法规

地方性建设法规是由各省（自治区、直辖市）在不与宪法、法律、行政法规相抵触的前提下制定的，只能在地方区域内规范工程建设活动的各项法规。

思　考　题

1. 建设工程监理概念是什么？
2. 建设工程监理具有哪些性质？它们的含义是什么？
3. 建设工程监理有哪些作用？
4. 实行监理工程师执业资格考试和注册制度的目的是什么？
5. 监理工程师应具备什么样的知识结构？
6. 监理工程师应遵循的职业道德守则有哪些？
7. 监理工程师的注册条件是什么？
8. 试叙述监理工程师的法律职责。
9. 设立工程监理企业的基本条件是什么？
10. 工程监理企业的资质要素包括哪些内容？
11. 工程监理企业经营活动的基本准则是什么？
12. 建设工程监理的理论基础是什么？
13. 现阶段我国建设工程监理有哪些特点？

第二章 建设工程监理实施

第一节 工程项目的目标控制

一、工程项目的概念

工程项目，也称建设项目。一个工程项目可以是一个单项工程，也可以是一个系统的群体工程。但是工程项目必须具备以下条件：

（1）工程要有明确的建设目的和投资的理由。

（2）工程要有明确的建设任务量，即要有确定的建设范围、具体内容及质量目标。

（3）投资条件要明确，即总的投资量及其资金来源，各年度的投资量等要明确。

（4）进度目标要明确，即要有确定的项目实施阶段的总进度目标、分进度目标和项目动用时间。

（5）工程各组成部分之间要有明确的组织联系，应是一个系统。

（6）项目实施的一次性。

二、工程项目建设监理的目标

工程项目建设监理的目标是：控制工程费用、进度和质量。合同管理、信息管理和全面的组织协调是实现费用、进度、质量目标所必须运用的控制手段和措施。但只有确定了费用、进度和质量目标值，监理单位才能对工程项目进行有效的监理管理。费用、进度和质量是一个既统一又相互矛盾的目标系统。在确定每个目标值时，都要考虑到对其他目标的影响。但是，其中工程安全可靠性和使用功能目标以及施工质量合格目标，必须优先予以保证，并要求最终达到目标系统最优。在监理目标值确定之后，即可进一步确定计划，采取各种控制协调措施，力争实现监理目标值。

三、工程项目质量、进度和费用三大目标间的关系

工程项目建设监理的质量目标、进度目标和费用目标的关系是对立统一关系，其关系如图 2-1 所示。

费用与进度的关系是加快进度往往要增加投资；但是加快进度提前完工，则可增加收入，提高投资效益。进度与质量的关系是加快进度可能影响质量；但严格控制质量，避免返工，进度则会加快。费用与质量的关系是质量好，可能要增加费用，但严格控制质量，可以减少经常性的维护费用；延长工程使用年限，则又提高了投资效益。

对于一个工程项目的三大目标之间，一般不能说哪个最重要，不同的项目在不同的时期，目标的重要程度是不同的。对于监理工程师而言，要能处理好在各种条件下工程项目三大目标间的关系及其重要顺序。在确定各目标值和对各目标值实施控制时，都要考虑到对其他目标的影响，要进行多方面、多方案的分析、对比，做到既要节约费用省、又要质量好、进度快、力争费用、质量和进度三大目标的统一。确保整个目标系统可行，并达到

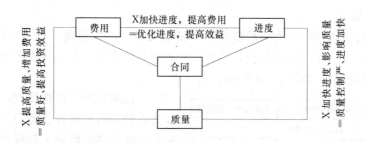

图 2-1　目标之间的对立统一关系

（注：X 为相互矛盾体；＝为相互统一体）

整个目标系统最优化。

四、目标控制的基本原理

项目目标控制是一项系统工程。所谓控制就是按照计划目标和组织系统，对系统各个部分进行跟踪检查，以保证协调地实现总体目标。

控制的主要任务，是把计划执行情况与计划目标进行比较，找出差距，对比较的结果进行分析，排除和预防产生差距的原因，使总体目标得以实现。

项目控制是控制论与工程项目管理实践相结合的产物，具有很强的实用性。由于工程项目的一次性特点，将前馈控制、反馈控制、主动控制、被动控制等基本概念用到工程监理中是非常有效的，有助于提高监理人员的主动监理意识。

1. 前馈控制与反馈控制

项目中控制形式分为两种：一种是前馈控制，又称为开环控制。另一种是反馈控制，又称为闭环控制。如图 2-2 所示。

两种控制形式的主要区别是有无信息反馈。就工程项目而言，控制器是指工程项目的管理者。前馈控制对控制器的要求非常严格，即前馈控制系统中的人必须具有开发的意识。而反馈控制可以利用信息流的闭合，调整控制强度，因而对控制器的要求相对较低。

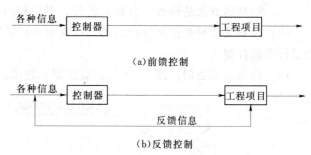

图 2-2　工程项目控制方式示意图

对于一个工程项目而言，理论上讲，从工程项目的一次性特征考虑，在项目控制中均应采用前馈控制形式。但是，由于项目受本身的复杂性和人们预测能力局限性等因素的影响，使反馈控制形式在监理工程师的控制活动中显得同样重要和可行。

工程项目实施中的反馈信息，由于受各种因素影响，将出现不稳定现象，即信息振荡现象，项目控制论中称负反馈现象。从工程项目控制理解，所谓负反馈就是反馈信息失真，管理者由此决策将影响工程进度、质量、费用三大目标的实现。因此，在工程施工过程中，监理人员必须避免负反馈现象的发生。

2. 动态控制

工程项目的动态控制分为两种情况：一是发现目标产生偏离，分析原因，采取措施，称为被动控制。另一种是预先分析，估计工程项目可能发生的偏离，采取预防措施进行控制，这称为主动控制，如图 2-3 所示。

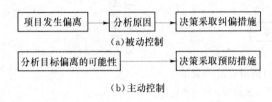

（a）被动控制

（b）主动控制

图 2-3　工程项目主、被动控制示意图

工程项目的一次性特点，要求监理工程师具有较强的主动控制能力，而且工程合同和施工规范都给监理工程师实施主动控制提供了条件。但工程项目建设是极为复杂的，涉及的因素多，跨越的范围广。因此，根据工程实际，在工程监理实施过程中，除采取主动控制外，也应辅之以被动控制方法。主、被动控制的合理使用，是监理工程师做好工作的保证之一，也反映了监理工程师的水平高低。

目标的动态控制是一个有限的循环过程，应贯穿于工程项目实施阶段的全过程。动态控制的过程可分为三个基本步骤：确定目标，检查成效，纠正偏差。动态控制应在监理规划指导下进行，其要点如下：

（1）控制是一定的主体为实现一定的目标而采取的一种行为。要实现最优化控制，必须首先满足两个条件：一是要有一个合格的主体；二是要有明确的系统目标。

（2）控制是按实现拟订的计划目标值进行的。控制活动就是检查实际发生的情况与计划目标值是否存在着偏差，偏差是否在允许范围之内，是否应采取控制措施及采取何种措施以纠正偏差。

（3）控制的方法是检查、分析、监督、引导和纠正。

（4）控制是针对被控系统而言的，既要对被控系统进行全过程控制，又要对其所有要素进行全面控制。

（5）控制是动态的。图 2-4 是动态控制原理图。

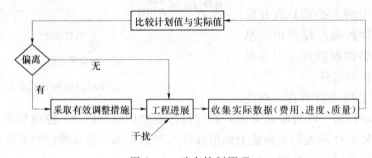

图 2-4　动态控制原理

（6）提倡主动控制。

（7）控制是一个大系统，该系统的模式如图 2-5 所示。

控制系统包括组织、程序、手段、措施、目标和信息 6 个分系统。其中信息分系统贯穿于项目实施的全过程。

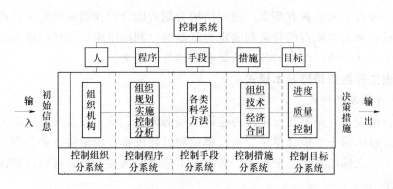

图 2-5 项目控制的系统模式

第二节 建设工程监理组织

一、组织的概念

组织是管理中的一项重要职能。建立精干、高效的项目监理机构并使之正常运行，是实现建设工程监理目标的前提条件。因此，组织的基本原理是监理工程师必备的理论知识。

（一）组织

所谓组织，就是为了使系统达到它特定的目标，使全体参加者经分工与协作以及设置不同层次的权力和责任制度而构成的一种人的组合体。它含有 3 层意思：

（1）目标是组织存在的前提。

（2）没有分工与协作就不是组织。

（3）没有不同层次的权力和责任制度就不能实现组织活动和组织目标。

作为生产要素之一，组织有如下特点：其他要素可以相互替代，如增加机器设备可以替代劳动力，而组织不能替代其他要素，也不能被其他要素所替代。但是，组织可以使其他要素合理配合而增值，即可以提高其他要素的使用效益。随着现代化社会大生产的发展，随着其他生产要素复杂程度的提高，组织在提高经济效益方面的作用也日益显著。

（二）组织结构

组织内部构成和各部分间所确立的较为稳定的相互关系和联系方式，称为组织结构。组织结构的基本内涵包括：确定正式关系与职责的形式；向组织各个部门或个人分派任务和各种活动的方式；协调各个分离活动和任务的方式；组织中权力、地位和等级关系。

1. 组织结构与职权的关系

组织结构与职权形态之间存在着一种直接的相互关系，这是因为组织结构与职位以及职位间关系的确立密切相关，因而组织结构为职权关系提供了一定的格局。组织中的职权指的就是组织中成员间的关系，而不是某一个人的属性。职权的概念是与合法地行使某一职位的权力紧密相关的，而且是以下级服从上级的命令为基础的。

2. 组织结构与职责的关系

组织结构与组织中各部门、各成员的职责的分派直接有关。在组织中，只要有职位就

21

有职权，而只要有职权也就有职责。组织结构为职责的分配和确定奠定了基础，而组织的管理则是以机构和人员职责的分派和确定为基础的，利用组织结构可以评价组织各个成员的功绩与过错，从而使组织中的各项活动有效地开展起来。

二、建设工程组织管理基本模式

（一）平行承发包模式

所谓平行承发包，是指建设单位将建设工程的设计、施工以及材料设备采购的任务经过分解分别发包给若干个设计单位、施工单位和材料设备供应单位，并分别与各方签订合同。各设计单位之间的关系是平行的，各施工单位之间的关系、各材料设备供应单位之间的关系也是平行的。

平行承发包模式的优缺点如下。

1. 优点

（1）有利于缩短工期。由于设计和施工任务经过分解分别发包，设计阶段与施工阶段有可能形成搭接关系，从而缩短整个建设工程工期。

（2）有利于质量控制。整个工程经过分解分别发包给各承建单位，合同约束与相互制约使每一部分能够较好地实现质量要求。

（3）有利于建设单位选择承建单位。在大多数国家的建筑市场中，专业性强、规模小的承建单位一般占较大的比例。这种模式的合同内容比较单一、合同价值小、风险小，使它们有可能参与竞争。因此，无论大型承建单位还是中小型承建单位都有机会竞争。建设单位可以在很大范围内选择承建单位，为提高择优性创造了条件。

2. 缺点

（1）合同数量多，会造成合同管理困难。合同关系复杂，使建设工程系统内结合部位数量增加，组织协调工作量大。因此，应加强合同管理的力度，加强各承建单位之间的横向协调工作，沟通各种渠道，使工程有条不紊地进行。

（2）投资控制难度大。这主要表现在：一是总合同价不易确定，影响投资控制实施；二是工程招标任务量大，需控制多项合同价格，增加了投资控制难度；三是在施工过程中设计变更和修改较多，导致投资增加。

（二）设计或施工总分包模式

所谓设计或施工总分包，是指建设单位将全部设计或施工任务发包给1个设计单位或1个施工单位作为总包单位，总包单位可以将其部分任务再分包给其他承包单位，形成一个设计总包合同或一个施工总包合同以及若干个分包合同的结构模式。

设计或施工总分包模式的优缺点：

1. 优点

（1）有利于建设工程的组织管理。由于建设单位只与一个设计总包单位或一个施工总包单位签订合同，工程合同数量比平行承发包模式要少很多，有利于建设单位的合同管理，也使建设单位协调工作量减少，可发挥监理工程师与总包单位多层次协调的积极性。

（2）有利于投资控制。总包合同价格可以较早确定，并且监理单位也易于控制。

（3）有利于质量控制。在质量方面，既有分包单位的自控，又有总包单位的监督，还有工程监理单位的检查认可，对质量控制有利。

（4）有利于工期控制。总包单位具有控制的积极性，分包单位之间也有相互制约的作用，有利于总体进度的协调控制，也有利于监理工程师控制进度。

2. 缺点

（1）建设周期较长。在设计和施工均采用总分包模式时，由于设计图纸全部完成后才能进行施工总包的招标，不仅不能将设计阶段与施工阶段搭接，而且施工招标需要的时间也较长。

（2）总包报价可能较高。对于规模较大的建设工程来说，通常只有大型承建单位才具有总包的资格和能力，竞争相对不甚激烈；另一方面，对于分包出去的工程内容，总包单位都要在分包报价的基础上加收管理费向建设单位报价。

（三）项目总承包模式

所谓项目总承包模式是指建设单位将工程设计、施工、材料和设备采购等工作全部发包给一家承包公司，由其进行实质性设计、施工和采购工作，最后向建设单位交出一个已达到动用条件的工程。按这种模式发包的工程也称"交钥匙工程"。

项目总承包模式的优缺点：

1. 优点

（1）合同关系简单，组织协调工作量小。建设单位只与项目总承包单位签订一个合同，合同关系大大简化。监理工程师主要与项目总承包单位进行协调。许多协调工作量转移到项目总承包单位内部及其与分包单位之间，这就使建设工程监理单位的协调量大为减少。

（2）缩短建设周期。由于设计与施工由一个单位统筹安排，使两个阶段能够有机地融合，一般都能做到设计阶段与施工阶段相互搭接，因此对进度目标控制有利。

（3）有利于投资控制。通过设计与施工的统筹考虑可以提高项目的经济性，从价值工程或全寿命费用的角度可以取得明显的经济效果，但这并不意味着项目总承包的价格低。

2. 缺点

（1）招标发包工作难度大。合同条款不易准确确定，容易造成较多的合同争议。因此，虽然合同量最少，但是合同管理的难度一般较大。

（2）建设单位择优选择承包方范围小。由于承包范围小、介入项目时间早、工程信息未知数多，因此承包方要承担较大的风险，而有此能力的承包单位数量相对较少，这往往导致竞争性降低，合同价格较高。

（3）质量控制难度大。究其原因一是质量标准和功能要求不易做到全面、具体、准确，质量控制标准制约性受到影响；二是"他人控制"机制薄弱。

（四）项目总承包管理模式

所谓项目总承包管理是指建设单位将工程建设任务发包给专门从事项目组织管理的单位，再由它分包给若干设计、施工和材料设备供应单位，并在实施中进行项目管理。项目总承包管理与项目总承包的不同之处在于：前者不直接进行设计与施工，没有自己的设计和施工力量，而是将承接的设计与施工任务全部分包出去，他们专心致力于建设工程管理。后者有自己的设计、施工实体，是设计、施工、材料和设备采购的主要力量。

项目总承包管理模式的优缺点：

1. 优点

合同关系简单、组织协调比较有利，进度控制也有利。

2. 缺点

（1）由于项目总承包管理单位与设计、施工单位是总包与分包关系，后者才是项目实施的基本力量，所以监理工程师对分包的确认工作就成了十分关键的问题。

（2）项目总承包管理单位自身经济实力一般比较弱，而承担的风险相对较大，因此建设工程采用这种承发包模式应持慎重态度。

三、建设工程监理委托模式

建设工程监理委托模式的选择与建设工程组织管理模式密切相关，监理委托模式对建设工程的规划、控制、协调起着重要作用。

（一）平行承发包模式条件下的监理委托模式

与建设工程平行承发包模式相适应的监理委托模式有以下两种主要形式。

1. 建设单位委托 1 家监理单位监理

这种监理委托模式是指建设单位只委托 1 家监理单位为其提供监理服务。这种委托模式要求被委托的监理单位应该具有较强的合同管理与组织协调能力，并能做好全面规划工作。监理单位的项目监理机构可以组建多个监理分支机构对各承建单位分别实施监理。在具体的监理过程中，项目总监理工程师应重点做好总体协调工作，加强横向联系，保证建设工程监理工作的有效运行。

2. 建设单位委托多家监理单位监理

这种监理委托模式是指建设单位委托多家监理单位为其提供监理服务。采用这种委托模式，建设单位分别委托几家监理单位针对不同的承建单位实施监理。由于建设单位分别与多个监理单位签订委托监理合同，所以各监理单位之间的相互协作与配合需要建设单位进行协调。采用这种监理委托模式，监理单位的监理对象相对单一，便于管理。但整个工程的建设监理工作被肢解，各监理单位各负其责，缺少一个对建设工程进行总体规划与协调控制的监理单位。

为了克服上述不足，在某些大、中型项目的监理实践中，建设单位首先委托一个"总监理工程师单位"总体负责建设工程的总规划和协调控制，再由建设单位和"总监理工程师单位"共同选择几家监理单位分别承担不同合同段的监理任务。在监理工作中，由"总监理工程师单位"负责协调、管理各监理单位的工作，大大减轻了建设单位的管理压力。

（二）设计或施工总分包模式条件下的监理委托模式

对设计或施工总分包模式，建设单位可以委托一家监理单位提供实施阶段全过程的监理服务，也可以分别按照设计阶段和施工阶段分别委托监理单位。前者的优点是监理单位可以对设计阶段和施工阶段的工程投资、进度、质量控制统筹考虑，合理进行总体规划协调，更可使监理工程师掌握设计思路与设计意图，有利于施工阶段的监理工作。

虽然总承包单位对承包合同承担乙方的最终责任，但分包单位的资质、能力直接影响着工程质量、进度等目标的实现，所以在这种模式条件下，监理工程师必须做好对分包单位资质的审查、确认工作。

（三）项目总承包模式条件下的监理委托模式

在项目总承包模式下，由于建设单位和总承包单位签订的是总承包合同，建设单位应委托1家监理单位提供监理服务。在这种模式条件下，监理工作时间跨度大，监理工程师应具备较全面的知识，重点做好合同管理工作。

（四）项目总承包管理模式条件下的监理委托模式

在项目总承包管理模式下，建设单位应委托1家监理单位提供监理服务，这样可明确管理责任，便于监理工程师对项目总承包管理合同和项目总承包管理单位进行分包等活动的监理。

四、建设工程监理的组织协调

建设工程监理目标的实现，需要监理工程师扎实的专业知识和较强的组织协调能力。通过组织协调，使影响监理目标实现的各方主体有机配合，使监理工作实施和运行过程顺利。

项目监理机构组织协调的工作内容主要包括：

（1）项目监理机构内部的协调。

（2）与建设单位协调。

（3）与施工单位协调。

（4）与设计单位协调。

（5）与政府部门及其他单位协调。

项目监理机构组织协调的方法主要包括：

（1）会议协调法。会议协调法是建设工程监理中最常用的一种协调方法，实践中常用的会议协调法包括第一次工地会议、监理例会和专业性监理会议等。

（2）交谈协调法。在实践中，并不是所有问题都需要开会来解决，有时可采用"交谈"这一方法。

（3）书面协调法。当会议或者交谈不方便或不需要时，或者需要精确表达自己的意见时，就会用到书面协调的方法。书面协调的特点是具有合同效力。

（4）访问协调法。访问法主要用于外部协调中，有走访和邀请访问两种形式。

（5）情况介绍法。情况介绍法通常是与其他协调方法紧密结合在一起使用的。

第三节 建设工程监理规划

一、建设工程监理规划的概念

1. 监理大纲

监理大纲又称监理方案，它是监理单位在建设单位开始委托监理的过程中，特别是在建设单位进行监理招标过程中，为承揽到监理业务而编写的监理方案性文件。监理单位编制监理大纲有以下两个作用：一是使建设单位认可监理大纲中的监理方案，从而承揽到监理业务；二是为项目监理机构今后开展监理工作制定基本的方案。

2. 监理规划

监理规划是监理单位接受建设单位委托并签订委托监理合同之后，在项目总监理工程师的主持下，根据委托监理合同，在监理大纲的基础上，结合工程的具体情况，广泛收集工程信息和资料的情况下制定，经监理单位技术负责人批准，用来指导项目监理机构全面开展监理工作的指导性文件。

从内容范围上讲，监理大纲与监理规划都是围绕着整个项目监理机构所开展的监理工作来编写的，但监理规划的内容要比监理大纲更翔实、更全面。

3. 监理实施细则

监理实施细则又简称监理细则，其与监理规划的关系可以比作施工图设计与初步设计的关系。也就是说，监理实施细则是在监理规划的基础上，由项目监理机构的专业监理工程师针对建设工程中某一专业或某一方面的监理工作编写，并经总监理工程师批准实施的操作性文件。监理实施细则的作用是指导本专业或本子项目具体监理业务的开展。

监理大纲、监理规划、监理实施细则是相互关联的，都是建设工程监理工作文件的组成部分，它们之间存在着明显的依据性关系：在编写监理规划时，一定要严格根据监理大纲的有关内容来编写；在制定监理实施细则时，一定要在监理规划的指导下进行。一般来说，监理单位开展监理活动应当编制以上工作文件。但这也不是一成不变的，就像工程设计一样。对于简单的监理活动只编写监理实施细则就可以了，而有些建设工程也可以制定较详细的监理规划，而不再编写监理实施细则。

二、建设工程监理规划编制的依据

（1）工程建设方面的法律、法规。工程建设方面的法律、法规具体包括三个方面：国家颁布的有关工程建设的法律、法规；工程所在地或所属部门颁布的工程建设相关的规定和政策；工程建设的各种标准、规范。

（2）政府批准的工程建设文件。政府批准的工程建设文件包括两个方面：

1）政府工程建设主管部门批准的可行性研究报告、立项批文。

2）政府规划部门确定的规划条件、土地使用条件、环境保护要求、市政管理规定。

（3）建设工程监理合同。

（4）其他建设工程合同。

（5）监理大纲。

第四节 施工阶段工程监理实施

一、施工阶段监理实施细则

1. 监理实施细则的作用

监理实施细则是在监理规划指导下，在落实了监理机构各部门监理职责分工后，由专业监理工程师针对项目的具体情况编制的更具有实施性和可操作性的业务文件。它起着具体指导监理工作实施的作用。

2. 编制监理实施细则的依据

（1）监理合同、监理规划以及与所监理项目相关的合同文件。

（2）设计文件，包括设计图纸、技术资料以及设计变更。

（3）工程建设相关的规范、规程、标准。

（4）承包人提交并经监理机构批准的施工组织设计和技术措施设计。

（5）由生产厂家提供的工程建设有关原材料、半成品、构配件的使用技术说明，工程设备的安装、调试、检验等技术资料。

3. 编制监理实施细则的要求

监理实施细则一般应按照施工进度要求在相应工程开始施工前，由专业监理工程师编制并经总监理工程师批准。监理实施细则的编制应符合监理规划的要求，并应结合工程项目的专业特点做到详细具体、具有可操作性。

二、施工阶段工程监理的主要内容

建设工程监理的主要内容是进行建设工程的合同管理，按照合同控制工程建设的投资、工期和质量，并协调建设各方的工作关系。采取组织、经济、技术、合同和信息管理措施，对建设过程及参与各方的行为进行监督、协调和控制，以保证项目建设目标最优地实现。建设监理的中心任务是投资控制、进度控制、质量控制。

1. 投资控制

监理单位受项目法人委托投资控制的任务主要是：在建设前期协助项目法人正确地进行投资决策，控制好投资估算总额；在设计阶段对设计方案、设计标准、总概算进行审核；在施工准备阶段协助项目法人组织招标投标工作；在施工阶段，严格计量与支付管理和审核工程变更，控制索赔；在工程完工阶段审核工程结算，在工程保修责任终止时，审核工程最终结算。

2. 进度控制

首先要在建设前期协助项目法人分析研究确定合理的工期目标，并规定在承包合同文件中。在合同实施阶段，根据合同规定的部分工程完工目标、单位工程完工目标和全部工程完工目标审核施工组织设计和进度计划，并在计划实施中跟踪监督并做好协调工作，排除干扰，按照合同合理处理工期索赔、进度延误和施工暂停，控制工程进度。

3. 质量控制

质量控制贯穿于项目建设可行性研究、设计、建设准备、施工、完工及运行维修的全过程。监理单位质量控制工作主要包括：设计方案选择及图纸审核和概算审核；在施工前通过审查承包人资质，检查人员和所用材料、构配件、设备质量，审查施工技术方案和组织设计，实施质量预控；在施工过程中，通过重要技术复核，工序作业检查，监督合同文件规定的质量要求、标准、规范、规程的贯彻，严格进行隐蔽工程质量检验和工程验收等。

4. 合同管理

合同管理是监理工作的主要内容。广义地讲，监理工作可以概括为监理单位受项目法人的委托，协助项目法人组织工程项目建设合同的订立、签定，并在合同实施过程中管理合同。在合同管理中，狭义的合同管理主要指：合同文件管理、会议管理、支付、合同变更、违约、索赔及风险分担、合同争议协调等。

5. 信息管理

信息是反映客观事物规律的一种数据，是人们决策的重要依据。信息管理是项目建设监理的重要手段。只有及时、准确地掌握项目建设中的信息，严格、有序地管理各种文件、图纸、记录、指令、报告和有关技术资料，完善信息资料的接收、签发、归档和查询等制度，才能使信息及时、完整、准确和可靠地为建设监理提供工作依据，以便及时采取有效的措施，有效地完成监理任务。

6. 组织协调

在工程项目实施过程中，存在着大量组织协调工作，项目法人和承包商之间由于各自的经济利益和对问题的不同理解，就会产生各种矛盾和冲突；在项目建设过程中，多部门、多单位以不同的方式为项目建设服务，他们难以避免地会发生各种冲突。因此，监理工程师要及时、公正、合理地做好协调工作，保证项目顺利进行。

思 考 题

1. 简述目标控制的基本原理。

2. 何谓主动控制，何谓被动控制？监理工程师应当如何认识它们之间的关系？

3. 建设工程的投资进度、质量目标是什么关系？如何理解？

4. 简述确定建设工程目标应注意的问题。

5. 建设工程施工阶段目标控制的主要任务是什么？

6. 建设工程目标控制可采取哪些措施？

7. 项目监理机构协调的工作内容有哪些？

8. 建设工程监理组织协调的常用方法有哪些？

9. 简述建设工程监理大纲、监理规划、监理实施细则三者之间的关系。

10. 建设工程监理规划有何作用？编写建设工程监理规划应注意哪些问题？

11. 建设工程监理规划一般包括哪些内容？

12. 监理工作中一般需要制定哪些工作制度？

第三章 建设工程质量控制

第一节 建设工程质量控制概述

建设工程质量是指通过工程建设过程所形成的工程项目，应满足建设单位需要的，符合国家法律、法规、技术规范标准、设计文件及合同规定的特性综合。建设工程作为一种特殊的产品，应该具有适用、耐久、安全、可靠、经济、与环境相协调的特性。

建设工程质量控制是指致力于满足工程质量要求，也就是为了保证工程质量满足工程合同、规范标准所采取的一系列措施、方法和手段。工程质量要求主要表现为工程合同、设计文件、技术规范标准规定的质量标准。对工程项目的质量控制包括政府、建设单位、勘察设计单位和施工单位对工程质量的控制；在实行建设监理制的管理中，质量监督机构和项目监理机构属于监控主体，他们分别代表政府和建设单位对工程项目的质量实施控制。

建设工程质量控制是建设工程监理活动中最重要的工作，是建设工程项目控制三个目标的中心目标，它不仅关系到工程的成败、进度的快慢、投资的多少，而且直接关系到国家财产和人民生命安全。因此，实现质量控制目标是监理企业和每一个监理工程师的中心任务。

一、建设工程质量形成过程与影响因素

（一）建设工程质量的形成过程

工程质量的形成贯穿于建设的全过程，包括可行性研究阶段、项目决策阶段、勘察设计阶段、施工阶段和竣工验收阶段。

1. 可行性研究阶段

可行性研究是指对一个建设项目在技术上、经济上和生产布局方面的可行性进行论证，并做多方案比较，从而推荐最佳方案作为决策和设计的依据。一个好的可行性研究，能使项目的质量要求和标准符合建设单位的意图，并与投资目标相协调。由此可见，这一阶段的工作将直接影响到项目的决策质量和设计质量。

2. 决策阶段

项目决策阶段是通过项目可行性研究和项目评估，对项目的建设方案作出决策，使项目的建设充分反映建设单位的意愿，并与地区环境相适应，做到投资、质量、进度三者的协调统一。所以，项目决策阶段对工程质量的影响主要是确定工程项目应达到的质量目标和水平。

3. 勘察设计阶段

工程的地质勘察是为建设场地的选择和工程的设计与施工提供地质资料的依据。工程设计质量是决定工程质量的关键环节。勘察设计的好坏直接影响建设工程适用、耐久、安

全、可靠、经济、与环境相协调的特性。

4. 施工阶段

项目施工是根据设计图纸及其有关文件的要求，通过施工形成工程实体。它是将设计意图、质量目标和质量计划付诸实施的过程。工程施工通常是露天作业，工期长，受自然条件影响大，且作业内容复杂，影响质量的因素众多。因此，监理工程师应将施工阶段作为质量控制的重点，以确保施工质量符合合同规定的质量要求。

5. 竣工验收阶段

竣工验收阶段就是对项目施工质量进行试运转、检验评定，考核是否达到工程项目的质量目标，是否符合设计要求和合同规定的质量标准。竣工验收对质量的影响是保证最终产品的质量。

（二）影响工程质量的因素

影响工程质量的因素很多，但归纳起来主要有 5 个方面，即人（Man）、材料（Material）、机械（Machine）、方法（Method）和环境（Environment），简称 4M1E 因素，对这 5 方面因素严格控制，是保证工程质量的关键。

1. 人

人是生产经营活动的主体，在建设工程中，项目建设的决策、管理、操作均是通过人来完成的。人员的素质是影响工程质量的第一因素。人员的影响包括：人的文化水平、技术水平、决策能力、管理能力、组织能力、作业能力、控制能力、身体素质及职业道德等。这些因素都将直接或间接地对工程项目的规划、决策、勘察、设计和施工的质量产生影响，因此，建设工程质量控制中人的因素是质量控制的重点。建筑行业实行经营资质管理和各类专业从业人员持证上岗制度就是保证人员素质的重要管理措施。

2. 材料

材料即工程材料，包括工程实体所用的原材料、成品、半成品、构配件，是工程质量的物质基础。材料不符合要求，就不可能有符合要求的工程质量。工程材料选用是否合理、产品是否合格、材质是否符合规范要求、运输与保管是否得当等，都将直接影响建设工程结构的刚度和强度、影响工程外表及观感、影响工程的使用功能、影响工程的使用安全、影响工程的耐久性。

3. 机械

机械即机械设备，包括组成工程实体及配套的工艺设备和施工机械设备两大类。工艺设备与建筑设备构成了工业生产的系统和完整的使用功能，是生产与使用的物质基础。施工机具设备，包括大型垂直与横向运输设备、各类操作工具、各种施工安全设施、各类测量仪器和计量器具等，是施工生产的重要手段。工艺设备的性能是否先进、质量是否合格直接影响工程使用功能和质量。施工机具的类型是否符合工程施工特点，性能是否先进稳定，操作是否方便安全等，都将影响在建工程项目的质量。

4. 方法

方法指工艺方法、操作方法和施工方案。在施工过程中，施工方案是否合理，施工工艺是否先进，施工操作是否正确，都将对工程质量产生重大的影响。完善施工组织设计，大力采用新技术、保证工程质量稳定提高的重要因素。

5. 环境

环境即对工程质量特性起重要作用的环境因素，包括：管理环境，如工程实施的合同结构与管理关系的确定，组织体制及质量管理制度等；技术环境，如工程地质、水文、气象等；作业环境，如作业面大小、防护设施、通风照明和通信条件等；周边环境，如工程邻近的地下管线、建（构）筑物等；社会环境，如社会秩序的安定与否。环境条件往往对工程质量产生特定的影响。加强环境管理，改进作业条件，把握好技术环境，辅以必要的措施，是控制环境对质量影响的重要保证。

二、工程质量的特点

1. 影响因素多

建设工程受多种因素的影响，如决策、设计、材料、机械、环境、施工工艺、施工方案、操作方法、技术措施、管理制度、施工人员素质等均直接或间接地影响工程项目的质量。

2. 质量波动大

建设工程因其具有复杂性、单一性，不像一般制造业产品的生产那样，有固定的生产流水线、规范化的生产工艺和完善的检测技术、成套的生产设备和稳定的生产环境、相同系列规格和相同功能的产品，所以其质量波动性大。同时，由于影响工程质量的因素较多，任一因素发生质量问题，都可能会引起工程建设系统的质量变异，造成工程质量事故。

3. 质量隐蔽性

建设工程在施工过程中，由于工序交接多，中间产品多，隐蔽工程多，因此质量存在隐蔽性。若不及时检查并发现其存在的质量问题，事后看表面质量可能很好，容易产生第二判断错误，即将不合格的产品认为是合格的产品。

4. 终检局限大

工程项目建成后，不可能像某些工业产品那样，可以拆卸或解体来检查内在的质量。所以工程项目终检时难以发现工程内在的、隐蔽的质量缺陷。因此，对于工程质量应更重视事前控制、事中控制，严格监督、防患于未然，将质量事故消灭在萌芽之中。

5. 评价方法的特殊性

由于建设工程质量的影响因素多，终检难度大，因此，建设工程质量的施工质量评定始于开工准备，终于竣工验收，贯穿于工程建设的全过程。工程质量的检查评定及验收是按检验批、分项工程、分部工程、单位工程进行的。检验批合格质量又取决于主控项目和一般项目经抽样检验的试验结果。隐蔽工程在隐蔽前要检查合格后方可实施隐蔽验收，涉及结构安全的试块、试件以及有关材料，应按施工规定进行见证取样检测，涉及结构安全和使用功能的重要分部工程要进行抽样检测。工程质量是在施工单位按合格质量标准自行检验评定的基础上，由监理工程师（或建设单位项目负责人）组织有关单位、人员进行检验确认验收。这种评价方法体现了"验评分离、强化验收、完善手段、过程控制"的指导思想。

三、建设工程质量控制的原则

监理工程师在工程质量控制过程中，应遵循以下原则：

1. 坚持质量第一的原则

监理工程师在进行投资、进度、质量三大目标控制时，在处理三者关系时，应坚持"百年大计，质量第一"，在工程建设中自始至终把"质量第一"作为对工程质量控制的基本原则。

2. 坚持以人为核心的原则

人是建设工程的决策者、组织者、管理者和操作者。工程建设中各单位、各部门、各岗位人员的工作质量水平和完善程度，都直接或间接地影响工程质量。所以，在工程质量控制中，要以人为核心，重点控制人的素质和人的行为，充分发挥人的积极性和创造性，以人的工作质量保证工程质量。

3. 坚持以预防为主的原则

工程质量控制应该是积极主动的，应事先对影响质量的各种因素加以控制，而不能是消极被动的，等出现质量问题再进行处理，已造成不必要的损失。

4. 坚持以质量标准的原则

质量标准是评价产品质量的尺度，工程质量是否符合合同规定的质量标准要求，应通过质量检验并和质量标准对照，符合质量标准要求的才是合格，不符合质量标准要求的就是不合格，必须返工处理。

5. 坚持科学、公正、守法的职业道德规范

在工程质量控制中，监理人员必须坚持科学、公正、守法的职业道德规范，要尊重科学，尊重事实，以数据资料为依据，客观、公正地进行处理质量问题。要坚持原则，遵纪守法，秉公监理。

四、质量控制中监理工程师的责任和任务

产品的质量是在生产中创造的，因此产品生产者应对产品的质量负直接责任。但是，监理人员对质量应间接承担控制的责任，这是因为监理人员具有事前介入权、事中检查权、事后验收权、质量认证和否决权，具备了承担质量控制责任的条件。监理人员对质量控制，就是要对形成质量的因素进行检测、试验；对质量差异提出调整、纠正措施；对质量过程进行监督、检查、认证，这是建设单位赋予的质量控制的职能。所以监理人员对质量失控负有一定的责任。因此，在项目质量控制工作中，保证和提高工程项目的工程质量是监理人员的责任。

在质量控制工作中，监理工程师的任务主要有：

（1）认真贯彻国家和地方有关质量管理工作的方针、政策，贯彻和执行国家或地方颁发的规范、标准和规程，并结合本工程项目的具体情况，拟订监理规划和实施细则。

（2）运用全面质量管理的思想和方法，实行目标管理，确定工程项目的质量管理目标。依据工程项目的情况和要求，以及施工单位的管理和操作水平，确定工程项目所计划的质量目标；然后将目标进行分解、落实。

（3）协助施工单位制订工程质量控制设计；明确检验批、分项工程、分部（子分部）工程和单位（子单位）工程的质量保证措施，确定质量管理重点，组成质量管理小组，不断地克服质量的薄弱环节，以推动工程质量的提高。

（4）认真进行工程质量的检查和验收工作，应督促施工单位的施工班组做好操作质量

的自检工作和专职质量检查员的质量检查工作，同时做好数据的积累和分析。在此基础上，监理人员应及时做好质量预检查、隐蔽工程验收，对检验批、分项工程、分部（子分部）工程和单位（子单位）工程进行质量的验收工作。

（5）做好工程质量的回访工作，在工程交付后，特别是在保修期间，监理人员应进行回访，听取用户意见，协助建设单位检查工程质量变化情况。对于施工造成的质量问题，应督促施工单位进行返修或处理。

第二节　施工阶段质量控制

一、质量控制的依据

施工阶段监理工程师进行质量控制的依据，大体上有以下4类：

1. 工程合同文件

工程施工合同文件和委托监理合同文件中分别规定了参与建设各方在质量控制方面的权利和义务，有关各方必须履行在合同中的承诺。

2. 设计文件

经过批准的设计图纸和技术说明书等设计文件是质量控制的重要依据。但从严格质量管理和质量控制的角度出发，监理单位在施工前还应参加由建设单位组织的设计单位及施工单位参加的设计交底及图纸会审工作，以达到了解设计意图和质量要求，发现图纸差错和减少质量隐患的目的。

3. 国家及政府有关部门颁布的有关质量管理方面的法律、法规性文件

主要包括：《中华人民共和国建筑法》、《建设工程质量管理条例》以及各行业、各地区的相关法规性文件。

4. 有关质量检验与控制的专门技术法规性文件

该类文件主要包括：

（1）工程项目施工质量验收标准。这类标准主要是由国家或行业主管部门统一制定的，用以作为检验和验收工程项目质量水平所依据的技术法规性文件。如《建筑工程施工质量验收统一标准》（GB 50300—2001）、《混凝土结构工程施工质量验收规范》（GB 50204—2002）等。

（2）有关工程材料、半成品和构配件质量控制方面的专门技术法规性依据。

1）有关材料及其制品质量的技术标准。如水泥、木材及其制品、钢材、砖瓦、砌块、石材、石灰、砂、玻璃、陶瓷及其制品；涂料、保温及吸声材料、塑料制品；建筑五金、电缆电线、绝缘材料以及其他材料或制品的质量标准。

2）有关材料或半成品等的取样、试验等方面的技术标准或规程。如钢材的机械及工艺试验取样法、水泥安定性检验方法等。

3）有关材料验收、包装、标志方面的技术标准和规定。如型钢的验收、包装、标志及质量证明书的一般规定；钢管验收、包装、标志及质量证明书的一般规定等。

（3）控制施工作业活动质量的技术规程。这是为了保证施工作业活动质量在施工作业过程中应遵照执行的技术规程。如电焊操作规程、砌砖操作规程、混凝土施工操作过

程等。

（4）凡采用新工艺、新技术、新材料的工程，事先应进行试验，并应有权威性技术部门的技术鉴定书及有关的质量数据、指标，在此基础上制定有关的质量标准和施工工艺规程，以此作为判断与控制质量的依据。

二、质量控制的内容

（一）施工准备的质量控制

施工准备的质量控制即在施工前进行的质量控制，其具体工作内容有：

1. 审查施工单位资质

施工单位应在其资质等级许可的范围内承包工程。

2. 审核分包单位的资格

监理工程师审查总包单位提交的《分包单位资质报审表》，主要是审查施工承包合同是否允许分包，分包的范围和工程部位是否可进行分包，分包单位是否具有按工程承包合同规定的条件完成分包工程任务的能力。如果满足上述条件，总监理工程师应以书面形式批准该分包单位承包分包任务。

3. 审查施工单位提交的施工方案和施工组织设计

工程项目开工前约定的时间内，施工单位必须完成施工组织设计的编制及内部自审批准工作，填写《施工组织设计（方案）报审表》报送项目监理机构。监理工程师对施工组织设计的审查包括对质量内容的审查，主要审查：施工方法和施工顺序是否科学合理，有无工程质量、安全方面的潜在危害，以及保证工程质量和安全的技术措施是否得当，突出"质量第一，安全第一"的原则；审查该施工组织设计是否符合国家的技术政策，充分考虑承包合同规定的条件、施工现场条件及法规条件的要求；施工单位是否了解并掌握本工程的特点和难点；是否有能力执行并保证质量目标的实现；质量管理、技术管理体系和质量保证措施是否健全且切实可行等。施工组织设计审查的注意事项有：

（1）重要的分部、分项工程的施工方案，施工单位在开工前，向监理工程师提交详细说明为完成该项工程的施工方法、施工机械设备及人员配备与组织、质量管理措施以及进度安排等，报请监理工程师审查认可后方能实施。

（2）正确合理的施工顺序，应符合先场外后场内、先地下后地上、先深后浅、先主体后附属、先土建后设备、先屋面后内装的基本规律。

（3）施工方案与施工进度计划的一致性。施工进度计划的编制应以确定的施工方案为依据，正确体现施工的总体部署、流向顺序及工艺关系等。

（4）施工方案与施工平面图布置的协调一致。施工组织设计审查通过后，项目监理机构还应要求施工单位必须严格按照批准的（或经过修改后重新批准的）施工组织设计（方案）组织施工。

在施工过程中，当施工单位对已批准的施工组织设计进行调整、补充或变动时，应经专业监理工程师审查，并应由总监理工程师签认。

4. 审查现场测量方面的内容

检查、复核施工现场的测量标志、建筑物的定位轴线以及高程水准点等。

5. 对工程所需的原材料、半成品和各种加工预制品的质量进行检查与控制

材料产品质量的优劣是保证工程质量的基础，在订货时，应依据质量标准签订合同。必要时，先鉴定样品，经鉴定合格的样品应予封存，作为材料验收的依据。凡进场材料，均应有产品合格证或技术说明书，同时还应按有关规定进行抽检。没有产品合格证和抽检不合格的材料，不得在工程中使用。专业监理工程师应对施工单位报送的拟进场工程材料、构配件和设备的《工程材料、构配件、设备报审表》及其质量证明资料进行审核，并对进场的实物按照委托监理合同约定或有关工程质量管理文件规定的比例采用平行检验或见证取样方式进行抽检。对未经监理人员验收或验收不合格的工程材料、构配件、设备，监理人员应拒绝签认，并应签发监理工程师通知单，书面通知施工单位限期将不合格的工程材料、构配件、设备撤出现场。对进口材料、构配件和设备，施工单位还应报送进口商检证明文件，并按照事先约定，由建设单位、施工单位、供货单位、监理单位及其他有关单位进行联合检查。

6. 永久性设备和装置的控制

对永久性设备或装置，应按审批同意的设计图纸采购和订货；设备进场后，应进行抽查和验收；主要设备还应按交货合同规定的期限开箱查验。

7. 新材料、新工艺、新技术、新设备运用的控制

当施工单位采用新材料、新工艺、新技术、新设备时，专业监理工程师应要求施工单位报送相应的施工工艺措施和证明材料，组织专题论证，经审定后予以签认。凡未经试验或无技术鉴定证书的新工艺、新结构、新技术、新材料不得在工程中应用。

8. 施工机械配置的控制

施工机械的选择要能满足施工的需要，保证施工质量，除了要审查施工单位报送的施工机械需用量表中所列机械的技术性能、工作效率、工作质量、可靠性及维修难易、能源消耗以及安全、灵活等方面对施工质量的影响与保证外，还应考虑其数量配置对施工质量的影响与保证条件。监理工程师除审查施工单位机械配置计划外，还要审查施工机械设备是否按已经批准的计划准备妥，所准备的机械设备是否与监理工程师审查认可的计划一致，是否都处于完好的可用状态。对于与批准的计划中所列施工机械不一致，或机械设备的类型、规格、性能不能保证施工质量者，以及维护修理不良，不能保证良好的可用状态者，都不准使用。

9. 组织设计交底和图纸会审，并做好会议纪要

在施工阶段，设计文件是监理工作的依据。监理工程师应认真参加由建设单位主持的设计交底和图纸会审工作，透彻了解设计原则及质量要求。在组织设计交底和图纸会审过程中发现的问题，应做好会议记录由参会各方会签后抄送有关单位。图纸未经会审不得施工。

10. 施工单位质量保证体系的控制

协助施工单位建立和完善质量保证体系，确定工程项目的质量目标，并进行质量控制设计，建立质量责任制，实现管理标准化，开展群众性的质量管理活动和 PDCA 循环，及时进行质量反馈等。

根据质量管理的基本原理，质量计划包含为达到质量目标、质量要求的计划、实施、

检查及处理这四个环节的相关内容，即 PDCA 循环。PDCA 循环是不断进行的，每循环一次，就实现一定的质量目标，解决一定的问题，使质量水平有所提高。如此不断循环，周而复始，使质量水平也不断提高。

11. 严把开工关

监理工程师对现场各项施工准备工作检查，符合要求以后，才发布开工令。

12. 监理组织内部的监控准备工作

建立并完善项目监理机构的质量监控体系，做好监控准备工作，特别是编好监理规划和监理工作实施细则，包括检查验收程序、质量要求和标准等。监理组织内部的监控准备工作是监理工程师做好质量控制的基础工作之一。

（二）施工过程的质量控制

在施工过程中进行质量控制的具体工作内容如下。

1. 协助施工单位工作

协助施工单位完善工序控制，把影响工序质量的因素都纳入管理状态。建立质量控制点，及时检查和审核施工单位提交的质量统计分析资料和质量控制图表。

质量控制点是指为了保证作业过程质量而确定的重点控制对象、关键部位或薄弱环节。一般应当选择那些保证质量难度大的、对质量影响大的或者是发生质量问题时危害大的对象作为质量控制点，具体如下：

（1）施工过程中的关键工序或环节以及隐蔽工程，例如钢筋混凝土结构中的钢筋绑扎工序。

（2）施工中薄弱环节，或质量不稳定的工序、部位或对象，例如地下防水层施工。

（3）对后续工程施工或对后续工序质量或安全有重大影响的工序、部位或对象，例如模板的支撑与固定等。

（4）采用新技术、新工艺、新材料的部位或环节。

（5）施工上无足够把握的、施工条件困难的或技术难度大的工序或环节，例如复杂曲线模板的放样等。

2. 作业技术交底的控制

作业技术交底的控制关键部位或技术难度大，施工复杂的检验批，分项工程施工前，施工单位的技术交底书要报监理工程师审查。经监理工程师审查后认为，技术交底书不能保证作业活动的质量要求，施工单位要进行修改补充。没有做好技术交底的工序或分项工程，不得进入正式施工。

3. 环境状态的控制

环境状态的控制包括施工作业环境的控制，施工质量管理环境的控制和现场自然环境条件的控制。

施工作业环境主要是指：水、电或动力供应、施工照明、安全防护设备、施工场地空间条件和通道以及交通运输和道路条件等。对施工作业环境的控制工作，监理工程师应事先检查施工单位对施工作业环境条件方面的有关准备工作是否已做好安排和准备妥当，当确认其准备可靠有效后，方准许其进行施工。

施工质量管理环境主要是指施工单位的质量管理体系和质量控制自检系统是否处于良

好状态；系统的组织机构、管理制度、检测制度、检测标准、人员配备等方面是否完善和明确；质量责任制是否落实。监理工程师应做好施工单位施工质量管理环境的检查，并督促其落实，是保证作业效果的重要前提。

监理工程师应检查施工单位对于未来的施工期间，自然环境条件可能出现对施工作业质量的影响时，是否事先已经有充分的认识并已做好充足的准备和采取了有效措施与对策以保证工程质量。

4. 进场施工机械设备性能及工作状态的控制

监理工程师主要应做好施工机械的进场检查，机械设备工作状态的检查，特殊设备安全运行的审核以及大型临时设备的检查等控制工作。

5. 施工测量及计量器具性能、精度的控制

工程作业开始前，施工单位应向项目监理机构报送工地试验室或外委试验室的资质证明文件，列出本试验室所开展的试验、检测项目、主要仪器设备、法定计量部门对计量器具的标定证明文件、试验检测人员上岗资质证明、试验室管理制度等。

监理工程师应检查工地试验室资质证明文件、试验设备、检测仪器是否满足工程质量检查要求，是否处于良好的可用的状态，精度是否符合需要，法定计量部门标定资料、合格证等是否在标定的有效期内；试验室管理制度是否齐全，符合实际；试验、检测人员是否有相应工作岗位的上岗资质等。经检查，确认能满足工程质量检验要求，则予以批准同意使用，否则施工单位应进一步完善、补充，在没有得到监理工程师同意之前，工地试验室不得使用。

6. 施工现场劳动组织及作业人员上岗资格的控制

从事作业活动的操作者必须满足作业活动的需要，工种配置合理，管理人员到位，相关制度健全。从事特殊作业的人员必须持证上岗。

7. 严格工序间交接检查及班组的自检、交接制度

按照规定，生产者必须负责质量，必须对本班组的操作质量负责。在完成或部分完成施工任务时，应及时进行自检，自检达到合格标准，并经专业质量检查员和下道工序的班组进行检查、验收、签证后，方可进行下道工序的施工。

主要工序作业（包括隐蔽工程）需按规定经监理人员检查、验收后方可进行下一工序（或隐蔽）。监理工程师的质量检查与验收是对施工单位作业活动质量的复核与确认，监理工程师的检查决不能代替施工单位的自检，而且监理工程师的检查必须是在施工单位自检并确认合格的基础上进行的，施工单位专职质检员没有检查或检查不合格不能报监理工程师检查。

8. 复检和确认

项目监理机构应对施工单位在施工过程中报送的施工测量放线成果进行复验和确认。

9. 隐蔽工程的控制

隐蔽工程验收是指将被其他分项工程所隐蔽的分项工程或分部工程，在隐蔽前所进行的检查或验收。它们是防止质量隐患、保证工程项目质量的重要措施；隐蔽工程验收的主要项目有地基与基础工程、主体结构各部位的钢筋工程、结构焊接和防水工程等。隐蔽工程验收后，要办理验收手续和签证，列入工程档案；对验收中提出的不符合要求的问题，

要认真处理；处理后应再经复核，并注明处理情况。未经验收或验收不合格，不得进行下一道工序施工。

10. 复核和复试

重要的工程部位、专业工程、材料或半成品等，在施工单位检验、测试的前提下，监理人员还要进行技术复核或复试。

11. 见证取样送检工作的监控

见证取样和送检是指在建设单位或工程监理单位人员的见证下，由施工单位的现场试验人员对工程中涉及结构安全的试块、试件和材料在现场取样，并送至经过省级以上建设行政主管部门对其资质认可和质量技术监督部门对其计量认证的质量检测单位（以下简称"检测单位"）进行检测。实施见证取样的要求：

（1）涉及结构安全的试块、试件、材料见证取样和送检的比例不得低于有关技术标准中规定应取样数量的30%。

（2）下列试块、试件和材料必须实施见证取样和送检。

1）用于承重结构的混凝土试块。

2）用于承重墙体的砌筑砂浆试块。

3）用于承重结构的钢筋及连接接头试件。

4）用于承重墙的砖和混凝土小型砌块。

5）用于拌制混凝土和砌筑砂浆的水泥。

6）用于承重结构的混凝土中使用的外加剂。

7）地下、屋面、厕浴间使用的防水材料。

8）国家规定必须实行见证取样和送检的其他试块、试件和材料。

（3）见证人员应由建设单位或该工程的监理单位具备建筑施工试验知识的专业技术人员担任，并应由建设单位或该工程的监理单位书面通知施工单位、检测单位和负责该项工程的质量监督机构。

（4）在施工过程中，见证人员应按照见证取样和送检计划，对施工现场的取样和送检进行见证，取样人员应在试样或其包装上做出标识、封志。标识和封志应标明工程名称、取样部位、取样日期、样品名称和样品数量，并由见证人员和取样人员签字。见证人员应制作见证记录，并将见证记录归入施工技术档案。见证人员和取样人员应对试样的代表性和真实性负责。

（5）见证取样的试块、试件和材料送检时，应由送检单位填写委托单，委托单应有见证人员和送检人员签字。检测单位应检查委托单及试样上的标识和封志，确认无误后方可进行检测。

（6）检测单位应严格按照有关管理规定和技术标准进行检测，出具公正、真实、准确的检测报告。见证取样和送检的检测报告必须加盖见证取样检测的专用章。

12. 对设计变更和图纸修改的监控

在施工过程中，无论是建设单位、施工单位或者设计单位提出的工程变更或图样修改，都应通过监理工程师审查并经有关方面研究，确认其必要性后，由总监理工程师发布变更指令方能生效。

13. 见证点的实施控制

见证点是重要性或质量后果影响程度相对更重要的质量控制点。凡是列为见证点的质量控制对象，在规定的关键工序施工前，施工单位应提前通知监理人员在约定的时间内到现场进行见证和对其施工实施监督。如果监理人员未能在约定的时间内到现场见证和监督，则施工单位有权进行该见证点的相应的工序操作和施工。

在实际工程实施质量控制时，通常是由施工单位在分项工程施工前制定施工计划时就选定设置质量控制点，并在质量计划中再进一步明确哪些是见证点。施工单位应将该施工计划及质量计划提交监理工程师审批。如果监理工程师对上述计划及见证点的设置有不同的意见，应书面通知施工单位，要求予以修改，修改后再上报监理工程师审批后执行。

14. 配合比管理质量监控

根据设计要求，施工单位首先进行理论配合比设计，进行试配试验后，确认 2～3 个能满足要求的理论配合比提交监理工程师审查。监理工程师审查后确认其符合设计要求及相关规范的要求后予以批准。在随后的拌和料拌制过程中注意对原材料和现场作业的质量控制。

15. 计量工作质量监控

监理工程师对计量工作的质量监控，包括对施工过程中使用的计量仪器检测、称重衡器的质量控制；对从事计量作业人员的技术水平资质的审核以及现场计量操作的质量控制。

16. 质量记录资料的监控

质量资料是施工单位进行工程施工或安装期间，实施质量控制活动的记录，还包括监理工程师对这些质量控制活动的意见及施工单位对这些意见的答复，它详细地记录了工程施工阶段质量控制活动的全过程。

质量记录资料包括施工现场质量管理检查记录资料，工程材料质量记录资料，施工过程作业活动质量记录资料。质量记录资料应在工程施工或安装开始前，由监理工程师和施工单位一起，根据建设单位的要求及工程竣工验收资料组卷归档的有关规定，研究列出适合施工对象的质量资料清单。在对作业活动效果的验收中，如缺少资料和资料不全，监理工程师应拒绝验收。

17. 工地例会的管理

通过工地例会，监理工程师检查分析施工过程的质量状况，指出存在的问题，施工单位提出整改的措施，并作出相应保证。针对某些专门质量问题，监理工程师还应组织专题会议，集中解决较重大或普遍存在的问题。

18. 停、复工令

停、复工令的实施是监理工程师按合同规定行使质量监督权，并在以下情况下，有权下达停工令：

（1）施工作业活动存在重大隐患，可能造成质量事故或已经造成质量事故。

（2）施工单位未经许可擅自施工或拒绝项目监理机构管理。

（3）施工中出现质量异常情况，经提出后，施工单位未采取有效措施，或措施不力未能扭转异常情况。

（4）隐蔽工程未经检查、验收、签证而自行封闭、掩盖。

（5）已经发现质量问题迟迟未按监理工程师要求进行处理，或者已经发生质量缺陷或问题，如不停工则质量缺陷或问题将继续发展。

（6）未经监理工程师审查同意，擅自变更设计或修改图样进行施工。

（7）未经技术资质审查的人员或不合格人员进入现场施工。

（8）使用的原材料、构配件不合格或未经检查确认，或擅自采用代用材料。

（9）擅自使用未经项目监理机构审查认可的分包单位进场施工。

施工单位经过整改具备恢复施工条件，应向项目监理机构报送复工申请及有关材料，证明造成停工的原因已经消失。经监理工程师现场复查，认为已经符合继续施工条件，造成停工的原因确已经消失，总监理工程师应及时签署工程复工报审表，指令施工单位继续施工。总监理工程师下达停工令及复工指令，宜事先向建设单位报告。

（三）施工结果的质量控制

施工结果的质量控制，即指对施工已经完成的检验批、分项工程、分部（子分部）工程、并已形成为产品的质量控制。其具体内容包括：

（1）按规定的质量评定标准和评定办法，对已完成的检验批、分项工程、分部（子分部）工程和单位（子单位）工程进行检查验收，并要求施工单位采取防护、包裹、覆盖、封闭、合理安排施工顺序等方法对成品进行有效保护。

（2）对承包商报送的验评资料进行审核和签认。并报工程质量监督机构对有关分项工程、分部（子分部）工程和单位（子单位）工程的质量验收进行监督。

（3）组织单机（或分系统）、或联动调试。

（4）审核施工单位提供的工程质量检验报告及有关技术文件。

（5）审核施工单位提交的竣工图。

（6）整理本工程项目质量的文件（包括工程质量评定资料、验收资料和有关报表等），并编目，建立档案。

三、施工质量控制手段

（一）审核有关的技术文件、报告和报表

这是对工程质量进行全面监督、检查与控制的重要手段。具体内容包括：

（1）审核各有关分包单位的技术资质证明文件。

（2）审核施工单位的开工报告，并经核实后，下达开工令。

（3）审核施工单位提交的施工方案或施工组织设计，以确保工程质量有可靠的技术措施。

（4）审核施工单位提交的有关原材料、半成品和构配件的质量检验报告。

（5）审核承包单位提交的反映工序施工质量的动态统计资料或管理图表。

（6）审核承包单位提交的有关工序产品质量的证明文件、工序交接检查、隐蔽工程检查、分部分项工程质量检查报告等文件、资料，以确保和控制施工过程的质量。

（7）审批有关设计变更、修改图纸和技术核定单等。

（8）审核有关应用新工艺、新技术、新材料、新结构的技术鉴定文件。

（9）审批有关工程质量事故或质量问题的处理报告。

（10）审核并签署有关质量签证、文件等。

（二）严格执行监理程序

在质量监理的过程中，严格执行监理程序，也是强化施工单位的质量管理意识，保证工程质量的有效手段。如规定施工单位没有对工程项目的质量进行自检时，监理人员可以拒绝对工程进行检查和验收，以便强化施工单位自身质量控制的机能。

（三）旁站、巡视、见证

旁站，是指在关键部位或关键工序施工过程中，由监理人员在现场进行的监督活动。巡视，是指监理人员对正在施工的部位或工序现场进行的定期或不定期的监督活动。见证，是由监理人员现场监督某工序全过程完成情况的活动。总监理工程师应安排监理人员对施工过程进行巡视和检查。对隐蔽工程的隐蔽过程、下道工序施工完成后难以检查的重点部位，专业监理工程师应安排监理员进行旁站。监理人员应经常地、有目的地对承包单位的施工过程进行巡视检查、检测。主要检查内容如下：

（1）是否按照设计文件、施工规范和批准的施工方案施工。

（2）是否使用合格的材料、构配件和设备。

（3）施工现场管理人员，尤其是质检人员是否到岗到位。

（4）施工操作人员的技术水平、操作条件是否满足工艺操作要求、特种操作人员是否持证上岗。

（5）施工环境是否对工程质量产生不利影响。

（6）已施工部位是否存在质量缺陷。

对巡视检查过程中出现的较大质量问题或质量隐患，监理工程师应采用照相、录影等手段予以记录。

（四）试验与平行检验

工程中所用的各种原材料、半成品和构配件等，是否合格，都应通过取样试验或测试的数据来决定。监理人员可采取见证取样和送检监视试验或测试的全过程的方法，也可采取平行检验的方法。平行检验是项目监理机构利用一定的检查或检测手段，在承包单位自检的基础上，按照一定的比例独立进行检查或检测的活动。现场检验的方法有：目测法、量测法和试验法。

1. 目测法

目测法，即凭借感官进行检查，一般采用看、摸、敲、照等手法对检查对象进行检查。"看"就是根据质量标准要求进行外观检查；例如钢筋有无锈蚀、批号是否正确；水泥的出厂日期、批号、品种是否正确；构配件有无裂缝；清水墙表面是否洁净，油漆或涂料的颜色是否良好、均匀；工人的施工操作是否规范；混凝土振捣是否符合要求等。"摸"就是通过触摸手感进行检查、鉴别，例如油漆的光滑度；浆活是否牢固、不掉粉；模板支设是否牢固；钢筋绑扎是否正确等。"敲"就是运用敲击方法进行声感检查；例如，对墙面瓷砖、大理石镶贴、地砖铺砌等的质量均可通过敲击检查，根据声音虚实、脆闷判断有无空鼓等质量问题。"照"就是通过人工光源或反射光照射，仔细检查难以看清的部位，如构件的裂缝、孔隙等。

2. 量测法

量测法就是利用量测工具或计量仪表，通过实际量测结果与规定的质量标准或规范的要求相对照，从而判断质量是否符合要求。量测的手法可归纳为：靠、吊、量、套。"靠"是用直尺、塞尺检查诸如地面、墙面的平整度等。一般选用 2m 靠尺，在缝隙较大处插入塞尺，测出误差的大小。"吊"是用铅线检查垂直度。如检测墙、柱的垂直度等。"量"是用量测工具或计量仪表等检测轴线尺寸、断面尺寸、标高、温度、湿度等数值并确定其偏差，例如室内墙角的垂直度、门窗的对角线、摊铺沥青拌和料的温度等。"套"是以方尺套方辅以塞尺，检查诸如踏角线的垂直度、预制构件的方正，门窗口及构件的对角线等。

3. 试验法

通过现场取样，送试验室进行试验，取得有关数据，分析判断质量是否合格。力学性能试验，如测定抗拉强度、抗压强度、抗弯强度、抗折强度、冲击韧性、硬度、承载力等。物理性能试验，如测定比重、密度、含水量、凝结时间、安定性、抗渗性、耐磨性、耐热性、隔音等。化学性能试验，如材料的化学成分（钢筋的磷、硫含量等）、耐酸性、耐碱性、抗腐蚀等。无损测试，如超声波探伤检测、磁粉探伤检测、X 射线探伤检测、γ 射线探伤检测、渗透液探伤检测、低应变检测桩身完整性等。

（五）发布指令性文件

指令性文件是表达监理工程师对施工承包单位提出指示或命令的书面文件，属要求强制执行的文件。监理人员的指示一般采用书面形式，施工单位要严格履行监理人员对工程质量进行管理的指示。如监理人员发现施工单位的质保体系不健全，或质量管理制度不完善，或工程的施工质量有缺陷等，就可以发出"监理工作联系单"、"监理工程师通知单"等指令性文件，通知施工单位整改或返工，甚至停工整顿。

第三节 工程质量事故处理

工程产品质量没有满足某个规定的要求，就称之为质量不合格。凡是工程质量不合格，必须进行返修、加固和报废处理，由此造成直接经济损失低于 5000 元的称为质量问题；直接经济损失在 5000 元（含 5000 元）以上的称为工程质量事故。

由于建设工程产品固定，生产流动，施工期较长，所用材料品种繁多，露天施工，受自然条件方面异常因素的影响较大等各方面原因的影响，一般在工程建设中很难完全避免质量缺陷和事故的发生。导致工程质量问题或事故发生的最基本的因素主要有：①违背建设程序；②违反法规行为；③地质勘察失真；④设计差错；⑤施工与管理不到位；⑥使用不合格的原材料、制品和设备；⑦不利的自然环境因素；⑧不当使用建筑物。通过监理工程师的质量控制系统和施工单位的质量保证活动，通常可对事故的发生起到防范作用或控制事故后果的进一步恶化，把危害程度减少到最低限度。

一、工程质量事故的特点

工程质量事故具有复杂性、严重性、可变性和多发性的特点。

1. 复杂性

建筑工程的生产过程是人和生产随产品流动，产品千变万化，并且是露天作业多，受自然条件影响多，受原材料、构配件质量的影响多，手工操作多，受人为因素的影响大。因此造成质量事故的原因也极其复杂和多变，增加了质量事故的原因和危害分析的难度，也增加了工程质量事故的判断和处理的难度。

2. 严重性

建筑工程是一项特殊的产品，不像一般的生活用品可以报废、降低使用等级或使用档次。如果发生工程质量事故，不仅影响了工程顺利进行，增加了工程费用，拖延了工期，甚至还会给工程留下隐患，危及社会和人民生命财产的安全。

3. 可变性

在一般情况下，工程质量问题不是一成不变的，而是随着时间的变化而变化着。如材料特性的变化，荷载和应力的变化，外界自然条件和环境的变化等，都会引起原工程质量问题不断发生变化。

4. 多发性

由于建筑工程产品中，受手工操作和原材料多变等影响，造成某些工程质量事故经常发生，降低了建筑标准，影响了使用功能，甚至危及使用安全，而成为质量通病，对此应总结经验，吸取教训，采取有效的预防措施。

二、工程质量事故处理的依据

进行工程质量事故处理的依据主要包括 4 个方面：质量事故的实况资料；有关合同及合同文件；有关的技术文件和档案；相关的建设法规。

（一）质量事故的实况资料

有关质量事故的实况资料主要可来自以下几个方面：

1. 施工单位的质量事故调查报告

质量事故发生后，施工单位有责任就所发生的质量事故进行周密的调查，研究掌握情况，并在此基础上写出调查报告，提交监理工程师和建设单位。在调查报告中首先就与质量事故有关的实际情况做详尽的说明，其内容应包括：

（1）事故发生的时间、地点和工程项目、有关单位名称。

（2）事故的简要经过。

（3）事故已经造成或者可能造成的伤亡人数（包括下落不明的人数）和初步估计的直接经济损失。

（4）事故的初步原因。

（5）事故发生后采取的措施及事故控制情况。

（6）事故报告单位或报告人员。

（7）其他应当报告的情况。

2. 监理单位调查研究所获得的第一手资料

其内容大致与施工单位调查报告中有关内容相似，可用来与施工单位所提供的情况对照、核实。

（二）有关合同及合同文件

质量事故处理时需要涉及的有关合同文件主要有工程承包合同、设计委托合同、设备与器材购销合同、监理合同等。其作用是确定在施工过程中有关各方是否按照合同有关条款实施其活动，借以探寻产生事故的可能原因。另外，这些合同文件还是界定质量责任的重点依据。

（三）有关的技术文件和档案

1. 有关的设计文件

如施工图纸和技术说明等。其作用一方面是可以对照设计文件，核查施工质量是否完全符合设计的规定和要求；另一方面是可以根据所发生的质量事故情况，核查设计中是否存在问题或缺陷，成为导致质量事故的原因。

2. 与施工有关的技术文件、档案和资料

各类技术资料对于分析质量事故原因，判断其发展变化趋势，推断事故影响严重程度，考虑处理措施等都是不可缺少的。主要包括：

（1）施工组织设计或施工方案、施工计划。

（2）施工记录、施工日志等，根据它们可以查对发生质量事故的工程施工时的情况，借助这些资料追溯和探寻事故的可能原因。

（3）有关建筑材料的质量证明资料，如材料批次、出厂日期、出厂合格证或检验报告、施工单位抽检或试验报告等。

（4）现场制备材料的质量证明资料，如混凝土拌和料的级配、水灰比、坍落度记录；混凝土试块强度试验报告，沥青拌和料配比、出机温度和摊铺温度记录等。

（5）质量事故发生后，对事故状况的观测记录、试验记录或试验报告等。

（6）其他有关资料。

（四）相关的建设法规

1. 勘察、设计、施工、监理等单位资质管理方面的法规

这方面的法规有：《建设工程勘察设计企业资质管理规定》、《建筑业企业资质管理规定》和《工程监理企业资质管理规定》等。

2. 从业者资格管理方面的法规

这方面的法规有：《中华人民共和国注册建筑师条例》、《注册结构师执业资格制度暂行规定》和《监理工程师考试和注册试行办法》等。

3. 建筑市场方面的法规

这方面的法规主要涉及工程发包、承包活动，以及国家对建筑市场的管理活动。包括：《中华人民共和国合同法》、《中华人民共和国招标投标法》、《工程建设项目招标范围和规模标准的规定》、《工程项目自行招标的试行办法》、《建筑工程设计招标投标管理办法》、《评标委员会和评标办法的暂行规定》、《建筑工程发包与承包价格计价管理办法》、《建设工程勘察合同》、《建筑工程设计合同》、《建筑工程施工合同》和《建设工程监理合同》等示范文本。

4. 建筑施工方面的法规

这方面的法规以《中华人民共和国建筑法》为基础，包括：《建筑工程勘察设计管理条例》、《建设工程质量管理条例》、《生产安全事故报告和调查处理条例》和《建筑装饰装修管理规定》、《房屋建筑工程质量保修办法》、《关于建设工程质量监督机构深化改革的指导意见》、《建设工程质量监督机构监督工作指南》和《建设工程监理规范》等法规和

文件。

5. 关于标准化管理方面的法规

这方面的法规主要涉及技术标准（勘察、设计、施工、安装、验收等）、经济标准和管理标准（如建设程序、设计文件深度、企业生产组织和生产能力标准、质量管理与质量保证标准等）。2000 年建设部发布的《工程建设标准强制性条文》和《实施工程建设强制性标准监督规定》是典型的标准化管理类法规。

在以上工程质量事故处理的四方面依据中，前三种是与特定的工程项目密切相关的具有特定性质的依据。第四种法规性依据，是具有很高权威性、约束性、通用性和普遍性的依据，因而它在工程质量事故的处理中，也具有极其重要的、不容置疑的作用。

三、工程质量事故处理的程序

监理工程师应熟悉各级政府建设行政主管部门处理工程质量事故的基本程序，特别是应把握在质量事故处理过程中如何履行自己的职责。归纳起来，工程质量事故分析处理可分为：下达工程停工令、进行事故调查、分析事故原因、事故处理和检查验收、下达复工令等基本步骤。

1. 下达工程停工令

监理工程师在发现质量事故后，应当根据事故的实际情况，首先向施工单位下达《工程暂停令》，通知施工单位立即停止有质量事故的工程建设项目的施工，与质量事故有关的工程部位也要停工，以免事故扩大。在《工程暂停令》中，应当明确指出暂停施工的建设工程项目名称及停工原因，并说明停工的具体起止时间。同时，要求质量事故发生单位迅速按类别和等级向相应的主管部门上报，并于 24h 内写出书面报告。

各级主管部门处理权限及组成调查组权限如下：特别重大事故由国务院或者国务院授权有关部门组织事故调查组进行调查。重大事故、较大事故、一般事故分别由事故发生地省级人民政府、设区的市级人民政府、县级人民政府负责调查。省级人民政府、设区的市级人民政府、县级人民政府可以直接组织事故调查组进行调查，也可以授权或者委托有关部门组织事故调查组进行调查。未造成人员伤亡的一般事故，县级人民政府也可以委托事故发生单位组织事故调查组进行调查。

2. 进行事故调查

工程质量事故发生后，按相应级别主管部门处理权限组成事故调查组。在事故调查组展开工作后，监理工程师应协助，客观地提供相应证据，如果监理方对工程质量事故没有责任，监理工程师可应邀参加调查组，参与事故调查；如果监理方有责任，则应回避，但应配合调查组工作。质量事故调查组的职责是：

（1）查明事故发生的经过、原因、人员伤亡情况及直接经济损失。

（2）认定事故的性质和事故责任。

（3）提出对事故责任者的处理建议。

（4）总结事故教训，提出防范和整改措施。

（5）提交事故调查报告。

3. 分析事故原因

施工单位在提交的质量事故报告中，虽对质量事故的发生原因作了分析，监理工程师若对该分析有异议或者是质量事故较重大时，监理工程师应组织有关人员重新进行分析，进一步弄清质量事故的原因、类型、性质及危害程度，为事故处理和明确事故的责任提供依据。

4. 质量事故的处理和检查验收

通过对质量事故调查分析，确定质量事故的原因、类型、性质及危害程度，即可确定质量事故是否需要处理和如何处理，如需进行处理，通常由原设计单位做出处理设计，提交监理工程师审查批准后实施。质量事故处理后，监理工程师要对处理结果检查验收，评定处理是否符合设计要求。最后要求事故单位整理编写质量事故处理报告，并审核签认，组织将有关技术资料归档。工程质量事故处理报告主要包括以下内容：

（1）工程质量事故情况、调查情况、原因分析（选自质量事故调查报告）。

（2）质量事故处理的依据。

（3）质量事故技术处理方案。

（4）实施技术处理施工中有关问题和资料。

（5）对处理结果的检查鉴定与验收。

（6）质量事故处理结论。

5. 下达《工程复工令》，恢复正常施工

监理工程师对质量事故处理结果进行检查验收后，若符合处理设计中的标准要求，监理工程师即可下达《工程复工令》，工程可重新复工。

四、质量事故处理的方案和鉴定验收

（一）质量事故处理的方案

质量事故报告和调查处理，既要及时、准确地查明事故原因，明确事故责任，责任到人；又要总结经验教训，落实整改和防范措施，防止类似事故再次发生。为此，事故处理要实行"四不放过"原则。"四不放过"即事故原因未查明不放过，责任人未处理不放过，整改措施未落实不放过，有关人员未受到教育不放过。这是事故调查处理工作的根本要求。

工程质量事故处理方案的确定，工程质量事故处理方案是指采用一定的技术处理方案，达到建筑物的安全可靠和正常使用各项功能及寿命要求，保证施工正常进行的目的。质量事故的技术处理方案多种多样，但根据质量事故的情况可归纳为三种类型的处理方案，监理工程师应掌握从中选择最适用处理方案的方法，方能对相关单位上报的事故技术处理方案做出正确审核结论。

工程质量事故处理方案有以下类型。

1. 修补处理

通常当工程的某个检验批、分项工程、分部工程的质量虽未达到规定的规范、标准或设计要求，存在一定缺陷，但通过修补或更换器具、设备后还可达到要求的标准，又不影响使用功能和外观要求的情况下，可以进行修补处理。这是最常用的一类处理方案。属于修补处理这类具体方案很多，复位纠偏、结构补强、表面处理等都属于修补处理。如一般的剔凿、抹灰等表面处理，一般不会影响其使用和外观。但对较严重的可能影响结构的安全性和使用功能的质量问题，必须按一定的技术方案进行加固补强处理，这样往往会造成一些永久性缺陷，如改变结构外形尺寸，影响一些次要的使用功能等。

2. 返工处理

在工程质量未达到规定的标准和要求，存在严重的质量问题，对结构使用和安全构成重大影响，且又无法通过修补处理的情况下，可对检验批、分项工程、分部工程甚至整个工程返工处理。

3. 不做处理

某些工程质量问题虽然不符合规定的要求和标准构成质量事故，但视其严重情况，经过分析、论证、法定检测单位鉴定和设计等有关单位认可，对工程或结构使用及安全影响不大，也可不做专门处理。通常不做专门处理的情况有以下几种：

（1）不影响结构的安全或使用要求及生产工艺的质量问题。例如，有的建筑物在施工中发生错位事故，若进行彻底纠正，不仅困难很大，还会造成重大经济损失，经过分析论证后，只要不影响生产工艺和使用要求，可不做处理。

（2）轻微的质量缺陷，通过后续工程可以弥补的，可以不做处理。例如，混凝土构件出现了轻微的蜂窝、麻面等质量问题，该缺陷可通过后续工序抹灰、喷涂进行弥补，则不需对该构件缺陷做专门的处理。

（3）经法定检测单位鉴定合格。例如，某检验批混凝土试块强度值不满足规范要求，强度不足，在法定检测单位，对混凝土实体采用非破损检验等方法测定其实际强度已达到规范允许和设计要求值时，可不做处理。对经检测未达到要求值，但相差不多，经分析论证，只要使用前经再次检测达设计强度，也可不做处理，但应严格控制施工荷载。

（4）对出现的某些质量事故，经复核验算后，仍能满足设计要求者，可不做处理。例如，结构断面尺寸比设计图样稍小，经认真验算后，仍能满足设计承载能力者。但必须要特别注意，这种方法是挖掘设计潜力，对此需要格外慎重。

（二）质量事故处理的鉴定验收

监理工程师应通过组织检查和必要的鉴定，判断质量事故的技术处理是否达到了预期目的，消除了工程质量不合格和工程质量问题，是否仍留有隐患。如果达到预期目的，监理工程师应进行验收并予以最终确认。

1. 检查验收

工程质量事故处理完成后，监理工程师在施工单位自检合格报验的基础上，应严格按施工验收标准及有关规范的规定，结合监理人员的旁站、巡视和平行检验结果，依据质量事故技术处理方案设计要求，通过实际量测，检查各种资料数据进行验收，并应办理交工验收文件，组织各有关单位会签。

2. 必要的鉴定

为确保工程质量事故的处理效果，凡涉及结构承载力等使用安全和使用重要性能的处理工作，常需做必要的试验和检验鉴定工作。如果质量事故处理施工过程中建筑材料及构配件质量保证资料严重缺乏，或对检查验收结果各参与单位有争议时，可以进行必要的鉴定工作。常见的鉴定工作有：混凝土钻芯取样，用于检查密实性和裂缝修补效果，或检测实际强度；结构荷载试验，确定其实际承载力；超声波检测焊接或结构内部质量；池、罐、箱柜工程的渗漏检验等。检测鉴定必须委托政府批准的有资质的法定检测单位进行。

3. 验收结论

对所有质量事故无论是经过技术处理，通过鉴定验收还是不需要专门处理的，都应有明确的验收结论。若对后续工程施工有特定要求，或对建筑物使用有一定的限制条件，应在结论中提出。通常有以下几种验收结论：

(1) 事故已排除，可以继续施工。

(2) 隐患已消除，结构安全有保证。

(3) 经修补处理后，完全能够满足使用要求。

(4) 基本上满足使用要求，但使用时应有附加限制条件，如限制荷载等。

(5) 对耐久性的结论。

(6) 对建筑物外观影响的结论。

(7) 对短期内难以作出结论的，可提出进一步观测检验意见。

对于处理后符合《建筑工程施工质量验收统一标准》规定的，监理工程师应予以验收确认，并应注明责任方主要承担的经济责任。对经加固补强或处理仍不能满足安全使用要求的分部工程、单位工程，应拒绝验收。

第四节 工程施工质量验收

工程施工质量验收是工程建设质量控制的一个重要环节，包括工程施工质量的中间验收和工程的竣工验收。正确地进行建筑工程施工质量的验收与确认是工程项目质量控制工作中的重要内容，开展这一工作的目的是为了对建筑工程作为最终产品进行全面正确的评价。同时，在施工的过程中进行检验批、分项工程、分部（子分部）工程的施工质量验收和确认，发现问题，及时处理，把好工程质量关。

建筑工程的验收是在施工单位自行质量检查评定的基础上，参与建设活动的有关单位共同对检验批、分项工程、分部工程、单位工程的质量进行抽样复验，根据相关标准以书面形式对工程质量达到合格与否做出确认。

一、建筑工程施工质量验收统一标准及验收基本规定

1. 建筑工程施工质量验收统一标准

建筑工程施工质量验收统一标准、规范体系有《建筑工程施工质量验收统一标准》（GB 50300—2001）和各专业验收规范共同组成，在适用过程中它们必须配套使用。

2. 建筑施工质量验收的基本规定

(1) 施工现场质量管理应有相应的施工技术标准，健全的质量管理体系、施工质量检验制度和综合施工质量水平评定考核制度，并做好施工现场质量管理检查记录。施工现场质量管理检查记录应由施工单位填写，总监理工程师进行检查，并做出检查结论。

(2) 建筑工程施工质量应按照下列要求进行验收：

1) 建筑工程施工质量应符合建筑工程施工质量验收统一标准和相关专业验收规范的规定。

2）建筑工程施工应符合工程勘察、设计文件的要求。

3）参加工程施工质量验收的各方人员应具备规定的资格。

4）工程质量的验收均应在施工单位自行检查评定的基础上进行。

5）隐蔽工程在隐蔽前应由施工单位通知有关单位进行验收，并应形成验收文件。

6）涉及结构安全的试块、试件以及有关材料，应按规定进行见证取样检测。

7）检验批的质量应按主控项目和一般项目验收。

检验批是按同一的生产条件或按规定的方式汇总起来供检验用的，由一定数量样本组成的检验体。检验批是工程验收的最小单位，是分项工程乃至整个建筑工程质量验收的基础。检验批是施工过程中条件相同并有一定数量的材料、构配件或安装项目，由于其质量基本均匀一致，因此可以作为检验的基础单位，并按批验收。检验是对检验项目中的性能进行量测、检查、试验等，并将结果与标准规定要求进行比较，以确定每项性能是否合格所进行的活动。主控项目是建筑工程中的对安全、卫生、环境保护和公众利益起决定性作用的检验项目。一般项目是除主控项目以外的检验项目。

8）对涉及结构安全和使用功能的重要分部工程应进行抽样检测。

抽样检验是按照规定的抽样方案，随机地从进场的材料、构配件、设备或建筑工程检验项目中，按检验批抽取一定数量的样本所进行的检验。

9）承担见证取样检测及有关结构安全检测的单位应具有相应资质。

10）工程的观感质量应由验收人员通过现场检查，并应共同确认。观感质量是指通过观察和必要的量测所反映的工程外在质量。

二、建筑工程施工质量验收的划分

建筑工程施工质量验收涉及建筑工程施工过程控制和竣工验收控制，是工程施工质量控制的重要环节，合理划分建筑工程施工质量验收层次是非常必要的。特别是不同专业工程的验收批如何确定，将直接影响到质量验收工作的科学性、经济性、实用性和可操作性。因此有必要建立统一的工程施工质量验收的层次划分。通过验收批和中间验收层次及最终验收单位的确定，实施对工程施工质量的过程控制和终端把关，确保工程施工质量达到工程项目决策阶段所确定的质量目标和水平。

标准规定：工程可划分为若干个子单位工程进行验收；在分部工程中，可按相近工作内容和系统划分为若干个子分部工程；每个子分部工程中包括若干个分项工程；每个分项工程中包含若干个检验批，检验批是工程施工质量验收的最小单位。

1. 单位工程的划分

单位工程的划分应按下列原则确定：

（1）具备独立施工条件并能形成独立使用功能的建筑物及构筑物为一个单位工程。如学校中的一栋办公楼，工程中的一个生产车间。

（2）建筑规模较大的单位工程，可将其能形成独立使用功能的部分为一个子单位工程。

（3）室外工程可根据专业类别和工程规模划分单位（子单位）工程。

2. 分部工程的划分

分部工程的划分应按下列原则确定：

（1）分部工程的划分应按专业性质、建筑部位确定。如建筑工程划分为地基与基础、主体结构、建筑装饰装修、建筑屋面、建筑给水排水及采暖、建筑电气、通风与空调、电梯和智能建筑等九个分部工程。

（2）当分部工程较人或较复杂时，可按材料种类、施工特点、施工程序、专业系统及类别等划分为若干子分部工程。如智能建筑分部工程中就包含了火灾及报警消防联动系统、安全防范系统、综合布线系统、智能化集成系统、电源与接地、环境、住宅（小区）智能化系统等子分部工程。

3. 分项工程的划分

分项工程应按主要工程、材料、施工工艺、设备类别等进行划分。如混凝土结构工程中按主要工种分为模板工程、钢筋工程、混凝土工程等分项工程；按施工工艺又分为预应力、现浇结构、装配式结构等分项工程。建筑工程的分部（子分部）工程、分项工程的具体划分见《建筑工程施工质量验收统一标准》（GB 50300—2001）。

4. 检验批的划分

分项工程可由出一个或若干检验批组成，检验批可根据施工及质量控制和专业验收需要按楼层、施工段、变形缝等进行划分。建筑工程的地基基础分部工程中的分项工程一般划分为一个检验批；有地下层的基础工程可按不同地下层划分检验批；屋面分部工程中的分项工程不同楼层屋面可划分为不同的检验批；单层建筑工程中的分项工程可按变形缝等划分检验批，多层及高层建筑工程中主体分部的分项工程可按楼层或施工段来划分检验批；其他分部工程中的分项工程，一般按楼层划分检验批；对于工程量较少的分项工程可统一划为一个检验批。安装工程一般按一个设计系统或组别划分为一个检验批。室外工程统一划分为一个检验批。散水、台阶、明沟等含在地面检验批中。

三、建筑工程质量验收

（一）检验批合格质量规定及验收

检验批合格质量应符合规定包括：主控项目和一般项目的质量经抽样检验合格；具有完整的施工操作依据、质量检查记录。

检验批按规定验收内容包括：

1. 资料检查

质量控制资料反映了检验批从原材料到最终验收的各施工工序的操作依据、检查情况以及保证质量所必需的管理制度等。对其完整性的检查，实际是对过程控制的确认，这是检验批合格的前提。所要检查的资料主要包括：

（1）图纸会审、设计变更、洽商记录。

（2）建筑材料、成品、半成品、建筑构配件、器具和设备的质量证明书及进场检（试）验报告。

（3）工程测量、放线记录。

（4）按专业质量验收规范规定的抽样检验报告。

（5）隐蔽工程检查记录。

（6）施工过程记录和施工过程检查记录。

（7）新材料、新工艺的施工记录。

（8）质量管理资料和施工单位操作依据等。

2. 主控项目和一般项目的检验

为了使检验批的质量符合安全和功能的基本要求，达到保证建筑工程质量的目的，各专业工程质量验收规范对各检验批的主控项目、一般项目的子项合格质量给予明确的规定。检验批的合格质量主要取决于对主控项目和一般项目的检验结果。主控项目是对检验批的基本质量起决定性影响的检验项目，因此必须全部符合有关专业工程验收规范的规定。这意味着主控项目不允许有不符合要求的检验结果，即这种项目的检查具有否决权。鉴于主控项目对基本质量的决定性影响，从严要求是必需的。一般项目是除主控项目以外对不影响工程安全和使用功能的少数条文可以适当放宽一些，这些条文虽不像主控项目那样重要，但对工程安全、使用功能，重点的美观都是有较大影响的。这些项目在验收时，绝大多数抽查的处（件），其质量指标都必须达到要求，允许有一定偏差的项目，在一般用数据规定的标准中，可以有个别偏差范围。

3. 检验批的抽样检验方案

合理抽样方案的制订对检验批的质量验收有十分重要的影响。在制定检验批的抽样方案时，应考虑合理分配生产方风险（或错判概率 α）和使用方风险（或漏判概率 β），主控项目：对应于合格质量水平的 α 和 β 均不宜超过 5%；对于一般项目，对应于合格质量水平的 α 不宜超过 5%，β 不宜超过 10%。检验批的抽样方案包括：

（1）计量、计数或计量—计数等抽样方案。

（2）一次、二次或多次抽样方案。

（3）根据生产的连续性和生产控制的稳定性等情况，尚可采用调整型抽样方案。

（4）对重要的检验项目当可以采用简易快速的检验方法时可选用全数检验方案。

（5）经实践检验有效的抽样方案。如砂石料、构配件的分层抽样。

4. 检验批的质量验收记录

检验批的质量验收记录由施工项目专业质量检查员填写，监理工程师（建设单位项目专业技术负责人）组织项目专业质量检查员等进行验收，并按规定填表记录。

（二）分项工程质量验收

分项工程的验收在检验批的基础上进行。一般情况下，两者具有相同或相近的性质，只是批量的大小不同而已。因此，将有关的检验批汇集构成分项工程。分项工程合格质量的条件比较简单，只要构成分项工程的各检验批的验收资料文件完整，并且均已验收合格，则分项工程验收合格。

1. 分项工程质量验收

分项工程质量验收合格应符合如下规定：

（1）分项工程所含的检验批均应符合合格质量的规定。

（2）分项工程所含的检验批的质量验收记录应完整。

2. 分项工程质量验收记录

分项工程质量应由监理工程师（建设单位项目专业技术负责人）组织项目专业技术负责人等进行验收，并按规定表格记录。

（三）分部（子分部）工程质量验收

1. 分部（子分部）工程质量验收

分部（子分部）工程质量验收合格应符合下列规定：

（1）分部（子分部）工程所含分项工程的质量均应验收合格。

（2）质量控制资料应完整。

（3）地基与基础、主体结构和设备安装等分部工程有关安全及功能的检验和抽样检测结果应符合有关规定。

（4）观感质量验收应符合要求。

分部工程的验收在其所含各分项工程验收的基础上进行。首先，分部工程的各分项工程必须已验收合格且相应的质量控制资料文件必须完整，这是验收的基本条件。此外，由于各分项工程的性质不尽相同，因此作为分部工程不能简单地组合而加以验收，尚需增加以下两类检查。涉及安全和使用功能的地基基础、主体结构、有关安全及重要使用功能的安装分部工程应进行有关见证取样送样试验或抽样检测。关于观感质量验收，这类检查往往难以定量，只能以观察、触摸或简单量测的方式进行，并由各个人的主观印象判断，检查结果并不给出"合格"或"不合格"的结论，而是综合给出质量评价。评价的结论为："好"、"一般"、和"差"。对于"差"的检查点应通过返修处理等补救。

2. 分部（子分部）工程质量验收记录

分部（子分部）工程质量应由总监理工程师（建设单位项目专业负责人）组织施工项目经理和有关勘察、设计单位项目负责人进行验收，并按规定表格记录。

（四）单位（子单位）工程质量验收

单位工程质量验收也称质量竣工验收，是建筑工程投入使用前的最后一次验收，也是最重要的一次验收。

1. 单位（子单位）工程质量验收合格

单位（子单位）工程质量验收合格应符合下列规定：

（1）单位（子单位）工程所含分部（子分部）工程的质量均应验收合格。

（2）质量控制资料应完整。

（3）单位（子单位）工程所含分部工程有关安全和功能的检测资料应完整。

（4）主要功能项目的抽查结果应符合相关专业质量验收规范的规定。

（5）观感质量验收应符合要求。

以上规定表明，验收合格的条件除构成单位工程的各分部工程应该合格、并且有关的资料文件应完整以外，还须进行以下3个方面的检查：

（1）涉及安全和使用功能的分部工程应进行检验资料的复查。不仅要全面检查其完整性（不得有漏检缺项），而且对分部工程验收时补充进行的见证抽样检验报告也要复核。这种强化验收的手段体现了对安全和主要使用功能的重视。

（2）对主要使用功能还须进行抽查。使用功能的检查是对建筑工程和设备安装工程最终质量的综合检验，也是用户最为关心的内容。因此，在分项、分部工程验收合格的基础上，竣工验收时再作全面检查。抽查项目是在检查资料文件的基础上由参加验收的各方人员商定，并用计量、计数的抽样方法确定检查部位。检查要求按有关专业工程施工质量验收标准的要求进行。

（3）还须由参加验收的各方人员共同进行观感质量检查。检查的方法、内容、结论等在分部工程的相应部分中阐述，最后共同确定是否通过验收。

2. 单位（子单位）工程质量验收记录

单位（子单位）工程质量验收，质量控制资料核查，安全和功能检验资料核查及主要功能抽查记录，观感质量检查应分别按规定表格填写记录。

（五）建筑工程不符合质量要求时的处理

一般情况下，不合格现象在检验批的验收时就应发现并及时处理，所有质量隐患必须尽快消灭在萌芽状态，否则将影响后续检验批和相关的分项工程、分部工程的验收。但非正常情况可按下列规定进行处理：

（1）经返工重做或更换器具、设备的检验批，应重新进行验收。这种情况是指在检验批验收时，其主控项目不能满足验收规范规定或一般项目超过偏差限值的子项不符合检验规定的要求时，应及时进行处理的检验批。其中，严重的缺陷应推倒重来；一般的缺陷通过翻修或更换器具、设备予以解决，应允许施工单位在采取相应的措施后重新验收。如能够符合相应的专业工程质量验收规范，则应认为该检验批合格。

（2）经有资质的检测单位检测鉴定能够达到设计要求的检验批，应予以验收。这种情况是指个别检验批发现试块强度等不满足要求等问题，难以确定是否验收时，应请具有资质的法定检测单位检测，当鉴定结果能够达到设计要求时，该检验批仍应认为通过验收。

（3）经有资质的检测单位检测鉴定达不到设计要求，但经原设计单位核算认可能够满足结构安全和使用功能的检验批，可予以验收。这种情况是指一般规范标准给出了满足安全和功能的最低限度要求，而设计往往在此基础上留有一些余量。不满足设计要求和符合相应规范标准的要求，两者并不矛盾。

（4）经返修或加固处理的分项、分部工程，虽然改变外形尺寸但仍能满足安全使用要求，可按技术处理方案和协商文件进行验收。这种情况是指更为严重的缺陷或者超过检验批的更大范围内的缺陷，可能影响结构的安全性和使用功能。若经法定检测单位检测鉴定以后认为达不到规范标准的相应要求，即不能满足最低限度的安全储备和使用功能，则必须按一定的技术方案进行加固处理，使之能保证其满足安全使用的基本要求。这样会造成一些永久性的缺陷，如改变结构外形尺寸，影响一些次要的使用功能等。为了避免社会财富更大的损失，在不影响安全和主要使用功能条件下可按处理技术方案和协商文件进行验收，但不能作为轻视质量而回避责任的一种出路，这是应该特别注意的。

（5）通过返修或加固处理仍不能满足安全使用要求的分部工程、单位（子单位）工程，严禁验收。

四、建筑工程质量验收程序和组织

（一）检验批及分项工程的验收程序和组织

检验批及分项工程应由监理工程师（建设单位项目技术负责人）组织施工单位项目专业质量（技术）负责人等进行验收。检验批和分项工程是建筑工程质量基础，因此所有检验批和分项工程均应由监理工程师或建设单位项目技术负责人组织验收。验收前，施工单位先填好"检验批和分项工程的质量验收记录"（有关监理记录和结论不填），并由项目专业质量检验员和项目专业技术负责人分别在检验批和分项工程质量检验记录中相关栏目签字，然后由监理工程师组织，严格按规定程序进行验收。

（二）分部工程的验收程序和组织

分部（子分部）工程应由总监理工程师（建设单位项目负责人）组织施工单位项目负责人和技术、质量负责人等进行验收；地基与基础、主体结构分部工程的勘察、设计单位工程项目负责人和施工单位技术、质量部门负责人也应参加相关分部工程验收。

（三）单位（子单位）工程的验收程序和组织

1. 竣工初验收的程序

当单位工程达到竣工验收条件后，施工单位应该在自查、自评工作完成后，填写工程竣工报验单，并将全部竣工资料报送项目监理机构，申请竣工验收。总监理工程师应组织各专业监理工程师对竣工资料及各专业工程的质量情况进行全面检查，对检查出的问题，应督促施工单位及时整改。对需要进行功能试验的项目（包括单机试车和无负荷试车），监理工程师应督促施工单位及时进行试验，并对重要项目进行监督、检查，必要时请建设单位和设计单位参加；监理工程师应认真审查试验报告单，并督促施工单位做好成品保护和现场清理。

经项目监理机构对竣工资料及实物全面检查、验收合格后，由总监理工程师签署工程竣工报验单，并向建设单位提出质量评估报告。

2. 正式验收

建设单位收到工程验收报告后，应由建设单位（项目）负责人组织施工（含分包单位）、设计监理等单位（项目）负责人进行单位（子单位）工程验收。单位工程由分包单位施工时，分包单位对所承包的工程项目应按规定的程序检查评定，总包单位应派人参加。分包工程完成后，应将工程有关资料交总包单位。建设工程验收合格的，方可交付使用。

建设工程竣工验收应当具备下列条件：

（1）完成建设工程设计和合同约定的各项内容。

（2）有完整的技术档案和施工管理资料。

（3）有工程使用的主要建筑材料、建筑构配件和设备的进场试验报告。

（4）有勘察、设计、施工、工程监理等单位分别签署的质量合格文件。

（5）有施工单位签署的工程保修书。

在一个单位工程中，对满足生产要求或具备使用条件，施工单位已预检，监理工程师已初验通过的子单位工程，建设单位可组织进行验收。由几个施工单位负责施工的单位工程，当其中的施工单位所负责的子单位工程已按设计完成，并经自行检验，也可组织正式验收，办理交工手续。在整个单位工程进行全部验收时，已验收的子单位工程验收资料应作为单位工程验收的附件。

在竣工验收时，对某些剩余工程和缺陷工程，在不影响交付的前提下，经建设单位、设计单位、施工单位和监理单位协商，施工单位应在竣工验收后的限定时间内完成。

参加验收各方对工程质量验收意见不一致时，可请当地建设行政主管部门或工程质量监督机构协调处理。

（四）单位工程竣工验收备案

单位工程质量验收合格后，建设单位应在规定时间内将工程竣工验收报告和有关文件，报建设行政管理部门备案。在规定时限内不向建设行政主管部门备案，或资料不全以及边备案就开始使用，更严重的是不备案就使用的，都是违法行为。应判定为不符合要求。

思　考　题

1. 什么是建设工程质量？建设工程质量的特性有哪些？其内涵如何？

2. 试述影响工程质量的因素。

3. 什么是质量控制？工程质量控制的内容有哪些？

4. 简述监理工程师进行工程质量控制应遵循的原则。

5. 施工准备、施工过程、竣工验收各阶段的质量控制包括哪些主要内容？

6. 施工质量控制的依据主要有哪些方面？

7. 简要说明施工阶段监理工程师质量控制的工作程序。

8. 什么是质量控制点？选择质量控制点的原则是什么？

9. 什么是见证取样？其工作程序和要求有哪些？

10. 什么是见证点？见证点的监理实施程序是什么？

11. 如何区分工程质量不合格、工程质量问题与质量事故？

12. 试述工程质量问题处理的程序。

13. 简述工程质量事故处理的程序，监理工程师在事故处理过程中应如何去做？

14. 监理工程师如何对工程质量事故处理进行鉴定与验收？

第四章 建设工程进度控制

第一节 建设工程进度控制概述

建设工程进度控制指将建设工程建设各阶段的工作内容、工作程序、持续时间和衔接关系，根据进度总目标及优化资源的原则编制进度计划，并将该计划付诸实施。在进度计划的实施过程中，经常检查实际进度是否按计划要求进行，对出现的偏差情况进行分析，采取补救措施或调整、修改原计划后再付诸实施，如此循环，直到建设工程竣工验收交付使用。建设工程进度控制的最终目的是确保建设项目按预定的时间开工或提前交付使用，建设工程进度控制的总目标是建设工期。

一、进度控制影响因素

建设工程的进度，受许多因素的影响，监理工程师需事先对影响进度的各种因素进行调查，预测它们对进度可能产生的影响，编制可行的进度计划，指导建设工作按计划进行。然而在执行过程中，必然会出现新的情况，难以按照原定的进度计划执行。这就要求人们在执行计划的过程中，掌握动态控制原理，不断进行检查，将实际情况与计划安排进行对比，找出偏离计划的原因，特别是找出主要原因，然后采取相应的措施。措施的确定有两个前提，一是通过采取措施，维持原计划，使之正常实施；二是采取措施后不能维持原计划，要对原进度进行调整或修正，再按新的计划实施。这样不断地计划、执行、检查、分析、调整计划的动态循环过程就是进度控制。

在工程建设过程中，影响建设工程进度的常见因素主要如下。

1. 建设单位因素

如建设单位使用要求改变而进行设计变更；应提供的施工场地条件不能及时提供或所提供的场地不能满足工程正常需要；不能及时向施工单位或材料供应商付款等。

2. 勘察设计因素

如勘察资料不准确，特别是地质资料错误或遗漏；设计内容不完善，规范应用不恰当，设计有缺陷或错误；设计对施工的可能性未考虑或考虑不周；施工图纸供应不及时、不配套或出现重大差错等。

3. 施工技术因素

如施工工艺错误；不合理的施工方案；施工安全措施不当；不可靠技术的应用等。

4. 自然环境因素

如复杂的工程地质条件；不明的水文气象条件；地下埋藏文物的保护、处理；洪水、地震或台风等不可抗力等。

5. 社会环境因素

如外单位临近工程施工干扰；节假日交通、市容整顿的限制；临时停水、停电；在国外常见的法律及制度的变化，经济制裁，战争、骚乱、罢工以及企业倒闭等。

6. 组织管理因素

如向有关部门提出各种申请审批手续的延误；合同签订时遗漏条款、表达失当；计划安排不周密，组织协调不力，导致停工待料、相关作业脱节；领导不力，指挥失当，使参加工程建设的各单位、各专业、各施工过程之间交接、配合上发生矛盾等。

7. 材料、设备因素

如材料、构配件、机具、设备供应环节的差错，品种、规格、质量、数量、时间不能满足工程的需要；特殊材料及新材料的不合理使用；施工设备不配套，选型失当，安装失误，有故障等。

8. 资金因素

如有关方拖欠资金，资金不到位，资金短缺；汇率浮动或通货膨胀等。

二、进度控制的内容

参与建设的各主体单位，其进度控制的内容是不相同的，这是因为他们各有自己的进度控制目标。

1. 设计单位的进度控制内容

（1）编制设计准备工作计划、设计总进度计划和各专业设计的出图计划，确定计划工作进度目标及其实施步骤。

（2）执行各类计划，在执行中加强检查，采取相应措施排除各种障碍，包括必要时对计划进行调整或修改，保证计划的实现。

（3）为施工单位的进度控制提供设计保证，并协助施工单位实现进度控制目标。

（4）接受监理单位的设计进度监理。

2. 施工单位的进度控制内容

（1）根据合同工期目标，编制施工准备工作计划、施工方案、项目施工总进度计划和单位工程施工进度计划，以确定工作内容、工作顺序、起止时间和衔接关系，为实施进度控制提供依据。

（2）编制月（旬）作业计划和施工任务书，做好进度记录以掌握施工实际情况，加强调度工作以促成进度的动态平衡，从而使进度计划的实施取得成效。

（3）采用实际进度与计划进度对比的方法，以定期检查为主，应急检查为辅，对进度实施跟踪控制。实行进度控制报告制度，在每次检查之后，写出进度控制报告，提供给建设单位、监理单位和企业领导作进度控制参考。

（4）监督并协助分包单位实施其承包范围内的进度控制。对项目及阶段进度控制目标的完成情况、进度控制中的经验和问题作出总结分析，积累进度控制信息，使进度控制水平不断提高。

（5）接受监理单位的施工进度控制监理。

3. 监理单位的进度控制内容

（1）在设计前的准备阶段，向建设单位提供有关工期的信息和咨询，协助其进行工期目标和进度控制决策。

（2）进行环境和施工现场调查和分析，编制项目进度规划和总进度计划，编制设计前准备工作详细计划并控制其执行。

（3）发出开工通知书。

（4）审核总施工单位、设计单位、分施工单位及供应单位的进度控制计划，并在其实施过程中，通过履行监理职责，监督、检查、控制、协调各项进度计划的实施。

（5）通过核准、审批设计单位和施工单位的进度付款，对其进度实行动态间接控制。妥善处理和审核施工单位的进度索赔。

三、进度控制的措施

1. 组织措施

进度控制的组织措施主要包括：

（1）建立进度控制目标体系，明确建设工程现场监理组织机构中进度控制人员及其职责分工。

（2）建立工程进度报告制度和进度信息沟通网络。

（3）建立进度计划审核制度和进度计划实施中的检查分析制度。

（4）建立进度协调会议制度，包括协调会议举行的时间、地点和参加人员等。

（5）建立图纸审查、工程变更和设计变更管理制度。

2. 技术措施

进度控制的技术措施主要包括：

（1）审查施工单位提交的进度计划，使施工单位能在合理的状态下施工。

（2）编制进度控制工作细则，指导监理人员实施进度控制。

（3）采用网络计划技术及其他科学适用的计划方法，并结合电子计算机对建设工程实施动态控制。

3. 经济措施

进度控制的经济措施主要包括：

（1）及时办理工程预付款及工程进度款支付手续。

（2）对应急赶工给予优厚的赶工费。

（3）对工期提前给予奖励。

（4）对工程延误收取损失赔偿金。

4. 合同措施

进度控制的合同措施包括：

（1）推行 CM 承发包模式，对建设工程实行分段设计、分段发包和分段施工。

（2）加强合同管理，协调合同工期与进度计划之间的关系，以保证合同进度目标的实现。

（3）严格控制合同变更，对各方提出的工程变更和设计变更，监理工程师应严格审查，而后补进合同文件中。

（4）加强风险管理，在合同中充分考虑风险因素及其对进度的影响、处理办法等。

（5）加强索赔管理，公正地处理索赔。

四、监理工程师在建设工程实施各阶段进度控制的主要任务

1. 设计准备阶段进度控制的主要任务

（1）收集有关工期信息，进行工期目标和进度控制决策。

（2）编制建设工程总进度计划。

（3）编制设计准备阶段详细工作计划，并控制其执行。

（4）进行环境及施工现场条件的调查和分析。

2. 设计阶段进度控制的主要任务

（1）编制设计阶段的工作计划，并控制其执行。

（2）编制详细的出图计划，并控制其执行。

3. 施工阶段进度控制的主要任务

（1）编制施工总进度计划，并控制其执行。

（2）编制单位工程施工进度计划，并控制其执行。

（3）编制工程年、季、月实施计划，并控制其执行。

为了有效地控制建设工程进度，监理工程师要在设计准备阶段向建设单位提供有关工期信息，协助建设单位确定工期总目标，并进行环境及施工现场条件的调查和分析。在设计阶段和施工阶段，监理工程师不仅要审查设计单位和施工单位提交的进度计划，更要编制监理进度计划，以确保进度控制目标的实现。

五、建设工程进度计划的表示方法

建设工程进度计划的表示方法有很多种，最常用的是横道图和网络图两种方法。

（一）横道图

用横道图表示的建设工程进度计划一般包括两个基本部分：左侧的工作名称及工作的持续时间等基本参数和右侧的横道线。图 4-1 表示的就是某桥梁工程施工进度计划。该计划明确表示出各项工作的划分、工作的开始时间和完成时间、工作的持续时间、工作之间的相互搭接关系，以及整个建设工程的开工时间、完工时间和总工期。

序号	工作名称	持续时间(d)	进度(d)										
			5	10	15	20	25	30	35	40	45	50	
1	施工准备	5											
2	预制梁	20											
3	运输梁	2											
4	东侧桥台基础	10											
5	东侧桥台	8											
6	东桥台后填土	5											
7	西侧桥台基础	25											
8	西侧桥台	8											
9	西桥台后填土	5											
10	桥梁	7											

图 4-1　某桥梁工程施工进度横道计划

横道图形象、直观而且易于编制和理解，所以长期以来被广泛应用于建设工程进度控

制之中。但是横道图也存在很多缺点：

（1）不能明确地反映出各项工作之间错综复杂的相互关系，因而在计划执行过程中，当某些工作的进度由于某种原因提前或拖延时，不便于分析其对其他工作及总工期的影响程度，不利于建设工程进度的动态控制。

（2）不能明确地反映出影响工期的关键工作和关键线路，也就无法反映出整个建设工程的关键所在，因而不便于进度控制人员抓住主要矛盾。

（3）不能反映出工作所具有的机动时间，看不到计划的潜力所在，无法进行最合理的组织和指挥。

（4）不能反映工程费用与工期之间的关系，因而不便于缩短工期和降低工程成本。

（二）网络图

网络图是由箭线和节点组成的，表示工作流程的网状图形。这种利用网络图的形式来表达各项工作的相互制约和相互依赖关系，并标注时间参数，用以编制计划，控制进度，优化管理的方法，统称为网络计划技术。网络计划技术是目前用于控制建设工程进度的最有效工具。常用的工程网络计划类型包括双代号网络计划，如图4-2所示；双代号时标网络计划，如图4-3所示；单代号网络计划，如图4-4所示。

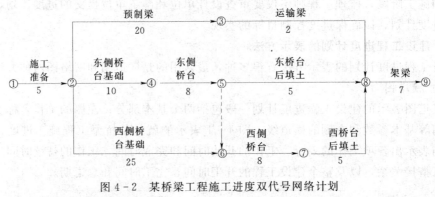

图4-2　某桥梁工程施工进度双代号网络计划

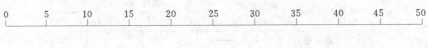

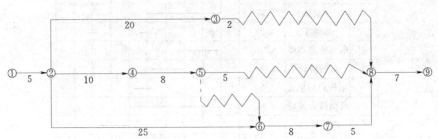

图4-3　某桥梁工程施工进度双代号时标网络计划

以上3种网络图所表达的工作之间的逻辑关系是一种衔接关系，即只有当紧前工作全部完成之后本工作才开始。但是在工程实践中，有许多工作的开始并不是以其紧前工作的完成为条件。只要其紧前工作开始一段时间后即可进行本工作，这种关系叫做搭接关系，

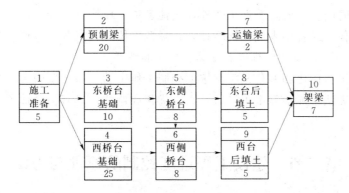

图 4-4　某桥梁工程施工进度单代号网络计划

通常用单代号搭接网络计划表示，如图 4-5 所示。

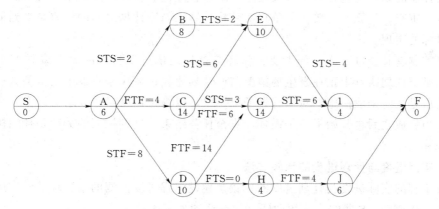

图 4-5　单代号搭接网络计划

（STS—开始到开始；STF—开始到结束；FTS—结束到开始；FTF—结束到结束）

利用网络计划控制建设工程进度，可以弥补横道计划的许多不足。与横道计划相比，网络计划具有以下特点：

1. 网络计划能够明确表达各项工作之间的逻辑关系

所谓逻辑关系，是指各项工作之间的先后顺序关系。网络计划能够明确地表达各项工作之间的逻辑关系，对于分析各项工作之间的项目影响及处理它们之间的协作关系具有非常重要的意义，同时也是网络计划比横道计划先进的主要特征。

2. 通过网络计划时间参数的计算，可以找出关键线路和关键工作

关键线路是指在网络计划中从起点节点开始，沿箭线方向通过一系列箭线与节点，最后到达终点节点为止所形成的通路上所有工作持续时间总和最大的线路。关键线路上各项工作持续时间总和即为网络计划的工期，关键线路上的工作就是关键工作，关键工作的进度将直接影响到网络计划的工期。通过时间参数的计算，能够明确网络计划中的关键线路和关键工作，也就明确了工程进度控制中的工作重点，这对提高建设工程进度控制的效果具有非常重要的意义。

3. 通过网络计划时间参数的计算，可以明确各项工作的机动时间

所谓工作的机动时间，是指在执行进度计划时除完成任务所必需的时间外尚剩余的、

可供利用的富余时间。一般除关键工作外，其他各项工作均有富余时间，可以利用这些时间来支援关键工作，或者用来优化网络计划，降低单位时间资源需求量。

4. 网络计划可以利用计算机进行计算、优化和调整

对进度计划进行优化和调整是工程进度控制工作中的一项重要内容。影响建设工程进度的因素很多，无法单纯地靠手工进行计算、优化和调整，只有借助计算机才能适应实际的要求。

第二节 建设工程进度控制的原理与方法

一、进度控制的原理

进度控制的原理是在建设工程实施中不断检查和监督各种进度计划执行情况，通过连续地报告、审查、计算、比较，力争将实际执行结果与原计划之间的偏差减少到最低，保证进度目标的实现。

进度控制就其全过程而言，主要工作环节首先是依进度目标的要求编制工作进度计划；其次是把计划执行中正在发生的情况与原计划比较；再次是对发生的偏差分析出现的原因；最后是及时采取措施，对原计划予以调整，以满足进度目标要求。以上 4 个环节缺一不可，当完成之后再开始下一个循环，直至任务结束。进度控制的关键是计划执行中的跟踪检查和调整。

二、实际进度与计划进度的比较方法

建设工程的实际进度与计划进度的比较是建设工程进度监测的主要环节。常用的进度比较方法有横道图、S 曲线、香蕉曲线、前锋线和列表比较法。

（一）横道图比较法

横道图比较法是指将项目实施过程中检查实际进度收集到的数据，经加工整理后直接用横道线平行绘于原计划的横道线处，进行实际进度和计划进度的比较方法。采用横道图比较法，可以形象、直观地反映实际进度与计划进度的比较情况。

例如某工程的施工实际进度与计划进度比较如图 4-6 所示。从比较中可以看出，在第 9 周末进行施工检查时，第 1、2 项工作已经完成，第 3 项工作按计划进度应当完成，

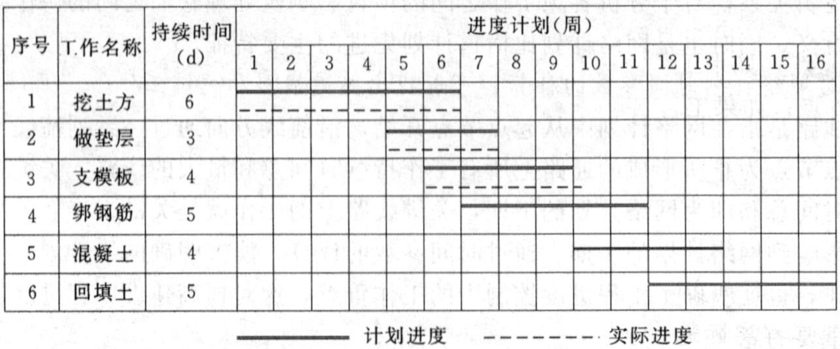

序号	工作名称	持续时间(d)	进度计划（周）															
			1	2	3	4	5	6	7	8	9	10	11	12	13	14	15	16
1	挖土方	6																
2	做垫层	3																
3	支模板	4																
4	绑钢筋	5																
5	混凝土	4																
6	回填土	5																

———— 计划进度 ------- 实际进度

图 4-6 某工程实际进度与计划进度比较图

而实际施工进度只完成了 75％，任务已经拖后了 25％；第 4 项工作按计划应该完成 60％，而实际施工进度只完成了 20％，任务拖后了 40％。

通过上述记录与比较，为进度控制者提供了实际进度与计划进度之间的偏差，为采取调整措施提供了明确的任务。这是人们施工中进行进度控制经常使用的一种最简单、熟悉的方法。但是它仅适用于施工中的各项工作都是按均匀的速度进行，即每项工作在单位时间内完成的任务量都是相等的。完成任务量可以用实物工程量、劳动消耗量和工作量 3 种量表示，为了比较方便，一般用它们实际完成量的累计百分比与计划应完成量的累计百分比进行比较。

（二）S 曲线比较法

S 曲线比较法是以横坐标表示时间，纵坐标表示累计完成任务量，绘制出一条按计划时间累计完成任务量的 S 曲线，然后将建设工程实施过程中的各检查时间实际累计完成任务量的 S 曲线图也绘制在同一坐标系中，进行实际进度与计划进度相比较的一种方法，如图 4 - 7 所示。比较 2 条 S 曲线可以得到如下信息：

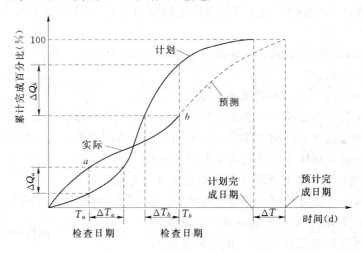

图 4 - 7　S 曲线比较图

1. 建设工程实际进展情况

如果工程实际进展点落在计划 S 曲线左侧，表明此时实际进度比计划进度超前，如图 4 - 7 中的 a 点；如果工程实际进展点落在 S 曲线的右侧，表明此时实际进度拖后，如图 4 - 7 中的 b 点；如果工程实际进展点正好落在计划 S 曲线上，表明此时实际进度与计划进度一致。

2. 建设工程实际进度超前或拖后的时间

在 S 曲线比较图中可以直接读出实际进度比计划进度超前或拖后的时间。如图 4 - 7 中 ΔT_a 表示 T_a 时刻实际进度超前的时间；ΔT_b 表示 T_b 时刻实际进度拖后的时间。

3. 建设工程实际进度超额或拖欠的任务量

在 S 曲线比较图中也可直接读出实际进度比计划进度超额或拖欠的任务量。如图 4 - 7 中 ΔQ_a 表示 T_a 时刻超额完成的任务量；ΔQ_b 表示 T_b 时刻拖欠的任务量。

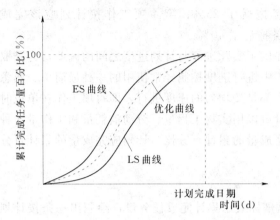

图 4-8　香蕉曲线比较图

4. 后期工程进度的预测

如果后期工程按原计划速度进行，则可做出后期工程计划的 S 曲线，如图 4-7 中的虚线所示，从而可以确定工期拖延预测值 ΔT。

（三）香蕉曲线比较法

香蕉曲线是两条 S 曲线组合成的闭合曲线。这两条曲线为 ES 曲线和 LS 曲线，ES 曲线是指以各项工作的计划最早开始时间安排进度而绘制的 S 曲线；LS 曲线是指以各项工作的计划最迟开始时间安排进度而绘制的 S 曲线。两条 S 曲线都从计划的开始时刻开始和完成时刻结束，因此两条曲线是闭合的。一般情况，ES 曲线上的各点均落在 LS 曲线相应点的左侧，由于该闭合曲线形如"香蕉"，故称其为香蕉曲线，如图 4-8 所示。

香蕉曲线比较法能够直观地反映建设工程的实际进展情况，并可以获得比 S 曲线更多的信息。其主要作用有：

1. 可以合理安排建设工程的进度计划

如果建设工程中的各项工作都按最早开始时间安排，将导致项目的投资加大；相反，若各项工作都按最迟开始时间安排，一旦受到进度影响因素的干扰，将导致工期的拖延。所以，合理的进度计划优化曲线应该在香蕉图形的区域内。

2. 可以对建设工程的实际进度与计划进度进行定期比较

在项目的实施中进度控制的理想状况是任一时刻按实际进度描出的点，应落在该香蕉图形的区域内。如果该实际进度点在 ES 曲线的左侧，表明此时实际进度比各项工作按最早开始时间安排的计划进度超前；如果该实际进度点在 LS 曲线的右侧，表明此时实际进度比各项工作按最迟开始时间安排的计划进度拖后。

3. 可以预测建设工程的进展趋势

利用香蕉曲线可以对后期工程的进展情况进行预测，如图 4-9 中的虚线所示，该虚线表示在检查日期实际进度超前的情况下，后期工程的进度安排，预计该建设工程提前完成。

（四）前锋线比较法

前锋线比较法也是通过绘制某检查时刻建设

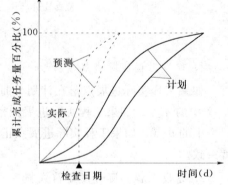

图 4-9　工程进展趋势预测图

工程实际进度前锋线，进行工程实际进度与计划进度比较的方法，它主要适用于时标网络计划。所谓前锋线，是指在原时标网络计划上，从检查时刻的时标点出发，用点划线依次将各项工作实际进展位置点连接而成的折线，如图 4-10 所示。前锋线比较法就是通过实际进度前锋线与原进度计划中各工作箭线交点的位置来判断工作的实际进度与计划进度的偏差，进而判定该偏差对后续工作及总工期影响程度的一种方法。

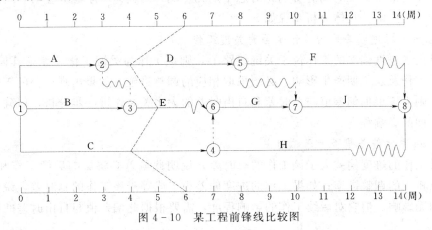

图 4-10　某工程前锋线比较图

通过图 4-10 中工程前锋线比较可以看出：

（1）工作 D 实际进度拖后 2 周，将使其后续工作 F 的最早开始时间推迟 2 周，并使总工期延长 1 周。

（2）工作 E 实际进度拖后 1 周，既不影响总工期，也不影响其后续工作的正常进行。

（3）工作 C 实际进度拖后 2 周，将使其后续工作 G、H、J 的最早开始时间推迟 2 周。由于工作 G、J 开始时间的推迟，从而使总工期延长 2 周。

综上所述，如果不采取措施加快进度，该工程项目的总工期将延长 2 周。

（五）列表比较法

当工程进度计划用非时标网络图表示时，可以采用列表比较法比较工程实际进度与计划进度的偏差情况。该方法是记录检查日期应该进行的工作名称及其已经作业的时间，然后列表计算有关时间参数，并根据原有总时差和自由时差进行实际进度与计划进度比较的方法。图 4-10 所示工程第 10 周末进度检查情况的列表比较法如表 4-1 所示。

表 4-1　　　　　　　　　　　　　　工程进度检查比较表

工作代号	工作名称	检查计划时尚需作业周数	到计划最迟完成时尚余周数	原有总时差	尚有总时差	情况判断
5-8	F	4	4	1	0	拖后 1 周，但不影响工期
6-7	G	1	0	0	-1	拖后 1 周，影响工期 1 周
4-8	H	3	4	2	1	拖后 1 周，但不影响工期

三、施工进度计划的调整

通过检查分析，如果进度偏差比较小，应在分析其产生原因的基础上采取有效措施，解决矛盾，排除障碍，继续执行原进度计划。如果经过努力，仍不能按原计划实现时，就需对原计划进行必要的调整，以形成新的进度计划，作为进度控制的新依据。

（一）分析偏差对后续工作及总工期的影响

偏差的大小及其所处的位置不同，对后续工作和总工期的影响程度是不同的。分析的方法主要是利用网络计划中总时差和自由时差的概念进行判断。由时差概念可知：当偏差小于该工作的自由时差时，对工作计划无影响；当偏差大于自由时差，而小于总时差时，对后续工作的最早开工时间有影响，对总工期无影响；当偏差大于总时差时，对后续工作和总工期都有影响。具体分析步骤如下。

1. 分析出现进度偏差的工作是否为关键工作

如果出现进度偏差的工作位于关键线路上，则该工作为关键工作，无论其偏差大小，都对后续工作及总工期产生影响，必须采取相应的调整措施；如果出现偏差的工作是非关键工作，则需要根据偏差值与总时差和自由时差的大小关系作进一步分析，以确定对后续工作和工期的影响程度。

2. 分析进度偏差是否大于总时差

如果工作的进度偏差大于该工作的总时差，说明此偏差必将影响后续工作和总工期，必须采取相应的调整措施；如果工作的进度偏差小于或等于该工作的总时差，说明此偏差对总工期无影响。但它对后续工作的影响程度，需要根据此偏差值与自由时差的比较情况来确定。

3. 分析进度偏差是否大于自由偏差

如果工作的进度偏差大于该工作的自由时差，说明此偏差对后续工作产生影响，则应根据后续工作的允许影响程度来确定如何调整；如果工作的进度偏差小于或等于该工作的自由时差，说明此偏差对后续工作无影响，则原进度计划可以不作调整。

通过分析，进度控制人员可以根据进度偏差的影响程度，制定相应的纠偏措施进行调整，以获得符合实际进度情况和计划目标的新进度计划。

（二）进度计划的调整方法

调整进度计划的方法主要有以下两种。

1. 改变某些工作之间的逻辑关系

当建设工程实施中产生的进度偏差影响到总工期，并且有关工作之间的逻辑关系允许改变时，可以改变关键线路和超过计划工期的非关键线路上的有关工作之间的逻辑关系，达到缩短工期的目的。例如，将顺序进行的工作改为平行作业、搭接作业以及分段组织流水作业等，都可以达到缩短工期的目的。

2. 缩短某些工作的持续时间

这种方法是不改变建设工程中各项工作之间的逻辑关系，采取措施缩短某些工作的持续时间，使工程进度加快，以保证按计划工期完成该建设工程。这些被压缩持续时间的工作是位于关键线路和超过计划工期的非关键线路上的工作，同时这些工作又是可压缩时间的工作。可以采取的措施具体包括：

（1）组织措施。常用的组织措施有：增加工作面，组织更多的施工队伍；增加每天的施工时间（如采用三班制等）；增加劳动力和施工机械的数量。

（2）技术措施。常用的技术措施有：改进施工工艺和施工技术，缩短工艺技术间歇时间；采用更先进的施工方法，以减少施工过程的数量（如将现浇框架方案改为预制装配方案）；采用更先进的施工机械。

（3）经济措施。常用的经济措施有：实行包干奖励；提高奖金数额；对所采取的技术措施给予相应的经济补偿。

（4）其他配套措施。其他配套措施有：改善外部配合条件；改善劳动条件；实施强有力的调度等。

一般来说，不管采取哪种措施，都会增加费用。因此，在调整施工进度计划时，应利用费用优化的原理选择费用增加量最小的关键工作为压缩对象。

第三节　建设工程施工阶段的进度控制

施工阶段是工程实体的形成阶段，对其进度进行控制是整个建设工程建设进度控制的重点。做好施工进度计划与项目建设总进度计划的衔接，并跟踪检查施工进度计划的执行情况，在必要时对施工进度计划进行调整，对于工程建设进度控制总目标的实现具有十分重要的意义。

监理工程师在工程建设施工阶段进度控制的总任务是在满足建设工程建设总进度计划要求的基础上，编制或审核施工进度计划，并对其执行情况加以动态控制，以保证建设工程按期竣工交付使用。

一、施工阶段进度目标的确定

（一）施工进度控制目标及其分解

保证建设工程按期建成交付使用，是工程建设施工阶段进度控制的最终目标。为了有效地控制施工进度，首先要对施工进度总目标从不同角度进行层层分解，形成施工进度控制目标体系，从而作出实施进度控制的依据。

工程建设不但要有项目建成交付使用的确切日期这个总目标，还要有各单项工程交工动用的分目标以及按施工单位、施工阶段和不同计划期划分的分目标。各目标之间相互联系，共同构成工程建设施工进度控制目标体系。其中，下级目标受上级目标的制约，下级目标保证上级目标，最终保证施工进度总目标的实现。

1. 按项目组成分解，确定各单项工程开工及动用日期

各单项工程的进度目标在建设工程建设总进度计划及工程建设年度计划中都有体现。在施工阶段应进一步明确各单项工程的开工和交工动用日期，以确保施工总进度目标的实现。

2. 按施工单位分解，明确分工条件和承包责任

在一个单项工程中有多个施工单位参加施工时，应按施工单位将单位工程的进度目标分解，确定出各分包单位的进度目标，列入分包合同，以便落实分包责任，并根据各专业工程交叉施工方案和前后衔接条件，明确不同施工单位工作面交接的条件和时间。

3. 按施工阶段分解，划定进度控制分界点

根据建设工程的特点，应将其施工分成几个阶段，如土建工程可分为基础、主体结构和内外装修等阶段。每一阶段的起止时间都要有明确的标志。特别是不同单位承包的不同施工段之间，更要明确划定时间分界点，以此作为形象进度的控制标志，从而使单位工程动用目标具体化。

4. 按计划期分解，组织综合施工

将建设工程的施工进度控制目标按年度、季度、月（或旬）进行分解，并用实物工程

量、货币工作量及形象进度表示，将更有利于监理工程师明确对各施工单位的进度要求。同时，还可以据此监督其实施，检查其完成情况。计划期越短，进度目标越细，进度跟踪就越及时，发生进度偏差时也就更能有效地采取措施予以纠正。这样，就形成一个有计划、有步骤协调施工、长期目标对短期目标自上而下逐级控制、短期目标对长期目标自下而上逐级保证，逐步趋近进度总目标的局面，最终达到建设工程按期竣工交付使用的目的。

（二）施工进度控制目标的确定

为了提高进度计划的预见性和进度控制的主动性，在确定施工进度控制目标时，必须全面细致地分析与建设工程进度有关的各种有利因素和不利因素。只有这样，才能订出一个科学、合理的进度控制目标。确定施工进度控制目标的主要依据有：工程建设总进度目标对施工工期的要求；工期定额、类似建设工程的实际进度；工程难易程度和工程条件的落实情况等。

在确定施工进度分解目标时，还要考虑以下各个方面：

（1）对于大型工程建设项目，应根据尽早提供可动用单元的原则，集中力量分期分批建设，以便尽早投入使用，尽快发挥投资效益。这时，为保证每一动用单元能形成完整的生产能力，就要考虑这些动用单元交付使用时所必需的全部配套项目。因此，要处理好前期动用和后期建设的关系、每期工程中主体工程与辅助及附属工程之间的关系等。

（2）合理安排土建与设备的综合施工。要按照它们各自的特点，合理安排土建施工与设备基础、设备安装的先后顺序及搭接、交叉或平行作业，明确设备工程对土建工程的要求和土建工程为设备工程提供施工条件的内容及时间。

（3）结合本工程的特点，参考同类工程建设的经验来确定施工进度目标。避免只按主观愿望盲目确定进度目标，从而在实施过程中造成进度失控。

（4）做好资金供应能力、施工力量配备、物资（材料、构配件、设备）供应能力与施工进度需要的平衡工作，确保工程进度目标的要求而不使其落空。

（5）考虑外部协作条件的配合情况。包括施工过程中及项目竣工动用所需的水、电、气、通信、道路及其他社会服务项目的程序和满足时间。它们必须与有关项目的进度目标相协调。

（6）考虑建设工程所在地区地形、地质、水文、气象等方面的限制条件。

总之，要想对建设工程的施工进度实施控制，就必须有明确、合理的进度目标（进度总目标和进度分目标），否则控制便失去了意义。

二、施工阶段进度控制的内容

（一）建设工程施工进度控制工作流程

建设工程施工进度控制工作流程如图 4 - 11 所示。

（二）建设工程施工进度控制工作内容

建设工程的施工进度控制从审核施工单位提交的施工进度计划开始，直至建设工程保修期满为止。其工作内容主要如下。

1. 编制施工进度控制工作细则

施工进度控制工作实施细则是在监理规划的指导下，由项目监理机构中进度控制部门

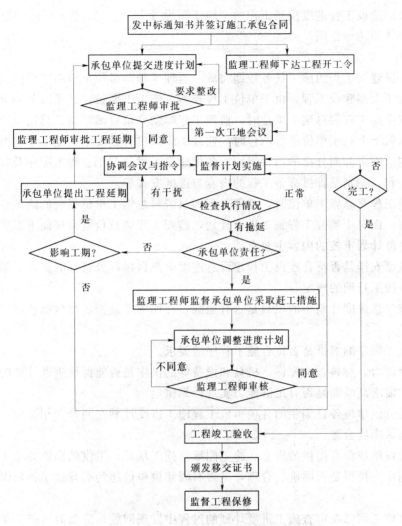

图4-11　建设工程施工进度控制工作流程图

的专业监理工程师负责编制的更具有实施性和操作性的监理业务文件，其主要内容包括：

（1）施工进度控制目标分解图。

（2）施工进度控制的主要工作内容和深度。

（3）进度控制人员的职责分工。

（4）与进度控制有关各项工作的时间安排及工作流程。

（5）进度控制的方法（包括进度检查日期、数据收集方式、进度报表格式、统计分析方法等）。

（6）进度控制的具体措施（包括组织措施、技术措施、经济措施及合同措施等）。

（7）施工进度控制目标实现的风险分析。

（8）尚待解决的有关问题。

事实上，施工进度控制工作实施细则是对监理规划中有关进度控制内容的进一步深化和补充。如果将监理规划比作开展监理工作的"初步设计"，施工进度控制工作细则就可以看成是开展建设工程进度控制工作的"施工图设计",它对监理工程师的进度控制实务工作起着具体的指导作用。

2. 编制或审核施工进度计划

为了保证建设工程的施工任务按期完成,监理工程师必须审核施工单位提交的施工进度计划。对于大型建设工程,由于单位工程较多、施工工期长,且采取分期分批发包又没有一个负责全部工程的总施工单位时,监理工程师就要负责编制施工总进度计划;或者当建设工程由若干个施工单位平行承包时,监理工程师也有必要编制施工总进度计划。施工总进度计划应确定分期分批的项目组成;各批建设工程的开工、竣工顺序及时间安排;全场性准备工程,特别是首批准备工程的内容与进度安排等。

当建设工程有总施工单位时,监理工程师只需对总施工单位提交的施工总进度计划进行审核即可。而对于单位工程施工进度计划,监理工程师只负责审核而不需要编制。

施工进度计划审核的内容主要有:

(1)进度安排是否符合建设工程建设总进度中总目标和分目标的要求,是否符合施工合同中开、竣工日期的规定。

(2)施工总进度计划中的项目是否有遗漏,分期施工是否满足分批动用的需要和配套动用的要求。

(3)施工顺序的安排是否符合施工程序的要求。

(4)劳动力、材料、构配件、机具和设备等的供应是否能保证进度计划的实现,供应是否均衡、需求高峰期是否有足够能力实现计划供应。

(5)总分包单位各自编制的各项单位工程施工进度计划之间是否相协调,专业分工与计划衔接是否明确合理。

(6)建设单位负责提供的资金、施工图纸、施工场地、采供的物资等施工条件,在施工进度计划中安排得是否明确、合理,是否有因建设单位违约而导致工程延误和费用索赔的可能性。

如果监理工程师在审查施工进度计划的过程中发现问题,应及时向施工单位提出书面修改意见(也称"整改通知书"),并协助施工单位修改。其中重大问题应及时向建设单位汇报。

应当说明,编制和实施施工进度计划是施工单位的责任。施工单位之所以将施工进度计划提交给监理工程师审查,是为了听取监理工程师的建设性意见。因此,监理工程师对施工进度计划的审查或批准,并不解除施工单位对施工进度计划的任何责任和义务。此外,对监理工程师来讲,其审查施工进度计划的主要目的是为了防止施工单位计划不当,以及为施工单位保证实现合同规定的进度目标提供帮助。如果强制地干预施工单位的进度安排,或支配施工中所需要的劳动力、设备和材料,将是一种错误行为。

尽管施工单位向监理工程师提交施工进度计划是为了听取建设性的意见,但施工进度计划一经监理工程师确认,即应当视为合同文件的一部分。它是以后处理施工单位提出的工程延期或费用索赔的一个重要依据。

3. 按年、季、月编制工程综合计划

在按计划期编的进度计划中,监理工程师应着重解决各施工单位施工进度计划之间、施工进度计划与资源（包括资金、设备、机具、材料及劳动力）保障计划之间及外部协作条件的延伸性计划之间的综合平衡与相互衔接问题。并根据上期计划的完成情况对本期计划作必要的调整，从而作为施工单位近期执行的指令性计划。

4. 下达工程开工令

监理工程师应根据施工单位和建设单位双方关于工程开工的准备情况，选择合适的时机发布工程开工令。工程开工令的发布，要尽可能及时，因为从发布工程开工令之日算起，加上合同工期后即为工程竣工日期。如果开工令发布拖延，就等于推迟了竣工时间，甚至可能引起施工单位的索赔。

为了检查双方的准备情况，监理工程师应该参加由建设单位主持召开的第一次工地会议。建设单位应按照合同规定，做好征地拆迁工作，及时提供施工用地。同时还应当完成法律及财务方面的手续，以便能及时向施工单位支付工程预付款。施工单位应当将开工所需要的人力、材料及设备准备好，同时还要按合同规定为工程师提供各种条件。

5. 协助施工单位实施进度计划

监理工程师要随时了解施工进度计划执行过程中所存在的问题，并帮助施工单位予以解决，特别是施工单位无力解决的内外关系协调问题。

6. 监督施工进度计划的实施

这是建设工程施工阶段进度控制的经常性工作。监理工程师不仅要及时检查施工单位报送的施工进度报表和分析资料，同时还要进行必要的现场实地检查，核实所报送的已完项目时间及工程量，杜绝虚报现象。

在对工程实际进度资料进行整理的基础上，监理工程师应将其与计划进度相比较，以判定实际进度是否出现偏差。如果出现进度偏差，监理工程师应进一步分析此偏差对进度控制目标的影响程度及其产生的原因，以便研究对策、提出纠偏措施。必要时还应对后期工程进度计划作适当的调整。

7. 组织现场协调会

监理工程师应每月、每周定期组织召开不同层级的现场协调会议，以解决工程施工过程中的相互协调配合问题。在每月召开的高级协调会上通报建设工程建设的重大变更事项，协商其后果处理，解决各个施工单位之间以及建设单位与施工单位之间的重大协调配合问题；在每周召开的管理层协调会上，通报各自进度状况、存在的问题及下周的安排，解决施工中的相互协调配合问题。通常包括：各施工单位之间的进度协调问题；场地与公用设施利用中的矛盾问题；某一方面断水、断电、断路、开挖要求对其他方面影响的协调问题以及资源保障，外协条件配合问题等。

在平行、交叉施工单位多，工序交接频繁且工期紧迫的情况下，现场协调会甚至需要每日召开。在会上通报和检查当天的工程进度，确定薄弱环节，部署当天的赶工任务，以便为次日正常施工创造条件。

对于某些未曾预料的突发变故或问题，监理工程师还可以通过发布紧急协调指令，督促有关单位采取应急措施维护工程施工的正常秩序。

8. 签发工程进度款支付凭证

监理工程师应对施工单位申报的已完分项工程量进行核实，在质量控制人员通过检查验收后签发工程进度款支付凭证。

9. 审批工程延期

造成工程进度拖延的原因有两个方面：一是由于施工单位自身的原因；二是由于施工单位以外的原因。前者所造成的进度拖延，称为工期延误；而后者所造成的进度拖延称为工程延期。

（1）工期延误。当出现工期延误时，监理工程师有权要求施工单位采取有效措施加快施工进度。如果经过一段时间后，实际进度没有明显改进，仍然拖后于计划进度，而且显然将影响工程按期竣工时，监理工程师应要求施工单位修改进度计划，提交监理工程师重新确认。

监理工程师对修改后的施工进度计划的确认，并不是对工程延期的批准，他只是要求施工单位在合理的状态下施工。因此，监理工程师对进度计划的确认，并不能解除施工单位应负的一切责任，施工单位需要承担赶工的全部额外开支和误期损失赔偿。

（2）工程延期。如果由于施工单位以外的原因造成工期拖延，施工单位有权提出延长工期的申请。监理工程师应根据合同规定，审批工程延期时间。经监理工程师核实批准的工程延期时间，应纳入合同工期，作为合同工期的一部分。即新的合同工期应等于原定的合同工期加上监理工程师批准的工程延期时间。

监理工程师对于施工进度的拖延，是否批准为工程延期，对施工单位和建设单位都十分重要。如果施工单位得到监理工程师批准的工程延期，不仅可以不赔偿由于工期延长而支付的误期损失费，而且还要由建设单位承担由于工期延长所增加的费用。因此，监理工程师应按照合同的有关规定，公正地区分工程延误和工程延期，并合理地批准工程延期的时间。

10. 向建设单位提供进度报告

监理工程师应随时整理进度资料，并做好工程记录，定期向建设单位提交工程进度报告。

11. 督促施工单位整理技术资料

监理工程师要根据工程进展情况，督促施工单位及时整理有关技术资料。

12. 签署工程竣工报验单、提交质量评估报告

当单位工程达到竣工验收条件后，施工单位在自行预验基础上提交工程竣工报验单，申请竣工验收。监理工程师在对竣工资料及工程实体进行全面检查、验收合格后，签署工程竣工报验单，并向建设单位提出质量评估报告。

13. 整理工程进度资料

在工程完工以后，监理工程师应将工程进度资料收集起来，进行归类、编目和建档，以便为今后其他类似建设工程的进度提供参考。

14. 工程移交

监理工程师应督促施工单位办理工程移交手续，颁发工程移交证书。在工程移交后的保修期内，还要处理验收后质量问题的原因及责任等争议问题，并督促责任单位及时修理。当保修期结束且再无争议时，建设工程进度控制的任务即告完成。

三、施工进度总计划的编制

施工进度计划是表示各项工程的施工顺序、开始和结束时间以及相互衔接关系的计划。它既是施工单位进行现场施工管理的核心指导文件，也是监理工程师实施进度控制的依据。施工进度计划通常是按工程对象编制的。

施工总进度计划一般是指工程建设项目的施工进度计划。它是用来确定建设工程中所包含的各单位工程的施工顺序、施工时间及相互间衔接关系的计划。编制施工总进度计划的依据有：施工总方案、资源供应条件、各类定额资料、合同文件、建设工程建设总进度计划、工程动用时间目标、建设地区自然条件及有关技术经济资料等。施工总进度计划的编制步骤和方法如下。

1. 计算工程量

根据批准的建设工程一览表，按单位工程分别计算其主要实物工程量，不仅是为了编制施工总进度计划，而且还为了编制施工方案选择施工、运输机械，初步规划主要施工过程的流水，以及计算人工、施工机械及建筑材料的需要量。因此，工程量只需粗略地计算即可。

工程量的计算可按初步设计（或扩大初步设计）图纸和有关定额手册或资料进行。常用的定额/资料有：

（1）每万元、每 10 万元投资工程量、劳动量及材料消耗扩大指标。

（2）概算指标和扩大结构定额。

（3）已建成的类似建筑物、构筑物的资料。

计算出的工程量应填入工程量汇总表，如表 4-2 所示。

表 4-2　　　　　　　　　　　　工 程 量 汇 总 表

序号	工程量名称	单位	合计	生产车间			仓库运输			管　网			生活福利		大型临设		备注
				××车间	……	……	仓库	铁路	公路	供电	供水	排水	供热	宿舍	文化福利	生产	生活	

2. 确定各单位工程的施工期限

各单位工程的施工期限应根据合同工期确定，同时还要考虑建筑类型、结构特征、施工方法、施工管理水平、施工机械化程度及施工现场条件等因素。如果在编制施工总进度计划时没有合同工期，则应保证计划工期不超过工期定额。

3. 确定各单位工程的开竣工时间和相互搭接关系

确定各单位工程的开竣工时间和相互搭接关系主要应考虑以下几点：

（1）同一时期施工的项目不宜过多，以避免人力、物力过于分散。

（2）尽量做到均衡施工，以使劳动力、施工机械和主要材料的供应在整个工期范围内达到均衡。

（3）尽量提前建设可供工程施工使用的永久性工程，以节省临时工程费用。

（4）急需和关键的工程先施工，以保证建设工程如期交工。对于某些技术复杂、施工周期较长、施工困难较多的工程，也应安排提前施工，以利于整个建设工程按期交付使用。

（5）施工顺序必须与主要生产系统投入生产的先后次序相吻合。同时还要安排好配套工程的施工时间，以保证建成的工程能迅速投入生产或交付使用。

（6）应注意季节对施工顺序的影响。不因施工季节导致工期拖延，不影响工程质量。

（7）安排一部分附属工程或零星项目作为后备项目，用以调整主要项目的施工进度。

（8）保证主要工种和主要施工机械能连续施工。

4．编制初步施工总进度计划

施工总进度计划应安排全工地性的流水作业。全工地性的流水作业安排应以工程量大、工期长的单位工程为主导，组织若干条流水线，并以此带动其他工程。

施工总进度计划既可以用横道图表示，也可以用网络图表示。如果用横道图表示，则常用的格式如表4-3所示。由于采用网络计划技术控制工程进度更加有效，所以以人们更多地开始采用网络图来表示施工总进度计划。特别是电子计算机的广泛应用，为网络计划技术的推广和普及创造了更加有利的条件。

表4-3　　　　　　　　　　　　　施工总进度计划表

序号	单位工程名称	建筑面积（m²）	结构类型	工程造价（万元）	施工时间（月）	施 工 进 度 计 划									
						第一年				第二年				第三年		
						I	II	III	IV	I	II	III	IV	I	II	…

5．编制正式施工总进度计划

初步施工总进度计划编制完成后，要对其进行检查。主要是看总工期是否符合要求，资源是否均衡且其供应是否能得到保证。如果出现问题，则应进行调整。调整的主要方法是改变某些工程的起止时间或调整主导工程的工期。如果是网络计划，则可以利用电子计算机分别进行工期优化、费用优化及资源优化。当初步施工总进度计划经过调整符合要求后，即可编制正式的施工总进度计划。

正式的施工总进度计划确定后，应据以编制劳动力、物资、大型施工机械等资源的需用量计划，以便组织供应，保证施工总进度计划的实现。

四、施工进度计划实施中的检查与调整

施工进度计划由施工单位编制完成后，应提交给监理工程师审查，待监理工程师审查确认后即可付诸实施。施工单位在执行施工进度过程中，应接受监理工程师的监督与检查。而监理工程师应定期向建设单位报告工程进度状况。

（一）影响建设工程施工进度的因素

为了对建设工程的施工进度进行有效的控制，监理工程师必须在施工进度计划实施之前对影响建设工程施工进度的因素进行分析，进而提出保证施工进度计划实施成功的措施，以实现对建设工程施工进度的主动控制。影响建设工程施工进度的因素有很多，归纳起来，主要有以下几个方面：

1．工程建设相关单位的影响

影响建设工程施工进度的单位不只是施工单位。事实上，只要是与工程建设有关的单位（如政府有关部门、建设单位、设计单位、物资供应单位、资金贷款单位以及运输、通信、供电等部门等），其工作进度的拖后必将对施工进度产生影响。因此，控制施工进度仅仅考虑施工单位是不够的，必须充分发挥监理的作用，协调各相关单位之间的进度关系。而对于那些无法进行协调控制的进度关系，在进度计划的安排中应留有足够的机动时间。

2. 物资供应进度的影响

施工过程中需要的材料、构配件、机具和设备等如果不能按期运抵施工现场或者是运抵施工现场后发现其质量不符合有关标准的要求，都会对施工进度产生影响。因此，监理工程师应严格把关，采取有效措施控制好物资供应进度。

3. 资金的影响

工程施工的顺利进行必须有足够的资金作保障。一般来说，资金的影响主要来自建设单位，或者是由于没有及时给足工程预付款，或者是由于拖欠了工程款，这些都会影响到施工单位流动资金的周转，进而殃及施工进度。监理工程师应根据建设单位的资金供应能力，安排好施工进度计划，并督促建设单位及时拨付工程预付款和工程进度款，以免因资金供应不足而拖延进度，导致工期索赔。

4. 设计变更的影响

在施工过程中出现设计变更是难免的，或者是由于原设计有问题需要修改，或者是由于建设单位提出了新的要求。监理工程师应加强图纸审查，严格控制随意变更，特别应对建设单位的变更要求进行制约。

5. 施工条件的影响

在施工过程中一旦遇到气候、水文、地质及周围环境等方面的不利因素，必然会影响到施工进度。此时，施工单位应利用自身的技术组织能力予以克服。监理工程师应积极疏通关系，协助施工单位解决那些自身不能解决的问题。

6. 各种风险因素的影响

风险因素包括政治、经济、技术及自然等方面的各种可预见或不可预见的因素。政治方面的有战争、动乱、罢工、拒付债务、制裁等；经济方面的有延迟付款、汇率浮动、换汇控制、通货膨胀、分包单位违约等；技术方面的有工程事故、试验失败、标准变化等；自然方面的有地震、洪水等。监理工程师必须对各种风险因素进行分析，提出控制风险、减少风险损失及对施工进度影响的措施，并对发生的风险事件给予恰当的处理。

7. 施工单位自身管理水平的影响

施工现场的情况千变万化，如果施工单位的施工方案不当、计划不周、管理不善或解决问题不及时等，都会影响建设工程的施工进度。施工单位应通过分析、总结吸取教训，及时改进。而监理工程师应提供服务，协助施工单位解决问题，以确保施工进度控制目标的实现。

正是由于上述因素的影响，才使得施工阶段的进度控制显得非常重要。在施工进度计划的实施过程中，监理工程师一旦掌握了工程的实际进展情况以及产生问题的原因之后，其影响是可以得到控制的。上述某些影响因素，如自然灾害等是无法避免的，但在大多数情况下，其损失是可以通过有效的进度控制而得到弥补的。

（二）施工进度的动态检查

在施工进度计划的实施过程中，由于各种因素的影响，常常会打乱原始计划的安排而出现进度偏差。因此，监理工程师必须对施工进度计划的执行情况进行动态检查，并分析进度偏差产生的原因，以便为施工进度计划的调整提供必要的信息。

1. 施工进度的检查方式

在建设工程的施工过程中，监理工程师可以通过以下方式获得建设工程的实际进展情况。

（1）定期、经常地收集由施工单位提交的有关进度报表资料

工程施工进度报表资料不仅是监理工程师实施进度控制的依据，同时也是其核发工程进度款的依据。在一般情况下，进度报表格式由监理工程师提供给施工单位，施工单位按时填写完后提交给工程师核查。报表的内容根据施工对象及承包方式的不同而有所区别，但一般应包括工作的开始时间、完成时间、持续时间、逻辑关系、实物工程量和工作量，以及工作时差的利用情况等。施工单位若能准确地填报进度报表，监理工程师就能从中了解到建设工程的实际进展情况。

（2）由驻地监理人员现场跟踪检查建设工程的实际进展情况

为了避免施工单位超报已完工程量，驻地监理人员有必要进行现场实地检查和监督。至于每隔多长时间检查一次，应视建设工程的类型、规模、监理范围及施工现场的条件等多方面的因素而定。可以每月或每半月检查一次，也可以每旬或每周检查一次。如果在某一施工阶段出现不利情况时，甚至需要每天检查。

除上述两种方式外，由监理工程师定期组织现场施工负责人召开现场会议，也是获得建设工程实际进展情况的一种方式，通过这种面对面的交谈，监理工程师可以从中了解到施工过程中的潜在问题，以便及时采取相应的措施加以预防。

2. 施工进度的检查方法

施工进度检查的主要方法是对比法。就是利用前面所讲的横道图法、S曲线法、香蕉曲线法、前锋线法和列表比较法，将实际进度与计划进度进行比较，从中发现是否出现进度偏差以及进度偏差的大小。

五、工程延期与工期延误

如前所述，在建设工程的施工过程中，其工期的延长有两种情况：工期延误和工程延期。虽然它们都是使工期拖延，但由于性质不同，建设单位和施工单位所承担的责任也不相同。如果属于工期延误，则由此造成的一切损失均应由施工单位承担，同时，建设单位还有权对施工单位施行违约误期罚款。而如果属于工程延期，则施工单位不仅有权要求延长工期，而且还有权向建设单位提出赔偿费用的要求以弥补由此造成的额外损失。因此，监理工程师是否将施工过程中工期的延长批准为工程延期，对建设单位和施工单位都十分重要。

（一）工程延期的申报与审批

1. 申报工程延期的条件

由于以下原因导致工程拖期，施工单位有权提出延长工期的申请，监理工程师应按合同规定，批准工程延期的时间。

（1）监理工程师发出工程变更指令而导致工程量增加。

（2）合同中所涉及的任何可能造成工程延期的原因，如延期交图、工程暂停、对合格工程的剥离检查及不利的外界条件等。

（3）异常恶劣的气候条件。

（4）由建设单位造成的任何延误、干扰或障碍，如未及时提供施工场地、未及时付款等。

（5）除施工单位自身以外的其他任何原因。

2. 工程延期的审批程序

工程延期的审批程序为：当工程延期事件发生后，施工单位应在合同规定的有效期内以书面形式通知监理工程师（即工程延期意向通知），以便监理工程师尽早了解所发生的事件，及时做出一些减少延期损失的决定。随后，施工单位应在合同规定的有效期内（或者监理工程师可能同意的合理期限内）向监理工程师提交详细的申述报告（延期的理由及依据）。监理工程师收到该报告后应及时进行调查核实，准确地确定工程延期的时间。

当延期事件具有持续性，施工单位在合同规定的有效期内不能提交最终详细的申述报告时，应先向监理工程师提交阶段性的详情报告。监理工程师应在调查核实阶段性报告的基础上，尽快做出延长工期的临时决定。临时决定的延期时间不宜太长，一般不应超过最终批准的延期时间。

待延期事件结束后，施工单位应在合同规定的期限内向监理工程师提交最终的详情报告。监理工程师应复查详情报告的全部内容，然后确定该延期事件所需要的延期时间。

如果遇到比较复杂的延期事件，监理工程师可以成立专门小组进行处理。对于一时难以做出结论的延期事件，即使不属于持续性的事件，也可以采用先做出临时延期的决定，然后再做出最后决定的方法。这样既可以保证有充足的时间处理延期事件，又可以避免由于处理不及时而造成的损失。

监理工程师在作出临时工程延期批准或最终工程延期批准之前，均应与建设单位和施工单位进行协商。

3. 工程延期的审批原则

监理工程师在审批延期时应遵循下列原则：

（1）合同条件。监理工程师批准的工程延期必须符合合同条件。也就是说，导致工期拖延的原因确实是属于施工单位自身以外的，否则不能批准为工程延期。这是监理工程师审批工程延期的一条根本原则。

（2）影响工期。发生延期事件的工程部位，无论其是否处在施工进度计划的关键线路上，只有当所延长的时间超过其相应的总时差而影响到工期时，才能批准工程延期。如果延期事件发生在非关键线路上，且延长的时间并未超过总时差时，即使符合批准为工程延期的合同条件，也不能批准工程延期。

应当说明，建设工程施工进度计划中的关键线路并非固定不变，它会随着工程的进展和情况的变化而转移。监理工程师应以施工单位提交的、经审核后的施工进度计划为依据来决定是否批准工程延期。

（3）实际情况。批准的工程延期必须符合实际情况。为此，施工单位应对延期事件发生后的各类有关细节进行详细记载，并及时向监理工程师提交报告。与此同时，监理工程师也应对施工现场进行详细考虑和分析，并做好有关记录，以便为合理确定工程延期时间提供可靠依据。

（二）工程延期的控制

发生工程延期事件，不仅影响工程的进展，还会给建设单位带来损失。因此，监理工程师应做好以下工作，以减少或避免工程延期事件的发生。

1. 选择合适的时机下达工程开工令

监理工程师在下达工程开工令之前，应充分考虑建设单位的前期准备工作是否充分。特别是征地、拆迁问题是否已解决，设计图纸能否及时提供，以及付款方面有无问题等，以避免由于上述问题缺乏准备而造成工程延期。

2. 提醒建设单位履行施工合同中所规定的职责

在施工过程中，监理工程师应经常提醒建设单位履行自己的职责，提前做好施工场地及设计图纸的提供工作，并能及时支付工程进度款，以减少或避免由此而造成的工程延期。

3. 妥善处理工程延期事件

当延期事件发生以后，监理工程师应根据合同规定进行妥善处理。既要尽量减少工程延期时间及其损失，又要在详细调查研究的基础上合理批准工程延期时间。

另外，建设单位在施工过程中应尽量减少干预、多协调，以避免由于建设单位的干扰和阻碍而导致的延期事件发生。

（三）工期延误的处理

如果由于施工单位自身的原因造成工期拖延，而施工单位又未按照监理工程师的指令改变延期状态时，通常可以采用下列手段予以处理：

1. 拒绝签署付款凭证

当施工单位的施工活动不能使监理工程师满意时，监理工程师有权拒绝施工单位的支付申请。因此，当施工单位的施工进度拖后又不采取积极措施时，监理工程师可以采取拒绝签署付款凭证的手段制约施工单位。

2. 误期损失赔偿

拒绝签署付款凭证一般是监理工程师在施工过程中制约施工单位延误工期的手段，而误期损失赔偿则是当施工单位未能按合同规定的工期完成合同范围内的工作时对其的处罚。如果施工单位未能按合同规定的工期和条件完成整个工程，则应向建设单位支付投标书附件中规定的金额，作为该项违约的损失赔偿费。

3. 取消承包资格

如果施工单位严重违反合同，又不采取补救措施，建设单位为了保证合同工期有权取消其承包资格。例如，施工单位接到监理工程师的开工通知后，无正当理由推迟开工时间，或在施工过程中无任何理由要求延长工期，施工进度缓慢，又无视监理工程师的书面警告等，都有可能受到取消承包资格的处罚。

取消承包资格是对施工单位违约的严厉制裁。因为建设单位一旦取消了施工单位的承包资格，施工单位不但要被驱逐出施工现场，而且还要承担由此而造成的建设单位的损失费用。

思 考 题

1. 何谓建设工程进度控制，影响建设工程进度的因素有哪些？
2. 建设工程进度控制的措施有哪些？
3. 建设工程实施阶段进度控制的主要任务有哪些？
4. 建设工程进度计划的编制程序是什么？
5. 利用 S 曲线比较法可以获得哪些信息？
6. 香蕉曲线是如何形成的？其作用有哪些？
7. 实际进度前锋线如何绘制？
8. 如何分析进度偏差对后续工作及总工期的影响？
9. 进度计划的调整方法有哪些？如何进行调整？

第五章 建设工程投资控制

第一节 建设工程投资控制概述

一、建设工程投资

建设工程投资，是指进行某项建设工程花费的全部费用。生产性建设工程总投资包括固定资产投资（建设投资）和流动资产投资（铺底流动资金）两部分，非生产性建设工程总投资则只包括建设投资。

建设投资主要包括：设备及工器具购置费、建筑安装工程费、工程建设其他费、预备费（包括基本预备费和涨价预备费）、建设期利息、固定资产投资方向调节税等，如图 5-1 所示。

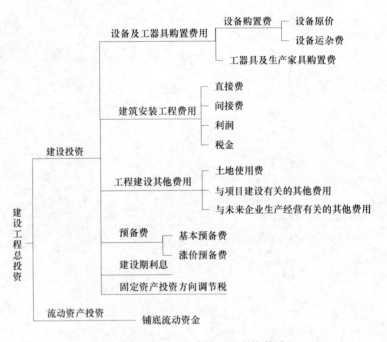

图 5-1 我国现行建设工程投资构成

设备及工器具购置费，建设单位为建设工程购置或自制的达到固定资产标准的设备和新建、扩建项目配置的首套工器具及生产家具所需的费用。设备及工器具购置费与资本的有机构成相联系，其所占投资费用的比例大小意味着生产技术的进步和资本有机构成的程度。

建筑安装工程费，是指建设单位用于建筑和安装工程方面的投资，它由直接费、间接费、利润和税金组成，如图 5-2 所示。直接费由直接工程费和措施费组成，间接费由规费和企业管理费组成。直接工程费是指在施工过程中消耗的构成工程实体的各项费用。措施费是指为完成工程项目施工，发生于该工程施工前和施工过程中非工程实体项目的费用。规费是指政府和有关权力部门规定必须缴纳的费用。企业管理费是指施工企业组织施工生产和经营管理所需的费用。

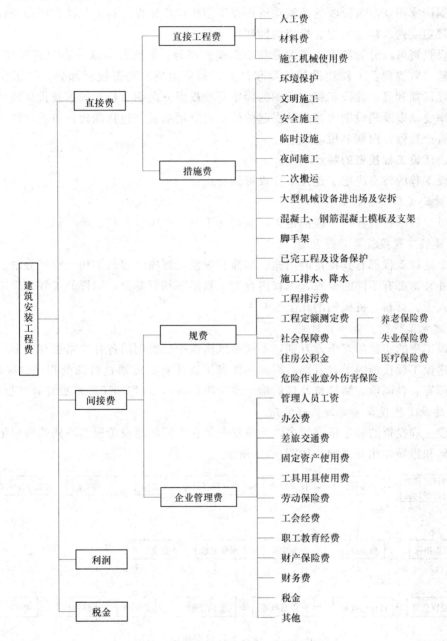

图 5-2 建筑安装工程费用项目组成

工程建设其他费用是指从工程筹建到工程竣工验收交付使用为止的整个建设期间，除建筑安装工程费用和设备、工器具购置费以外的，为保证工程建设顺利完成和交付使用后能够正常发挥效用而发生的一些费用。预备费包括基本预备费和涨价预备费。基本预备费是指在项目实施中可能发生难以预料的支出，需要预先预留的费用，又称不可预见费。涨价预备费是指建设工程在建设期内由于价格等变化引起投资增加，需要事先预留的费用。建设期利息是指项目借款在建设期内发生并计入固定资产的利息。固定资产投资方向调节税是根据国家产业政策征收的。流动资产投资指生产性建设工程为保证生产和经营正常进行，按规定应列入建设工程总投资的铺底流动资金。

建设投资可以分为静态投资部分和动态投资部分。静态投资部分由建筑安装工程费、设备工器具购置费、工程建设其他费和基本预备费组成。动态投资部分，是指在建设期内，因建设期利息、建设工程需缴纳的固定资产投资方向调节税和国家新批准的税费、汇率、利率变动以及建设期价格变动引起的建设投资增加额。包括涨价预备费、建设期利息和固定资产投资方向调节税。

二、建设工程投资的特点

建设工程的特点决定了建设工程投资的特点。

1. 建设工程投资数额巨大

建设工程的投资数额一般都很大，少则几千万，多则数十亿、数百亿。

2. 建设工程投资差异性显著

每个建设工程都有其特定的用途、功能、规模，每项工程的结构、空间分割、设备配置和内外装饰都有不同的要求，工程内容和实物形态都有差异，同样的工程处于不同的地区，在人工、材料、机械的消耗上也有差异。

3. 建设工程投资需单独计算

建设工程的实物形态千差万别，不同地区构成投资费用的各种要素也存在差异，这都将导致建设工程投资的千差万别。因此，建设工程项目只能通过特殊的程序（编制估算、概算、预算、合同价、结算价及最后确定竣工决算等），就每项工程单独计算其投资。

4. 建设工程投资确定的依据复杂

建设工程投资的确定依据繁多，关系复杂。在不同的建设阶段有不同的确定依据，且互为基础和指导，相互影响，如图 5-3 所示。

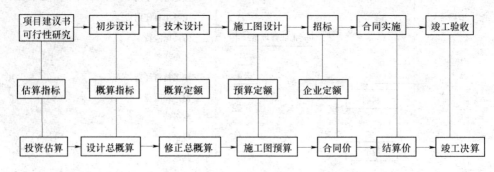

图 5-3　建设工程投资确定示意图

5. 建设工程投资确定的层次繁多

建设工程通常分为单项工程、单位工程、分部分项工程。一个建设项目由多个单项工程组成。单项工程是指具有独立的设计文件、竣工后可以独立发挥生产能力或工程效益的工程。单项工程可分为若干个可以独立施工的单位工程。单位工程可按不同工人用不同工具和材料完成分为若干个分部工程。分部工程又可按不同的施工方法、构造及规格更细致地分解为分项工程。在确定造价时需分别计算分部分项工程造价、单位工程造价、单项工程造价、单项工程投资，最后才形成建设工程项目投资。

6. 建设工程投资需动态跟踪调整

每项建设工程从立项到竣工都有一个较长的建设期，在此期间都会出现一些不可预料的变化因素，对建设工程投资和造价产生影响。建设工程投资在整个建设期内都不能确定，需随时进行动态跟踪、调整，直至竣工决算后才能真正形成建设工程项目投资。

三、建设工程投资控制

建设工程投资控制，就是在投资决策阶段、设计阶段、发包阶段、施工阶段以及竣工阶段，把建设工程的投资控制在批准的投资限额内，随时纠正发生的偏差，以保证项目投资管理目标的实现，以求在建设工程中能合理使用人力、物力和财力，取得较好的投资效益和社会效益。

（一）投资控制的动态原理

在建设工程的实施过程中，必定存在各种各样的影响因素导致实际投资与预计投资有所偏差。所以，应该随着工程建设的进展，及时进行计划值与实际值的比较，查找原因并采取措施加以控制，具体程序如图 5-4 所示。

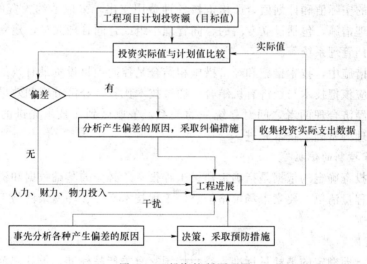

图 5-4　投资控制原理图

在这一动态控制的过程中，主要有以下工作：

1. 分析论证投资控制的目标

所确定的目标既要具有先进性又要具有可实现性。实践证明，由于各种因素的制约，项目规划中的计划目标值有可能是难以实现或不合理的，这就需要在项目实施过程中进行合理的调整或者更加细化和精确化。只有项目的投资目标正确合理，项目的投资控制才能有效。

2. 及时准确收集实测数据

在项目的实施过程中，应及时、准确并且完整地收集实际数据，这样才可以有效地判断工程投资的实际情况。

3. 比较实测值和目标值

对比实测值和目标值，分析存在偏差的原因。

4. 采取措施纠偏

针对所存在的偏差，采取有效的控制措施以确保投资控制目标的实现。

（二）投资控制的目标

建设工程投资控制的目标应随工程的进展分阶段设置。投资估算应是建设工程设计方案选择和进行初步设计的投资控制目标；设计概算应是进行技术设计和施工图设计的投资控制目标；施工图预算或建设工程承包合同价则应是施工阶段投资控制的目标。有机联系的各个阶段目标相互制约，相互补充，前者控制后者，后者补充前者，共同组成建设工程投资控制的目标系统。

（三）投资控制的措施

投资控制的措施包括组织、技术、经济、合同与信息管理等多方面的措施。组织措施，包括明确项目的组织机构，明确项目投资控制者及其任务，明确各职能人员及职能分工等；技术措施，包括重视设计多方案的优选，严格审查监督初步设计、技术设计、施工图设计、施工组织设计，深入技术领域研究节约投资的可能性等；经济措施，包括动态地比较项目投资的实际值和计划值，严格审核各种费用支出，采取节约投资的奖励措施等；合同与信息管理措施，包括设立专门的合同管理小组或合同管理人员，建立合同实施保障体系，建立文档管理系统等。

以上各种措施中，技术措施和经济措施相结合是控制项目投资最有效的手段。在工程建设过程中，应该把技术与经济有机结合，通过技术比较、经济分析和效果评价，正确处理技术先进与经济合理两者之间对立统一的关系，争取做到在技术先进的条件下经济合理，在经济合理的基础上技术先进。

（四）投资控制的依据

建设工程投资确定的依据是指确定建设工程投资所必需的基础数据和资料，主要包括工程定额、工程量清单、要素市场价格信息、工程技术文件、环境条件与工程建设实施组织和技术方案等。

1. 工程定额

工程定额，即额定的消耗量标准，是指按国家有关产品标准、设计规范和施工验收规范、质量评定标准，并参考行业、地方标准以及代表性的工程设计、施工资料确定的工程建设过程中完成规定计量单位产品所消耗的人工、材料、机械等消耗量的标准。定额反映的是在一定的社会生产力发展水平下，正常的施工条件、大多数施工企业的技术装备程度、合理的施工工期、合理的施工工艺和劳动组织，完成某项工程建设产品与各种生产消耗之间特定的数量关系。

定额分为很多种类，按生产要素内容可分为：人工定额、材料消耗定额、施工机械台班使用定额；按编制程序和用途可分为：施工定额、预算定额、概算定额、概算指标、投资估算指标；按编制单位和适用范围可分为：国家定额、行业定额、地区定额、企业定额；按投资的费用性质可分为：建筑工程定额、设备安装工程定额、建筑安装工程费用定额、工器具定额、工程建设其他费用定额。

2. 工程量清单

工程量清单是依据建设工程设计图纸、工程量计算规则、一定的计量单位、技术标准等计算所得的构成工程实体各分部分项的、可供编制标底和投资报价的实物工程量的汇总清单表。工程量清单是体现招标人要求投标人完成的工程项目及其相应工程实体数量的列表，反映全部工程内容以及为实现这些内容而进行的其他工作。

3. 工程技术文件

工程技术文件是反映建设工程项目的规模、内容、标准、功能等的文件，只有根据工程技术文件才能对工程的分部组合即工程结构作出分解，得到计算的基本子项。只有依据工程技术文件及其反映的工程内容和尺寸，才能测算或计算出工程实物量，得到分部分项工程的实物数量。因此，工程技术文件是建设工程投资确定的重要依据。

4. 要素市场价格信息

构成建设工程投资的要素包括人工、材料、施工机械等，要素价格是影响建设工程投资的关键因素，要素价格是由市场形成的。建设工程投资采用的基本子项所需资源的价格来自市场，随着市场的变化，要素价格也随之发生变化。因此，建设工程投资必须随时掌握市场价格信息，了解市场价格行情，熟悉市场上各类资源的供求变化及价格动态。这样得到的建设工程投资才能反映市场，反映工程建设所需的真实费用。

5. 工程环境条件

工程所处的环境和条件也是影响建设工程投资的重要因素，环境和条件的差异或变化会导致建设工程投资大小的变化。工程的环境和条件包括工程地质条件、气象条件、现场环境与周边条件，也包括工程建设的实施方案、组织方案、技术方案等。

6. 其他

国家对建设工程费用计算的其他有关规定，按国家税法规定计取的相关税费等都是确定建设工程投资的依据。

（五）监理工程师在建设工程实施各阶段投资控制的主要任务

1. 建设前期的决策阶段

在建设前期的决策阶段投资控制的主要任务是对拟建项目进行可行性研究、建设工程投资控制报告的编制和审查、进行投资估算的确定和控制、进行项目财务评价和国民经济评价。

2. 设计阶段

在设计阶段投资控制的主要任务是协助建设单位制定建设工程投资目标规划、开展技术经济分析等活动，协助和配合设计单位使设计方案投资合理化，审核设计概、预算并提出改进意见，满足建设单位对建设工程投资的经济性要求，做到概算不超估算、预算不超概算。

3. 施工招投标阶段

在施工招标阶段投资控制的主要任务是通过协助建设单位编制招标文件及合理确定标

底价，使工程建设施工发包的期望价格合理化。协助建设单位对投标单位进行资格审查，协助建设单位进行开标、评标、定标，最终选择最优秀的施工承包单位，通过选择完成施工任务的主体，进而达到对投资的有效控制。

4. 施工阶段

在施工阶段投资控制的主要任务是通过工程付款控制、工程变更费用控制、预防并处理好费用索赔、挖掘节约投资潜力来努力实现实际发生的投资费用不超过计划投资费用。

5. 竣工验收交付使用阶段

在竣工验收交付使用阶段投资控制的主要任务是合理控制工程尾款的支付，处理好质量保修金的扣留及合理使用，协助建设单位做好建设项目后评估。

第二节　建设工程前期的投资控制

建设项目前期是选择和决定投资方案的过程，是对拟建项目的必要性和可行性进行技术经济分析论证、对不同建设方案进行技术经济比较，从而做出判断和决定的过程。项目前期是决定建设工程经济效果的关键时期，是研究和控制的重点，一般包括规划、机会研究、项目建议书和可行性研究4个阶段。

一、可行性研究

可行性研究就是通过市场调查和研究，针对项目的建设规模、产品规格、场址、工艺、设备、总图、运输、原材料供应、环境保护、公用工程和辅助工程、组织机构设置、实施进度等提出推荐方案，并且对此方案进行环境评价、财务评价、国民经济评价、社会评价和风险分析，以判别项目的环境可行性、经济可行性、社会可行性和抗风险能力，最终提交可行性研究报告。

可行性研究是运用多种科学手段综合论证一个工程项目在技术上是否先进、实用和可靠，在财务上是否盈利；做出环境影响、社会效益和经济效益的分析和评价，以及工程项目抗风险能力等的结论；为投资决策提供科学的依据。

二、投资估算

投资估算是指在对项目的建筑规模、产品方案、工艺技术及设备方案、工程方案及项目实施进度等进行研究并基本确定的基础上，估算项目所需资金总额，并测算建设期年资金使用计划。投资估算包括建设投资估算和流动资金估算。投资估算是项目建议书和可行性研究报告的重要组成部分，是项目投资决策的重要依据。

三、监理工程师在项目前期投资控制的工作

投资者为了排除盲目性，减少风险，一般都要委托咨询、设计等部门进行可行性研究，委托监理单位进行可行性研究的管理或对可行性报告的审查。监理工程师在此阶段的具体任务主要是审查拟建项目投资估算的正确性与投资方案的合理性。

（一）对投资估算的审查

1. 审查投资估算基础资料的正确性

对建设项目进行投资估算，咨询单位、设计单位或项目管理公司等投资估算编制单位一般应事先确定拟建项目的基础数据资料，如项目的拟建规模、生产工艺、设备构成、生

产要素市场价格行情、同类项目历史经验数据，以及有关投资造价指标、指数等，这些资料的准确性、正确性直接影响到投资估算的准确性。监理工程师应对其逐一进行分析。对于拟建项目生产能力，应审查其是否符合建设单位的投资意图，通过直接向建设单位咨询、调查的方法即可判断其是否正确。对于生产工艺设备的构成可对相关设备制造厂或供货商进行咨询。对于同类项目历史经验数据及有关投资造价指标、指数等资料的审查可参照已建成同类型项目，或尚未建成但设计方案已经批准，图纸已经会审，设计概预算已经审查通过的资料作为拟建项目投资估算的参考资料。同时还应对拟建项目生产要素市场价格行情等进行准确判断，审查所套用指标与拟建项目差异及调整系数是否合理。

2. 审查投资估算所采用方法的合理性

投资估算方法有很多，常用的估算方法有：生产能力指数法、资金周转率法、比例估算法、综合指标投资估算法。生产能力指数法多用于估算生产装置投资；资金周转率法概念简单明了、方便易行，但误差较大；比例估算法适用于设备投资占比例较大的项目；综合指标投资估算法又称为概算指标法，需要相关专业提供较为详细的资料，估算有一定深度，精确度相对较高。但究竟选用何种方法，监理工程师应根据投资估算的精确度要求以及拟建项目技术经济状况的已知情况来决定。

（二）对项目投资方案的审查

对项目投资方案的审查，主要是通过对拟建项目方案进行重新评价，查看原可行性研究报告编制部门所确定的方案是否为最优方案。监理工程师对投资方案审查时，应做好如下工作：

（1）列出实现建设单位投资意图的各个可行性方案，并尽可能地做到不遗漏。因为遗漏的方案如果是最优方案，那么将会直接影响到可行性研究工作质量，直接影响到投资效果。

（2）熟悉建设项目方案评价的方法。对推荐方案的评价主要有环境影响评价、财务评价、国民经济评价、社会评价以及风险分析。环境影响评价是研究确定场址方案和技术方案中，调查研究环境条件、识别和分析拟建项目影响环境的因素，研究提出治理和保护环境的措施、比选和优化环境保护方案；财务评价是在国家现行财税制度和市场价格体系下，分析预测项目的财务效益与费用，计算财务评价指标，考察拟建项目的盈利能力、偿债能力和财务生存能力。国民经济评价是按照经济资源合理配置的原则，用影子价格和社会折现率等国民经济评价参数，从国民经济整体角度考察项目所消耗的社会资源和对社会的贡献，评价投资项目的经济合理性。社会评价是分析拟建项目对当地社会的影响和当地社会条件对项目的适应性和可接受程度，评价项目的社会可行性。

第三节 建设工程设计阶段的投资控制

工程设计是可行性研究报告经批准后，工程开始施工前，设计单位根据已批准的设计任务书，为具体实现拟建项目的技术、经济要求，拟定建筑、安装及设备制造等所需的规划、图纸、数据等技术文件的工作。

一般工程项目进行初步设计和施工图设计两阶段设计，也称为"两阶段设计"；大型和技术复杂的工程项目需进行初步设计、技术设计和施工图设计，也称为"三阶段设计"。在初步设计阶段应编制设计概算，技术设计阶段应修正概算，施工图设计阶段应编制施工图预算。它们之间的关系为：设计概算不得突破已经批准的投资估算，施工图预算不得超过批准的设计概算。

设计阶段是确定投资额的重要阶段，也是投资控制的关键阶段。在设计阶段，监理工程师投资控制主要是通过收集类似项目投资数据和资料，协助建设单位制定项目投资目标规划；督促设计单位增强执行设计标准，进行标准设计的意识；采取限额设计的方法，有效防止"三超"（概算超估算、预算超概算、决算超预算）的现象；应用价值工程进行优化设计；对设计概算、施工图预算进行审查等手段和方法，使设计在满足质量和功能的前提下，实现投资的控制目标。

一、执行设计标准与推行标准设计

1. 执行设计标准

设计标准是国家规定的经济建设的重要技术规范，是进行工程建设勘察、设计、施工及验收的重要依据。各类建设的设计部门制定与执行相应的不同层次的设计标准规范，对于提高工程设计阶段的投资控制水平是十分重要的。

2. 推行标准设计

在工程设计中，经过批准可在一定范围内通用的建筑构造、结构和构件的标准图、通用图和复用图，统称为标准图。在工程设计中采用标准设计可促进工业化水平、加快工程进度、节约材料并降低建设投资。

二、实行限额设计

限额设计就是按批准的投资估算控制初步设计，按批准的初步设计总概算控制施工图设计。即将上阶段设计审定的投资额和工程量先行分解到各专业，然后再分解到各单位工程和分部工程。各专业在保证使用功能的前提下，按分配的投资限额控制设计，严格控制技术设计和施工图设计的不合理变更，以保证总投资限额不被突破。

监理工程师应事先确定或明确设计各阶段、各专业、各单位、各分部工程的限额设计目标，并依此对设计各阶段、各专业的投资额进行控制。

限额设计控制工程投资可以从两个角度入手，一种是按照限额设计过程从前往后依次进行控制，称为纵向控制；另一种途径是对设计单位及其内部各专业、科室及设计人员进行考核，实施奖惩，进而保证设计质量的一种控制方法，称为横向控制。横向控制首先必须明确各设计单位以及设计单位内部各专业科室对限额设计所负的责任，将工程投资按专业进行分配，并分段考核，下段指标不得突破上段指标，责任落实越接近于个人，效果越明显，并赋予责任者履行责任的权利，并且要建立健全的奖惩制度。设计人员在保证工程安全和不降低工程功能的前提下，采用新技术、新工艺、新材料、新设备节约了投资的，设计单位应根据节约投资的大小，对设计人员进行奖励；因设计人员设计错误、漏项或扩大规模、提高标准而导致工程静态投资超支，要视其超支比例扣减相应比例的设计费。

限额设计控制要做到以下几点：

（1）严格按建设程序办事。限额设计的前提是严格按建设程序办事，根据这一思想，限额设计的做法是将设计任务书的投资额作为初步设计投资的控制限额，将初步设计概算投资额作为施工图设计的投资控制限额，以施工图预算作为按施工图施工投资的依据。

（2）在投资决策阶段，要提高投资估算的准确性，据此确定限额设计。为了适应限额设计的要求，在可行性研究阶段就要树立限额设计观念，充分收集资料，提出多种方案，认真进行技术经济分析和论证，从中选出技术先进、经济合理的方案作为最优方案。并以批准的可行性研究报告和下达的设计任务书中的投资估算额，作为控制设计概算的限额。

（3）充分重视、认真对待每个设计环节及每项专业设计。在满足功能要求的前提下，每个设计环节和每项专业设计都应按照国家的有关政策规定、设计规范和标准进行，注意它们对投资的影响。在投资限额确定的前提下，通过优化设计满足设计要求的途径很多，这就要求设计人员善于思考，在设计中多做经济分析，发现偏离限额时立即改变设计。

（4）加强设计审核。设计单位和监理单位有关部门和人员必须做好审核工作，既要审核技术方案，又要审核投资指标；既要控制总投资，又要控制分部分项工程投资。要把审核设计文件作为动态投资控制的一项重要措施。

（5）建立设计单位内部经济责任制。设计单位要进行全员的经济控制，必须在目标分解的基础上，科学地确定投资限额，然后把责任落实到每个人身上。建立设计质量保证体系时，必须把投资经济指标作为设计质量控制的内容之一。

（6）施工图设计应尽量吸收施工单位人员的意见，使之符合施工要求。施工图设计交底会审后，进行一次性洽商修改，以尽量减少施工过程中的设计变更，避免造成投资失控。

三、设计方案的优选

设计方案优选是设计阶段的重要工作内容，是控制项目投资的有效途径。设计方案优选的目的在于通过竞争和运用技术经济评价的方法，选出技术先进、功能满足需要、经济合理、使用安全可靠的设计方案。目前国内优选设计方案主要采取设计招投标、设计方案竞选、运用价值工程优化设计方案和对设计方案进行技术经济评价等方法来实现技术与经济的统一和工程项目投资对设计的主动控制。

四、价值工程

价值工程是通过各相关领域的协作，对所研究对象的功能与成本进行系统分析，不断创新，旨在提高所研究对象价值的思想方法和管理技术。其目的是以研究对象的最低寿命周期成本可靠地实现使用者所需的功能，以获取最佳的综合效益。

开展价值工程活动一般分为 4 个阶段、12 个步骤，如表 5-1 所示。

五、设计概算的审查

设计概算是在初步设计或扩大初步设计阶段，由设计单位按照设计要求概略地计算拟建工程从立项开始到交付使

表 5-1　　价值工程的一般工作程序

阶　　　段	步　　　骤
准备阶段	1. 对象选择 2. 组成价值工程小组 3. 制定工作计划
分析阶段	4. 搜集整理信息资料 5. 功能系统分析 6. 功能评价
创新阶段	7. 方案创新 8. 方案评价 9. 提案编写
实施阶段	10. 审批 11. 实施与检查 12. 成果鉴定

用为止全过程所发生的建设费用的文件，是设计文件的重要组成部分。在报请审批初步设计或扩大初步设计时，作为完整的技术文件必须附有相应的设计概算。在初步设计阶段进行投资控制，除做好设计方案审查工作外，还应对设计概算进行审查以保证初步设计概算不超过投资估算。

审查设计概算有利于合理确定和分配投资资金，加强投资计划管理；审查设计概算有助于促进概算编制人员严格执行国家有关概算的编制规定和费用标准，提高概算的编制质量；审查设计概算有助于促进设计的技术先进性与经济合理性的统一；合理、准确的设计概算可使下阶段投资控制目标更加科学合理，堵塞了投资缺口或突破投资的漏洞，缩小概算与预算之间的差距，可提高项目投资的经济效益。

（一）设计概算审查的内容

1. 审查设计概算的编制依据

审查设计概算编制依据的合法性，即编制是否经过国家或授权机关批准；审查设计概算编制依据的时效性，即编制概算所依据的定额、指标、价格、取费标准等是不是现行有效的；审查设计概算编制依据的适用范围，即所依据的定额、价格、指标、取费标准等是否符合工程项目所在地、所在行业的实际情况等。

2. 审查设计概算的编制内容

（1）审查设计概算的编制是否符合国家的建设方针、政策，是否根据工程所在地的自然条件编制。

（2）审查建设规模（投资规模、生产能力等）、建设标准（用地指标、建筑标准等）、配套工程、设计定员等是否符合原批准的可行性研究报告或立项批文的标准。对总概算投资超过批准投资估算10%以上的，应查明原因，重新上报审批。

（3）审查编制方法、计价依据和程序是否符合现行规定，包括定额或指标的适用范围和调整方法是否正确，进行定额或指标的补充时，要求补充定额的项目划分、内容组成、编制原则等要与现行的定额精神一致。

（4）审查工程量计算是否正确。工程量的计算是否根据初步设计图纸、概算定额、工程量计算规则和施工组织设计的要求进行，有无多算、重算和漏算，尤其对工程量大，投资大的项目要重点审查。

（5）审查材料用量和价格。审查主要材料如钢材、水泥、木材等的用量数据是否正确，材料预算价格是否符合工程所在地的价格水平，材料价差调整是否符合现行规定及其计算是否正确等。

（6）审查设备规格、数量和配置是否符合设计要求，是否与设备清单相一致，设备预算价格是否真实，设备原价和运杂费的计算是否正确，非标准设备原价的计价方法是否符合规定，进口设备的各项费用的组成及其计算程序、方法是否符合国家主管部门的规定。

（7）审查建筑安装工程的各项费用的计取是否符合国家或地方有关部门的现行规定，计算程序和取费标准是否正确。

（8）审查综合概算、总概算的编制内容、方法是否符合现行规定和设计文件的要求，有无设计文件外项目，有无将非生产性项目以生产性项目形式列入。

（9）审查总概算文件的组成内容，是否完整地包括了建设项目从筹建到竣工投产为止的全部费用组成。

（10）审查工程建设其他各项费用。按国家和地区规定逐项审查，不属于总概算范围的费用项目不能列入概算。审查费率或计取标准是否按国家、行业有关部门规定计算，有无随意列项，有无多列，交叉计列和漏项等。

（11）审查项目的"三废"治理。拟建项目必须同时安排废水、废气、废渣的治理方案和投资，对于未作安排或漏项或多算、重算的项目，要按国家有关规定核实投资，以满足"三废"排放标准。

（12）审查技术经济指标。技术经济指标计算方法和程序是否正确，综合指标和单项指标与同类型工程指标相比，是偏高还是偏低，其原因是什么并予以纠正。

（13）审查投资经济效果。设计概算是初步设计经济效果的反映，要按照生产规模、工艺流程、产品品种和质量，从企业的投资效益和投产后的运营效益全面分析，是否达到了技术先进可靠、经济合理的要求。

3. 审查设计概算的编制深度

（1）审查编制说明，可以检查概算的编制方法、深度和编制依据等重大原则问题，若编制说明有差错，具体概算必有差错。

（2）审查概算编制深度，一般大中型项目的设计概算，应有完整的编制说明和"三级概算"（即建设项目总概算表、单项工程综合概算表、单位工程概算表），并按有关规定的深度进行编制。审查是否符合规定的"三级概算"，各级概算的编制、核对、审核是否按规定签署，有无随意简化，有无把"三级概算"简化为"二级概算"，甚至"一级概算"。

（3）审查概算编制范围及具体内容是否与主管部门批准的建设项目范围及具体工程内容一致；审查分期建设项目的建筑范围及具体工程内容有无重复交叉，是否重复计算或漏算；审查其他费用应列的项目是否符合规定，静态投资、动态投资和经营性项目铺底流动资金是否分别列出等。

（二）设计概算审查的方法

采用适当的方法审查设计概算，是确保审查质量、提高审查效率的关键，常用的方法有以下几种。

1. 对比分析法

对比分析法中的对比要素有：建设规模、标准与立项批文对比，工程数量与设计图纸对比，综合范围、内容与编制方法、规定对比，各项取费与规定标准对比，材料、人工单价与统一信息对比，引进设备、技术投资与报价要求对比，技术经济指标与同类工程对比等，对比分析法即通过以上对比，发现设计概算存在的主要问题和偏差。

2. 查询核实法

查询核实法是对一些关键设备和设施、重要装置、引进工程图纸不全、难以核算的较大投资进行多方查询核对，逐项落实的方法。主要设备的市场价向设备供应部门或招标机构查询核实；重要生产装置、设施向同类企业（工程）查询了解；引进设备价格及有关费税向进出口公司调查落实；复杂的建筑安装工程向同类工程的建设、承包、施工单位征求意见，深度不够或不清楚的问题直接向原概算编制人员、设计者询问清楚。

3. 联合会审法

联合会审前，可采取多种形式分头审查，包括设计单位自审、主管、建设、承包单位初审，监理工程师评审，邀请同行专家预审，审批部门复审等，经层层审查把关后，由有关单位和专家进行联合会审。

六、施工图预算的审查

施工图预算是根据批准的施工图设计、预算定额和单位计价表、施工组织设计文件以及各种费用定额等有关资料计算和编制的单位工程预算造价的文件。施工图预算是建设单位在施工期间安排资金使用计划和使用建设资金的依据；是招投标的重要基础；是建设单位拨付进度款和办理结算的依据；是施工单位进行施工准备和控制施工成本的依据。

对于施工图预算审查的重点是工程量计算是否准确，定额套用、各项取费标准是否符合现行规定或单价计算是否合理等方面。

（一）审查施工图预算的方法

审查施工图预算的方法很多，主要有全面审查法、标准预算审查法、分组计算审查法、对比审查法、筛选审查法和重点抽查法。

1. 全面审查法

全面审查法又称逐项审查法，即按预算定额顺序或施工的先后顺序，逐一地全部进行审查的方法。此方法的优点是全面、细致，经审查的工程预算差错比较少，质量比较高；缺点是审查工作量相对比较大，对于一些工程量较小、工艺比较简单的工程，编制工程预算的技术力量又比较薄弱，可采用全面审查法。

2. 标准预算审查法

对于利用标准图纸或通用图纸施工的工程，先集中力量，编制标准预算，以此为标准审查预算的方法。按标准图纸设计或通用图纸施工的工程一般上部结构及其做法相同，可集中力量细审一份预算，或编制一份预算，作为这种标准图纸的标准预算，或用这种标准图纸的工程量为标准，对照审查，而对局部不同的部分作单独审查即可。这种方法的优点是审查时间短、效果好、好定案；缺点是只适用于按标准图纸设计的工程，适用范围小。

3. 分组计算审查法

分组计算审查法是一种加快审查工程量速度的方法，具体做法是把预算中的项目划分为若干组，并把相邻且有一定内在联系的项目编为一组，审查或计算同一组中某个分项工程量，利用工程量间具有相同或相似计算基础的关系，判断同组中其他几个分项工程量计算的准确程度的方法。该方法的优点是审查速度快、工作量小。

例如，土建工程中将底层建筑面积、地面面层、地面垫层、楼面面层、楼面找平层、楼板体积、天棚抹灰、天棚刷浆、屋面层等编为一组。先把底层建筑面积、楼（地）面面积计算出来，而楼面找平层、顶棚抹灰、刷白的工程量与楼（地）面面积相同；垫层工程量等于地面面积乘以垫层厚度；空心楼板工程量由楼面工程量乘以楼板的折算厚度计算；底层建筑面积加挑檐面积，乘以坡度系数（平屋面不乘）即为屋面工程量；底层建筑面积乘以坡度系数（平屋面不乘）再乘以保温层的平均厚度为保温层工程量。

4. 对比审查法

对比审查法是用已建成工程的预算或虽未建成但已审查修正的工程预算对比审查拟建

类似工程预算的一种方法。对比审查法，一般有以下几种情况，应根据工程的不同条件，区别对待：

（1）两个工程采用同一个施工图，但基础部分和现场条件不同。其新建工程基础以上部分可采用对比审查法，不同部分可分别采用相应的审查方法进行审查。

（2）两个工程设计相同，但建筑面积不同。根据两个工程建筑面积之比与两个工程分部分项工程量之比基本一致的特点，可审查新建工程各分部分项工程的工程量；或者用两个工程每平方米建筑面积造价以及每平方米建筑面积的各分部分项工程量，进行对比审查。

（3）两个工程的面积相同，但设计图纸不完全相同时，可把相同的部分，如厂房中的柱子、屋架、屋面、围护结构等进行工程量的对比审查，不能对比的分部分项工程按图纸计算。

5. 筛选审查法

建筑工程虽然有建筑面积和高度的不同，但是其各分部分项工程单位面积上的指标变化不大，我们把这些数据加以汇集、优选、归纳为工程量、价格、用工 3 个单方基本指标，并注明基本指标的适用范围。这些基本指标用来筛选各分部分项工程，对于不符合条件的进行详细审查，若审查对象的预算标准与基本指标的标准不符就要对其进行调整。筛选审查法的优点是简单易懂，便于掌握，审查速度快，便于发现问题。但问题出现的原因需要继续审查。因此，此方法适用于审查住宅工程或不具备全面审查条件的工程。

6. 重点审查法

重点审查法是抓住工程预算的重点进行审查的方法。审查的重点一般是工程量大或投资较高的工程、结构复杂的工程、补充定额、计取的各项费用（计费基础、取费标准）等。此方法的优点是突出重点，审查时间短，审查效果好。

（二）审查施工图预算的步骤

（1）作好审查前的准备工作。包括熟悉施工图纸，了解预算包括的范围，弄清所用单位估价表的适用范围。

（2）选择合适的审查方法。由于各工程项目规模、所处地区自然、技术、经济条件存在差异，繁简程度不同，工程项目施工方法和施工承包单位情况不一样，所编工程预算的质量也不同。因此，需选择适当的审查方法进行审查。

（3）整理审查资料并调整定案。整理审查资料，定案后编制调整施工图预算。经审查若发现差错，及时与编制单位协商，统一意见后进行相应的修正。

第四节　建设工程施工阶段的投资控制

建设项目的投资主要发生在施工阶段，而施工阶段投资控制所受的自然条件、社会环境条件等主、客观因素影响又是最突出的。如果在施工阶段监理工程师不严格进行投资控制工作，将会造成较大的投资损失以及出现整个建设项目投资失控现象。

监理工程师在施工阶段进行投资控制的基本原则是把计划投资额作为投资控制的目标值，在工程施工过程中定期地进行投资实际值与目标值的比较，通过比较发现并找出实际支出额与投资控制目标值之间的偏差，分析产生偏差的原因，并采取有效措施加以控制，以保证投资控制目标的实现。

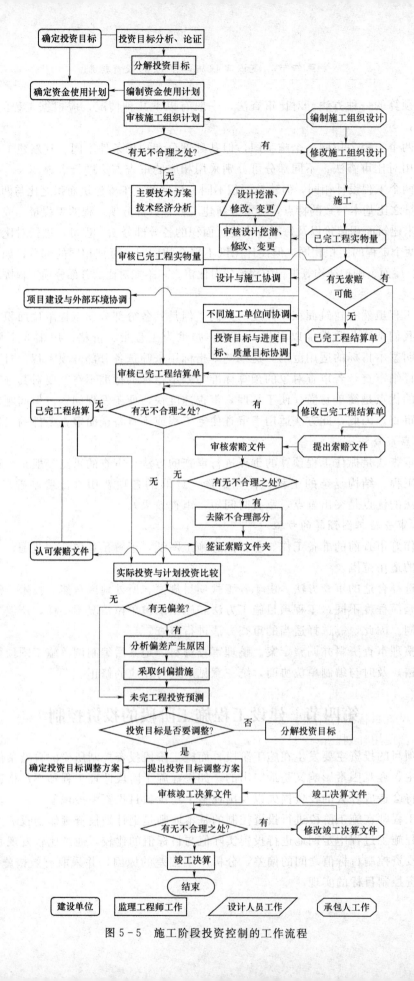

图 5-5 施工阶段投资控制的工作流程

一、施工阶段投资控制的工作流程

施工阶段投资控制的工作流程如图 5-5 所示。

二、施工阶段投资控制的措施

建设工程项目的投资主要发生在施工阶段，在这一阶段为了有效地控制投资，应从组织、经济、技术、合同等多方面采取措施。

1. 组织措施

（1）在项目管理班子中落实从投资控制角度进行施工跟踪的人员、任务分工和职能分工。

（2）编制本阶段投资控制工作计划和详细的工作流程图。

2. 经济措施

（1）编制资金使用计划，确定、分解投资控制目标。对工程项目造价目标进行风险分析，并制定防范性对策。

（2）进行工程计量。

（3）复核工程付款账单，签发付款证书。

（4）在施工过程中进行投资跟踪控制，定期地进行投资实际支出值与计划目标值的比较；发现偏差，分析产生偏差的原因，采取纠偏措施。

（5）协商确定工程变更的价款。审核竣工结算。

（6）对工程施工过程中的投资支出做好分析与预测，经常或定期向建设单位提交项目投资控制及其存在问题的报告。

3. 技术措施

（1）对设计变更进行技术经济比较，严格控制设计变更。

（2）继续寻找通过设计挖掘节约控制的可能性。

（3）审核承包商编制的施工组织设计，对主要施工方案进行技术经济分析。

4. 合同措施

（1）做好工程施工记录，保存各种文件图纸，特别是注意实际施工变更情况的图纸，注意积累素材，为正确处理可能发生的索赔提供依据。参与处理索赔事宜。

（2）参与合同修改、补充工作，着重考虑它对投资控制的影响。

三、资金使用计划的编制

施工阶段投资控制的目标一般是以招投标阶段确定的合同价作为投资控制目标，监理工程师应对投资目标进行分析、论证，并进行投资目标分解，在此基础上依据项目实施进度，编制资金使用计划。做到控制目标明确，便于实际值与目标值的比较，使投资控制具体化、可实施。

资金使用计划编制过程中最重要的步骤是项目投资目标的分解。根据投资控制目标和要求的不同，投资目标的分解可以分为按投资构成、按子项目和按时间分解 3 种类型。

1. 按投资构成分解的资金使用计划

工程项目投资构成主要包括：建筑安装工程投资、设备工器具购置投资以及工程建设其他投资构成。工程项目投资总目标的分解如图 5-6 所示。这种分解方法主要适用于有大量经验数据的工程项目。

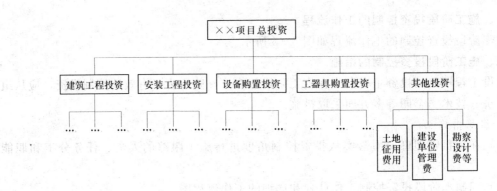

图 5-6 按投资构成分解投资总目标

2. 按子项目分解的资金使用计划

大中型工程项目通常是由若干单项工程组成，而每个单项工程包括了多个单位工程，每个单位工程又是若干个分部分项工程组成的，项目总投资按子项目分解如图 5-7 所示。按照此法分解项目总投资时，不能只是分解建筑工程投资、安装工程投资和设备工器具购置投资，还应该分解项目的其他投资。

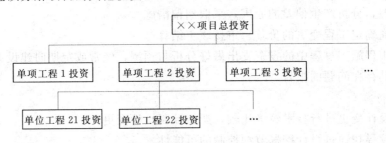

图 5-7 按子项目分解的资金使用计划

3. 按时间进度分解的资金使用计划

工程项目的投资是分阶段、分期支出的，资金使用是否合理与资金的使用时间安排有密切关系。在按时间进度编制工程资金使用计划时，必须先确定工程的时间进度计划，通常可用横道图或网络图，根据时间进度计划所确定的各子项目开始时间和结束时间，安排工程投资资金支出，同时对时间进度计划也形成一定的约束作用。其表达形式一般有两种：一种是在总体控制的时标网络图上表示，如图 5-8 所示；另一种是绘制投资累计曲

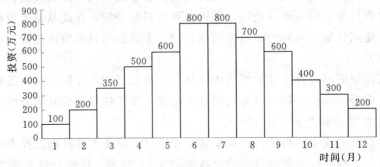

图 5-8 时标网络图上按月编制的资金使用计划

线（S曲线），如图5-9所示。

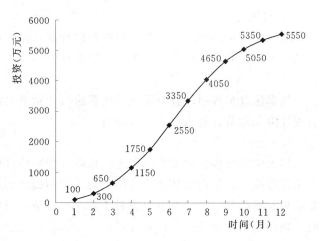

图5-9　时间—投资累计曲线（S曲线）

以上编制资金使用计划的3种方法不是相互独立的。在实践中往往是将这些方法结合起来使用，从而达到扬长避短的效果。其表现形式为"综合分解资金使用计划表"。"综合分解资金使用计划表"一方面有助于检查各单项工程和单位工程的投资构成是否合理，有无缺陷或重复计算；另一方面也可以检查各项具体的投资支出的对象是否明确和落实，并可校核分解的结果是否正确。

四、工程计量

工程计量是指根据设计文件及承包合同中关于工程量计算的规定，监理工程师对承包商申报的已完成工程的工程量进行的核验。工程量计量是控制项目投资支出的关键环节，是约束承包商履行合同义务的手段。

（一）工程计量的程序

（1）承包单位统计经专业监理工程师质量验收合格的工程量，按施工合同的约定填报工程量清单和工程款支付申请表。

（2）专业监理工程师进行现场计量，按施工合同的约定审核工程量清单和工程款支付申请表，并报总监理工程师审定。

（3）总监理工程师签署工程款支付证书，并报建设单位。

（4）未经监理人员质量验收合格的工程量，或不符合规定的工程量，监理人员应拒绝计量，拒绝该部分的工程款支付申请。

（二）工程计量的依据

工程计量的依据一般包括：质量合格证书、工程量清单前言和技术规范中"计量支付"条款、设计图纸。对于承包商已完成的工程，并不是全部进行计量，而只是质量达到合同标准的已完工程才予以计量，所以质量合格证书是工程计量的基础和依据。工程量清单前言和技术规范中"计量支付"条款规定了工程量清单中每一项工程的计量方法，同时还规定了按规定的计量方法确定的单价所包括的工作内容和范围，所以工程量清单前言和技术规范中"计量支付"条款是确定计量方法的依据。监理工程师对已完工程的计量，不能以实际完成的工程量为依据，而是主要以设计图纸为依据。

（三）工程计量的方法

在对工程项目进行计量时，并不是对所有的工程都进行计量，一般只对工程量清单中的全部项目、合同文件中规定的项目和工程变更项目进行计量。根据FIDIC合同条件的规定，工程计量方法如下。

1．均摊法

均摊法就是对清单中某些项目的合同价款，按合同工期平均计量。如：为监理工程师提供宿舍，保养测量设备，维护工地清洁和整洁等。

2．凭据法

凭据法就是按照承包商提供的凭据进行计量支付的方法。如建筑工程险保险费、第三方责任险保险费、履约保证金等项目。

3．估价法

估价法就是按合同文件的规定，根据工程师估算的已完成的工程价值支付的方法。如为工程师提供办公设施和生活设施，为工程师提供的一些仪器设备等。这类清单项目往往要购买几种仪器设备，当承包商对于某一项清单项目中规定购买的仪器设备不能一次购进时，则需采用估价法进行计量支付。

4．断面法

断面法主要用于取土坑或填筑路堤土方的计量。

5．图纸法

图纸法在工程量清单中，许多项目采取按照设计图纸所示的尺寸进行计量。如混凝土构筑物的体积，钻孔桩的桩长等。

6．分解计量法

分解计量法就是将一个项目根据工序或部位分解为若干子项，对完成的各子项进行计量支付。这种计量方法主要是为了解决一些包干项目或较大工程项目的支付时间过长、影响承包商的资金流动等问题。

五、工程变更

工程变更是在工程项目实施过程中，按照合同约定的程序对部分或全部工程在材料、工艺、功能、构造、尺寸、技术指标、工程数量及施工方法等方面做出的改变。建设工程施工合同签订以后，对合同文件中的任何一部分的变更都属于工程变更的范畴。建设单位、设计单位、施工单位和监理单位都可以提出工程变更的要求。在工程建设的过程中，如果对工程变更处理不当，将对工程的投资、进度计划、工程质量造成影响，甚至引发合同的有关方面的纠纷。因此，对工程变更应予以重视，严加控制，并依照法定程序予以解决。

1．处理变更的程序

（1）设计单位对原设计存在的缺陷提出的工程变更，应编制设计变更文件；建设单位或施工单位提出的工程变更，应提交总监理工程师，由总监理工程师组织专业监理工程师审查。审查同意后，应由建设单位转交原设计单位编制设计变更文件。当工程变更涉及安全、环保等内容时，应按规定经有关部门审定。

（2）项目监理机构应了解实际情况和收集与工程变更有关的资料。

（3）总监理工程师必须根据实际情况、设计变更文件和其他有关资料，按照施工合同的有关条款，在指定专业监理工程师完成下列工作后，对工程变更的费用和工期作出评估：

1）确定工程变更项目与原工程项目之间的类似程度和难易程度。

2）确定工程变更项目的工程量。

3）确定工程变更的单价或总价。

（4）总监理工程师应就工程变更费用及工期的评估情况与施工单位和建设单位进行协调。

（5）总监理工程师签发工程变更单。

（6）项目监理机构应根据工程变更单监督施工单位实施。

2. 变更价款的确定

（1）《建设工程施工合同（示范文本）》约定的工程变更价款的确定方法有：

1）合同中已有适用于变更工程的价格，按合同已有的价格变更合同价款。

2）合同中只有类似于变更工程的价格，可以参照类似价格变更合同价款。

3）合同中没有适用或类似于变更工程的价格，由承包人提出适当的变更价格，经监理工程师确认后执行。

（2）FIDIC 合同条件下的变更估价。各项工作变更内容的适宜费率或价格，应为合同对此类工作内容规定的费率或价格，如合同中无某项内容，应采取类似工作的费率或价格。但在以下情况下，宜对有关工作内容采用新的费率或价格。

第一种情况：

1）如果此项工作实际测量的工程量比工程量表或其他报表中规定的工程量的变动大于 10%。

2）工程量的变化与该项工作规定的费率的乘积超过了中标的合同金额的 0.01%。

3）由此工程量的变化直接造成该项工作单位成本的变动超过 1%。

4）这项工作不是合同中规定的"固定费率项目"。

第二种情况：

1）此工作是根据变更与调整的指示进行的。

2）合同中没有此项工作的费率或价格。

3）由于该项工作与合同中的任何工作没有类似的性质或不在类似的条件下进行，故没有一个规定的费率或价格适用。

六、工程索赔

索赔是在建设工程施工合同履行过程中，合同当事人一方因对方违约、过错或者无法防止的外因造成本方合同义务以外的费用支出，或致使本方遭到损失时，通过一定的合法途径和程序，要求对方按合同条款规定给予赔偿或补偿的权利。凡是涉及两方或两方以上的合同协议都可能发生索赔问题。索赔是落实合同当事人双方权利与义务的有效手段，是建设工程施工合同及有关法律赋予当事人的权利，是合同双方保护自己、维护自己正当权益、避免和减少由于对方违约造成经济损失、提高经济效益的手段，是合同法律效力的具体表现。索赔能对违约者起着警戒作用，使其考虑到违约的后果，起着保证合同实施的作用。索赔会导致工程项目投资的变化，所以索赔的控制是建设工程施工阶段投资控制的重要手段。

（一）常见的索赔内容

1. 施工单位向建设单位索赔的内容

（1）不利的自然条件与人为障碍引起的索赔。

（2）工程变更引起的索赔。

（3）工期延期的费用索赔。

（4）加速施工费用的索赔。

（5）建设单位不正当地终止工程引起的索赔。

（6）物价上涨引起的索赔。

（7）法律、货币及汇率变化引起的索赔。

（8）拖延支付工程款的索赔。

（9）建设单位的风险。

（10）不可抗力。

索赔一般包括工期索赔、费用索赔和利润索赔，表 5 - 2 为 FIDIC 合同条件中可以合理补偿施工单位索赔的条款。

表 5 - 2 　　　　　　　FIDIC 合同条件中可以合理补偿施工单位索赔的条款

序号	条款号	主　要　内　容	可补偿内容		
			工期	费用	利润
1	1.3	通信交流	√	√	√
2	1.5	文件的优先次序	√	√	√
3	1.8	文件有缺陷或技术性错误	√	√	√
4	1.9	延误发放图纸或指示	√	√	√
5	1.13	遵守法律	√	√	√
6	2.1	建设单位未能提供施工现场	√	√	√
7	2.3	建设单位人员引起的延误、妨碍	√	√	
8	3.3	工程师的指示	√	√	√
9	4.7	因工程师数据错误，放线错误	√	√	√
10	4.10	建设单位应提供现场数据	√	√	√
11	4.12	不可预见的物质条件	√	√	
12	4.20	建设单位设备和免费供应的材料	√	√	√
13	4.24	遇见文物、古迹	√	√	
14	5.2	指定分包商		√	√
15	7.4	工程师改变规定试验细节或附加试验	√	√	√
16	8.3	进度计划			
17	8.4	竣工时间的延长	√	(√)	(√)
18	8.5	当局引起的工期延误	√		
19	8.9	暂停施工	√	√	
20	10.2	建设单位提前接受或使用部分工程		√	√
21	10.3	工程师对竣工检验干扰	√	√	√
22	11.8	工程师指令承包商调查		√	√
23	12.3	工作测出的数量超过工程量表的 10%	√	√	√

序号	条款号	主　要　内　容	可补偿内容		
			工期	费用	利润
24	12.4	删减		√	
25	13	工程变更	√	√	√
26	13.7	法规改变	√	√	
27	13.8	成本的增减		√	
28	14.8	延误的付款		√	√
29	15.5	建设单位终止合同		√	√
30	16.1	施工单位暂停工作的权利	√	√	√
31	16.4	终止时的付款	√	√	√
32	17.4	建设单位的风险	√	√	(√)
33	18.1	建设单位没有对应投保方投保		√	
34	19.4	不可抗力	√	√	
35	20.1	施工单位的索赔	√	√	√

2. 建设单位向施工单位索赔的内容

指由于施工单位不履行或不完全履行双方签订的建设工程施工合同中约定的义务，或者由于施工单位的行为使建设单位遭受损失时，建设单位根据合同中有关条款的规定，可以向施工单位提出的索赔。

（1）施工单位原因导致工期延误的索赔。

（2）质量不满足合同要求的索赔。

（3）施工单位不履行的保险费用的索赔。

（4）对超额利润的索赔。如果工程量增加很多，使施工单位预期的收入增大，而施工单位并不增加任何固定成本的，合同价应由双方讨论调整，收回部分超额利润；由于法规的变化导致施工单位在工程实施中降低了成本，产生了超额利润，应重新调整合同价格，收回部分超额利润。

（5）对指定分包单位的索赔。在施工单位未能提供已向指定分包单位付款的合理证明时，建设单位可以直接按照监理工程师的证明书，将施工单位未付给指定分包单位的所有款项（扣除保留金）付给这个分包单位，并从应付给施工单位的任何款项中如数扣回。

（6）建设单位合理终止合同或施工单位不正当放弃工程的索赔。

（二）处理索赔的程序

（1）施工单位在施工合同规定的期限内向项目监理机构提交对建设单位的费用索赔意向通知书。

（2）总监理工程师指定专业监理工程师收集与索赔有关的资料。

（3）施工单位在承包合同规定的期限内向项目监理机构提交对建设单位的费用索赔申请表。

（4）总监理工程师初步审查费用索赔申请表，符合费用索赔条件（索赔事件造成了施工施工单位直接经济损失、索赔事件是由于非施工单位的责任发生的）时予以受理。

（5）总监理工程师进行费用索赔审查，并在初步确定一个额度后，与施工单位和建设单位进行协商。

（6）总监理工程师应在施工合同规定的期限内签署费用索赔审批表。

（三）索赔费用的组成

一般施工单位可索赔的具体费用内容如图 5-10 所示。

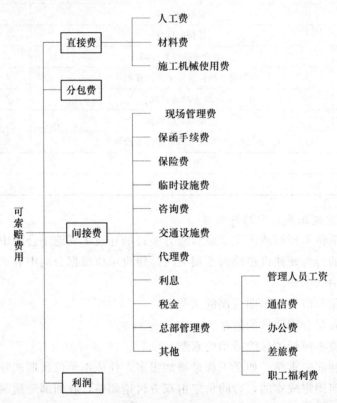

图 5-10　可索赔费用的组成部分

人工费包括增加工作内容的人工费、停工损失费和工作效率降低的损失费等累计，其中增加工作内容的人工费应按照计日工费计算，而停工损失费和工作效率降低的损失费按窝工费计算，窝工费的标准双方应在合同中约定。

设备费可采用机械台班费、机械折旧费、设备租赁费等几种形式。当工作内容增加引起设备费索赔时，设备费的标准按照机械台班费计算。因窝工引起的设备费索赔，当施工机械属于施工企业自有时，按照机械折旧费计算索赔费用。当施工机械是施工企业从外部租赁时，索赔费用的标准按照设备租赁费计算。

管理费包括现场管理费和总部管理费两部分。现场管理费是指施工单位完成额外工程、索赔事项工作以及工期延长期间的施工现场的管理费用，包括管理人员的工资、办公费、交通费等。总部管理费主要是指工程延误期间所增加的公司总部的管理费用。

一般由于工程范围的变更、文件有缺陷或技术性错误、建设单位未能提供现场等引起的索赔，承包商可以列入利润。但对于工程暂停的索赔，由于利润通常是包括在每项实施的工程内容的价格之内的，而延误工期并未影响削减某些项目的实施，而导致利润减少。所以，一般监理工程师很难同意在工程暂停的费用索赔中加进利润损失。索赔利润的款额计算通常是与原报价单中的利润百分率保持一致。即在成本的基础上，增加原报价单中的利润率，作为该项索赔款的利润。

对于规费和税金，工程内容有变更或增加，承包商可以列入相应增加的规费与税金，款额计算通常是与原报价单中的百分率保持一致。其他情况一般不能索赔。

【例 5-1】 某建设单位和施工单位按照《建设工程施工合同（示范文本）》签订了施工合同，合同中约定建筑材料由建设单位提供，由于非施工单位原因造成的停工，机械补偿费为 200 元/台班，人工补偿费为 50 元/工日；总工期为 120 天；竣工时间提前奖励为 3000 元/d，误期损失赔偿费为 5000 元/d。经项目监理机构批准的施工进度计划如图 5-11 所示。

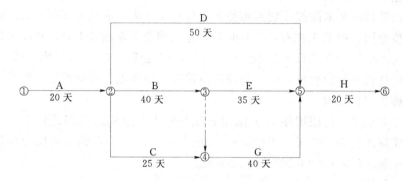

图 5-11 施工总进度计划图

施工过程中发生如下事件：

事件 1：工程进行中，建设单位要求施工单位对某一构件做破坏性试验，以验证设计参数的正确性。该试验需修建两间临时试验用房，施工单位提出建设单位应该支付该项试验费用和试验用房修建费用。建设单位认为，该试验费属建筑安装工程检验试验费，试验用房修建费属建筑安装工程措施费中的临时设施费，该两项费用已包含在施工合同价中。

事件 2：①由于建设单位要求对 B 工作的施工图纸进行修改，致使 B 工作停工 3 天（每停 1 天影响 30 工日，10 台班）；②由于机械租赁单位调度的原因，施工机械未能按时进场，使 C 工作的施工暂停 5 天（每停 1 天影响 40 工日，10 台班）；③由于建设单位负责供应的材料未能按计划到场，E 工作停工 6 天（每停 1 天影响 20 工日，5 台班）。施工单位就上述 3 种情况按正常的程序向项目监理机构提出了延长工期和补偿停工损失的要求。

事件 3：在工程竣工验收时，为了鉴定某个关键构件的质量，总监理工程师建议采用试验方法进行检验，施工单位要求建设单位承担该项试验的费用。

问题 1. 事件 1 中建设单位的说法是否正确？为什么？

问题 2. 逐项说明事件 2 中项目监理机构是否应批准施工单位提出的索赔，说明理由并给出审批结果（写出计算过程）。

问题 3. 事件 3 中试验检验费用应由谁承担?

问题 4. 已知该工程的实际工期为 122 天,分析施工单位应该获得工期提前奖励,还是应该支付误期损失赔偿费。金额是多少?

解:

(1) 建设单位的说法不正确。因为建筑安装工程费用项目组成的检验试验费中不包括构件破坏性试验费;建筑安装工程费中的临时设施费也不包括试验用房修建费用。

(2) 由于建设单位要求对图修改 B 工作停工 3 天,应批准工期延长 3 天,因属建设单位原因且 B 工作处于关键线路上;费用可以索赔。

应补偿停工损失 = 3 天·30 工日·50 元/工日 + 3 天·10 台班·200 元/台班 = 10500 元。

由于机械租赁单位调度原因使 C 工作停工 5 天:工期索赔不予批准,停工损失不予补偿,因属施工单位原因。

由于建设单位材料未能按计划到场使 E 工作停工 6 天:应批准工期延长 1 天,该停工虽属建设单位原因,但 E 工作有 5 天总时差,停工使总工期延长 1 天;费用可以索赔,应补偿停工损失 = 6 天·20 工日·50 元/工日 + 6 天·5 台班·200 元/台班 = 12000 元。

(3) 若构件质量检验合格,试验的费用由建设单位承担;若构件质量检验不合格,试验的费用由施工单位承担。

(4) 由于非施工单位原因使 B 工作和 E 工作停工,造成总工期延长 4 天,计划工期为 120 天,实际工期为 122 天,工期提前 120 + 4 - 122 = 2 天,施工单位应获得工期提前奖励,应得金额:2 天·3000 元/天 = 6000 元。

七、工程结算

(一) 工程价款的主要结算方式

按照财政部、建设部印发的《建设工程价款结算暂行办法》(财建〔2004〕369 号)的规定:

(1) 按月结算与支付。即实行按月支付进度款,竣工后结算的办法。合同工期在两个年度以上的工程,在年终进行工程盘点,办理年度结算。

(2) 分段结算与支付。即当年开工、当年不能竣工的工程按照工程进度,划分不同阶段,支付工程进度款。

当采用分段结算方式时,应在合同中约定具体的工程分段划分,付款周期应与计量周期一致。

(二) 工程预付款

工程预付款是建设工程施工合同订立后由发包人按照合同约定,在正式开工前预先支付给承包人的工程款。它是施工准备和所需要材料、结构件等流动资金的主要来源。发包人应按照合同约定支付工程预付款。支付的工程预付款,按照合同约定在工程进度款中抵扣。当合同对工程预付款的支付没有约定时,按照财政部、建设部印发的《建设工程价款结算暂行办法》(财建〔2004〕369 号)的规定办理:

(1) 工程预付款的额度:包工包料的工程原则上预付比例不低于合同金额(扣除暂列金额)的 10%,不高于合同金额(扣除暂列金额)的 30%;对重大工程项目,按年度工程计划逐年预付。实行工程量清单计价的工程，实体性消耗和非实体性消耗部分应在合同中分别约定预付款比例（或金额）。

（2）工程预付款的支付时间：在具备施工条件的前提下，发包人应在双方签订合同后的一个月内或约定的开工日期前的 7 天内预付工程款。

若发包人未按合同约定预付工程款，承包人应在预付时间到期后 10 天内向发包人发出要求预付的通知，发包人收到通知后仍不按要求预付，承包人可在发出通知 14 天后停止施工，发包人应从约定应付之日起按同期银行贷款利率计算向承包人支付应付预付款的利息，并承担违约责任。

（3）凡是没有签订合同或不具备施工条件的工程，发包人不得预付工程款，不得以预付款为名转移资金。

（三）工程预付款的扣回

工程预付款应该以抵扣的方式陆续扣回，确定起扣点是工程预付款扣回的关键。确定工程预付款起扣点的依据是：未完施工工程所需主要材料和构件的费用等于工程预付款的数额。工程预付款起扣点可按式（5-1）计算：

$$T = P - \frac{M}{N} \hspace{4cm} (5-1)$$

式中：T——起扣点，即工程预付款开始扣回的累计完成工作量金额；

　　　P——承包工程合同总额；

　　　M——工程预付款数额；

　　　N——主要材料、构件所占比重。

（四）工程进度款

《建设工程施工合同（示范文本）》关于工程款的支付也作出了相应的约定："在确认计量结果后 14 天内，发包人应向承包人支付工程款（进度款）"。"发包人超过约定的支付时间不支付工程款（进度款），承包人可向发包人发出要求付款的通知，发包人接到承包人通知后仍不能按要求付款，可与承包人协商签订延期付款协议，经承包人同意后可延期支付。协议应明确延期支付的时间和从计量结果确认后第 15 天起计算应付款的贷款利息"。"发包人不按合同约定支付工程款（进度款），双方又未达成延期付款协议，导致施工无法进行，承包人可停止施工，由发包人承担违约责任"。

1. 工程进度款的计算

工程进度款的计算主要涉及工程量的计量和对应的单价确定方法。工程量应按承包人在履行合同义务过程中实际完成的工程量计量。若发现工程量清单中出现漏项、工程量计算偏差，以及工程变更引起工程量的增减变化应按实调整，正确计量。

单价，分工料单价与综合单价。工料单价是指单位工程分部分项的单价为直接成本单价，按现行计价定额的人工、材料、机械的消耗量及其预算价格确定，其他直接成本、间接成本、利润、税金等按现行计算方法计算。综合单价是指单位工程分部分项工程量的单价是全部费用单价，既包括直接成本，也包括间接成本、利润、税金等一切费用。

承包人应按照合同约定，向发包人递交已完工程量报告。发包人应在接到报告后按合同约定进行核对。承包人应在每个付款周期末，向发包人递交进度款支付申请，并附相应的证明文件。除合同另有约定外，进度款支付申请应包括下列内容：

（1）本周期已完成工程的价款。

（2）累计已完成的工程价款。

（3）累计已支付的工程价款。

（4）本周期已完成计日工金额。

（5）应增加和扣减的变更金额。

（6）应增加和扣减的索赔金额。

（7）应抵扣的工程预付款。

（8）应扣减的质量保证金。

（9）根据合同应增加和扣减的其他金额。

（10）本付款周期实际应支付的工程价款。

2. 工程进度款的支付

发包人在收到承包人递交的工程进度款支付申请及相应的证明文件后，应在合同约定时间内核对和支付工程进度款。发包人未在合同约定时间内支付工程进度款，承包人应及时向发包人发出要求付款的通知。发包人收到承包人通知后仍不按要求付款，可与承包人协商签订延期付款协议，经承包人同意后延期支付。协议应明确延期支付的时间和从付款申请生效后按同期银行贷款利率计算应付款的利息。

【例 5－2】　某建设单位与施工单位按照《建设工程施工合同（示范文本）》签订了施工合同，合同工期 9 个月，合同价 840 万元，各项工作均按最早时间安排且匀速施工，经项目监理机构批准的施工进度计划如图 5－12 所示，施工单位的报价单（部分）见表 5－3。施工合同中约定：预付款按合同价的 20％支付，工程款付至合同价的 50％时开始扣回预付款，3 个月内平均扣回；质量保修金为合同价的 5％，从第 1 个月开始，按月应付款的 10％扣留，扣足为止。

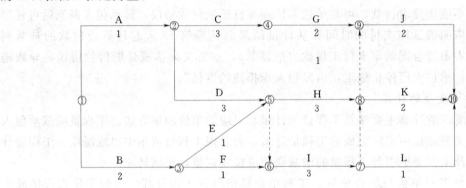

图 5－12　施工进度计划（时间单位：月）

表 5－3　　　　　　　　　　　　　　施工单位报价单（部分）

工作	A	B	C	D	E	F
合价（万元）	30	54	30	84	300	21

问题 1. 开工后前 3 个月施工单位每月应获得的工程款为多少？

问题 2. 工程预付款为多少？预付款从何时开始扣回？开工后前 3 个月总监理工程师每月应签证的工程款为多少？

解：

（1）开工后前 3 个施工单位每月应获得的工程款为

第 1 个月：$30 + 54 \cdot 1/2 = 57$（万元）

第 2 个月：$54 \cdot 1/2 + 30 \cdot 1/3 + 84 \cdot 1/3 = 65$（万元）

第 3 个月：$30 \cdot 1/3 + 84 \cdot 1/3 + 300 + 21 = 359$（万元）

（2）预付款为：840 万元 $\cdot 20\% = 168$（万元）

前 3 个月施工单位累计应获得的工程款：$57 + 65 + 359 = 481$（万元）

$481 > 840 \cdot 50\% = 420$（万元）因此，预付款应从第 3 个月开始扣回。

开工后前 3 个月总监理工程师签证的工程款为：

第 1 个月：$57 - 57 \cdot 10\% = 51.3$（万元）

第 2 个月：$65 - 65 \cdot 10\% = 58.5$（万元）

前 2 个月扣留保险金：$(57 + 65) \cdot 10\% = 12.2$（万元）

应扣保修金总额为：$840 \cdot 5\% = 42.0$（万元）

$$42 - 12.2 = 29.8$$

由于 $359 \cdot 10\% = 35.9 > 29.8$

第 3 个月应签证的工程款为：$359 - 29.8 - 168/3 = 273.2$（万元）

（五）竣工结算

工程竣工验收报告经发包人认可后 28 天内，承包人向发包人递交竣工结算报告及完整的结算资料，双方按照协议书约定的合同价款及专用条款约定的合同价款调整内容，进行工程竣工结算。

专业监理工程师审核承包人报送的竣工结算报表；总监理工程师审定竣工结算报表；并与发包人、承包人协商一致后，签发竣工结算文件和最终的工程款支付证书。对竣工结算的审查，一般从以下几个方面入手：核对合同条款，检查隐蔽验收记录，落实设计变更签证，按图核实工程数量，执行定额单价，防止各种计算误差。

（六）工程保修金的预留和返还

按照国家有关规定，工程进度款支付过程中必须预留质量保修费用，用于确保在工程施工或保修阶段由于承包商原因而发生的修理费用。一般为施工合同价款的 3%。保修金的扣除方法有两种：一是当工程款拨付累计达到合同价的 95% 时停止支付，余款作为保留金；二是从第一次付款起，按中期支付工程款的 10% 扣留，直到累计达到保修金总额时止。发包人在质量保修期后 14 天内，将剩余保修金和利息返还承包商。

（七）工程价款的动态结算

工程价款常用的动态结算有以下几种。

（1）按实际价格结算法。有些地区规定对钢材、木材、水泥等三大材的价格按实际价格结算的方法，工程承包人可凭发票按实报销。此法操作方便，但也导致承包人忽视降低成本。

（2）按主材计算价差。发包人在招标文件中列出需要调整价差的主要材料表及其基期价格，工程竣工结算时按竣工当时当地工程造价管理机构公布的材料信息价或结算价，与招标文件中列出的基期价比较计算材料差价。

（3）主料按抽料法计算价差，其他材料按系数计算价差。主要材料按施工图预算计算的用量和竣工当月当地工程造价管理机构公布的材料结算价或信息价与基价对比计算差价。其他材料按当地工程造价管理机构公布的竣工调价系数计算方法计算差价。

（4）按工程造价管理机构公布的竣工调价系数计算差价。

（5）调值公式法。根据国际惯例，对建设工程已完成投资费用的结算，一般采用此法。事实上，绝大多数情况是发包方和承包方在签订的合同中就明确规定了调值公式。

建筑安装工程费用的价格调值公式中，若施工期内市场价格波动超出一定幅度时，应按合同约定调整工程价款；合同没有约定或约定不明确的，应按省级或行业建设主管部门或其授权的工程造价管理机构的规定调整。

按照国家发改委、财政部、建设部等九部委第56号令发布的标准施工招标文件中的通用合同条款，对物价波动引起的价格调整规定了以下两种方式：

1）采用价格指数调整价格。

$$P = P_0 \left(a_0 + a_1 \frac{A}{A_0} + a_2 \frac{B}{B_0} + a_3 \frac{C}{C_0} + \cdots \right) \tag{5-2}$$

$$a_0 + a_1 + a_2 + a_3 + \cdots = 1$$

式中：　　　　P——调整后的价格；

P_0——合同价款中工程预算进度款；

a_0——定值权重（即不可调部分的权重）；

a_1，a_2，$a_3\cdots$——各可调因子的变值权重（即可调部分的权重），为各可调因子在投标函投标总报价中所占的比例；

A_0，B_0，$C_0\cdots$——各可调因子的基本价格指数，指基准日期的各可调因子的价格指数；

A，B，$C\cdots$——各可调因子的现行价格指数，指约定的付款证书相关周期最后一天的前42天的各可调因子的价格指数。

以上价格调整公式中的各可调因子、定值和变值权重，以及基本价格指数及其来源在投标函附录价格指数和权重表中约定。价格指数应首先采用有关部门提供的价格指数，缺乏上述价格指数时，可采用有关部门提供的价格代替。

2）采用造价信息调整价格差额。施工期内，因人工、材料、设备和机械台班价格波动影响合同价格时，人工、机械使用费按照国家或省、自治区、直辖市建设行政管理部门、行业建设管理部门或其授权的工程造价管理机构发布的人工成本信息、机械台班单价或机械使用费系数进行调整；需要进行价格调整的材料，其单价和采购数应由监理人员复核，监理人员确认需调整的材料单价及数量，作为调整工程合同价格差额的依据。

上述物价波动引起的价格调整中的第1种方法适用于使用的材料品种较少，但每种材料使用量较大的土木工程，如公路、水坝等工程。第2种方法适用于使用的材料品种较多，相对而言，每种材料使用量较小的房屋建筑与装饰工程。

八、投资偏差分析

在确定了投资控制目标之后，为了有效地进行投资控制，监理工程师必须定期地进行投资计划值与实际值的比较，当实际值偏离计划值时，分析产生偏差的原因，采取适当的纠偏措施，以使投资超支尽可能小。

（一）投资偏差分析的有关概念

1. 投资偏差

在投资控制中，投资的实际值与计划值的差异称为投资偏差，即：

$$投资偏差＝已完工程实际投资－已完工程计划投资 \qquad (5-3)$$

结果为正，表示投资超支；结果为负，表示投资节约。

2. 进度偏差

进度偏差对投资偏差分析的结果有重要影响，如果不加考虑就不能正确反映投资偏差的实际情况。例如：某一阶段的投资超支，可能是由于进度超前导致的，也可能由于物价上涨导致。进度偏差可以表示为：

$$进度偏差＝已完工程实际时间－已完工程计划时间 \qquad (5-4)$$

为了与投资偏差联系起来，进度偏差又可以表示为：

$$进度偏差＝拟完工程计划投资－已完工程计划投资 \qquad (5-5)$$

拟完工程计划投资，是指根据进度计划安排在某一确定时间内所应完成的工程内容的计划投资，即：

$$拟完工程计划投资＝拟完工程量（计划工程量）\cdot 计划单价 \qquad (5-6)$$

进度偏差为正值，表示工期拖延；结果为负值表示工期提前。

3. 局部偏差和累计偏差

局部偏差有两层含义：

（1）对于整个项目而言，指各单项工程、单位工程及分部分项工程的投资偏差。

（2）对于整个项目已经实施的时间而言，是指每一控制周期所发生的投资偏差。

局部偏差可使项目投资管理人员清楚地了解偏差发生的时间和所在的单项工程，有利于分析其发生的原因。

累计偏差是一个动态的概念，其数值与具体的时间联系在一起，第一个累计偏差在数值上等于局部偏差，最终的累计偏差就是整个项目的投资偏差。累计偏差的结果更能显示规律性。

4. 绝对偏差和相对偏差

绝对偏差是指投资实际值与计划值比较所得到的差额。相对偏差是指投资偏差的相对数或比例数。从对投资控制工作的要求来看，相对偏差比绝对偏差更有意义。相对偏差计算公式如下：

$$相对偏差＝\frac{绝对偏差}{投资计划值}＝\frac{投资实际值－投资计划值}{投资计划值} \qquad (5-7)$$

5. 投资偏差程度

投资偏差程度是指投资实际值对计划值的偏离程度，其表达式为：

$$投资偏差程度＝\frac{投资实际值}{投资计划值} \qquad (5-8)$$

偏差程度可参照局部偏差和累计偏差分为局部偏差程度和累计偏差程度。注意：累计偏差程度并不等于局部偏差程度的简单相加。具体表达式为：

$$投资局部偏差程度 = \frac{当月投资实际值}{当月投资计划值} \qquad (5-9)$$

$$投资累计偏差程度 = \frac{累计投资实际值}{累计投资计划值} \qquad (5-10)$$

6. 进度偏差程度

$$进度偏差程度 = \frac{已完工程实际时间}{已完工程计划时间} \qquad (5-11)$$

或者

$$进度偏差程度 = \frac{拟完工程计划投资}{已完工程计划投资} \qquad (5-12)$$

（二）投资偏差的分析方法

偏差分析可以采用不同的方法，常用的有横道图法、表格法和曲线法。

1. 横道图法

是用不同的横道标识已完工程计划投资、拟完工程计划投资和已完工程实际投资，横道的长度与其金额成正比例。如图 5-13 所示。

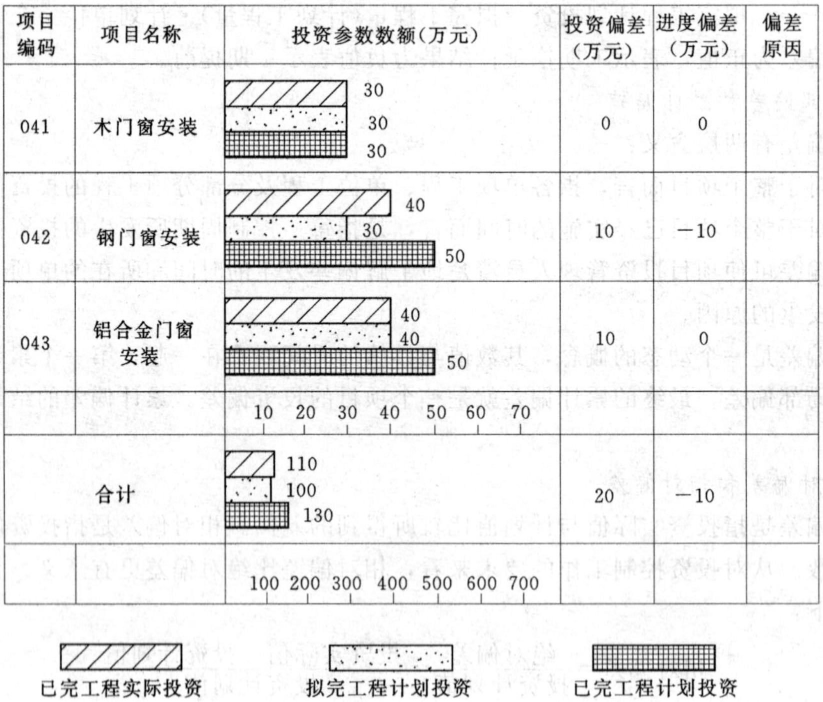

项目编码	项目名称	投资参数数额（万元）	投资偏差（万元）	进度偏差（万元）	偏差原因
041	木门窗安装	30 30 30	0	0	
042	钢门窗安装	40 30 50	10	−10	
043	铝合金门窗安装	40 40 50	10	0	
		10　20　30　40　50　60　70			
合计		110 100 130	20	−10	
		100　200　300　400　500　600　700			

已完工程实际投资　　　拟完工程计划投资　　　已完工程计划投资

图 5-13　横道图法的投资偏差分析

横道图法具有形象、直观、一目了然等优点，它能够准确表达出投资的绝对偏差，而且能一眼感受到偏差的严重性。但是，这种方法反映的信息量少，一般在项目的较高管理层应用。

2. 表格法

表格法是进行偏差分析最常用的一种方法。它将项目编号、名称、各投资参数以及投资偏差数综合归纳入一张表格中，并且直接在表格中进行比较。由于各偏差参数都在表中列出，使得投资管理者能够综合地了解并处理这些数据。如表5-4所示表格法具有灵活、适用性强，信息量大，可借助计算机进行处理等优点。

表5-4　投资偏差分析表

项目编码	(1)	041	042	043
项目名称	(2)	木门窗安装	钢门窗安装	铝合金门窗安装
单位	(3)			
计划单价	(4)			
拟完工程量	(5)			
拟完工程计划投资	(6)=(4)×(5)	30	30	40
已完工程量	(7)			
已完工程计划投资	(8)=(4)×(7)	30	40	40
实际单价	(9)			
其他款项	(10)			
已完工程实际投资	(11)=(7)×(9)＋(10)	30	50	50
投资局部偏差	(12)=(11)－(8)	0	10	10
投资局部偏差程度	(13)=(11)÷(8)	1	1.25	1.25
投资累计偏差	(14)=∑(12)			
投资累计偏差程度	(15)=∑(11)÷∑(8)			
进度局部偏差	(16)=(6)－(8)	0	－10	0
进度局部偏差程度	(17)=(6)÷(8)	1	0.75	1
进度累计偏差	(18)=∑(16)			
进度累计偏差程度	(19)=∑(16)÷(8)			

3. 曲线法

曲线法也叫赢得值法，是用投资累计曲线（S曲线）来进行投资偏差分析的一种方法。如图5-14和图5-15所示。曲线法具有形象、直观的特点，但是无法直接用于定量分析。

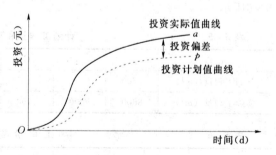

图5-14　投资计划值与实际值曲线

【例5-3】　某工程项目施工合同于2000年12月签订，约定的合同工期为20个月，2001年1月开始正式施工，施工单位按合同工期要求编制了混凝土结构工程施工进度时标网络计划如图5-16所示，并经专业监理工程师审核批准。

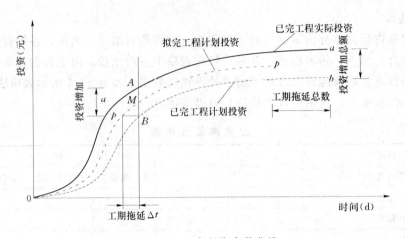

图 5-15 三条投资参数曲线

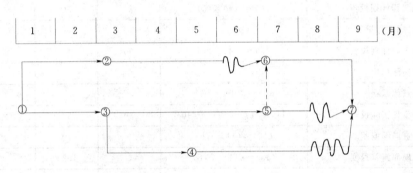

图 5-16 时标网络计划图

该项目的各项工作均按最早开始时间安排，且各工作每月所完成的工程量相等。各工作的计划工程量和实际工程量如表 5-5 所示。工作 D、E、F 的实际工作持续时间与计划工作持续时间相同。

合同约定混凝土结构工程综合单价为 1000 元/m³，按月结算。结算价按项目所在地混凝土结构工程价格指数进行调整，项目实施期间各月的混凝土结构工程价格指数如表 5-6 所示。

表 5-5 　　　　　　　　　　　　　　 计划工程量和实际工程量表

工作	A	B	C	D	E	F	G	H
计划工程量（m³）	8600	9000	5400	10000	5200	6200	1000	3600
实际工程量（m³）	8600	9000	5400	9200	5000	5800	1000	5000

表 5-6 　　　　　　　　　　　　　　　 工 程 价 格 指 数 表

时间	2000 年 12 月	2001 年 1 月	2001 年 2 月	2001 年 3 月	2001 年 4 月	2001 年 5 月	2001 年 6 月	2001 年 7 月	2001 年 8 月	2001 年 9 月
混凝土结构工程价格指数（%）	100	115	105	110	115	110	110	120	110	110

施工期间，由于建设单位原因使工作 H 的开始时间比计划的开始时间推迟 1 个月，并由于工作 H 工程量的增加使该工作的持续时间延长了 1 个月。

问题 1. 请按施工进度计划编制资金使用计划，即计算每月和累计拟完工程的计划投资。

问题 2. 计算工作 H 各月的已完工程计划投资和已完工程实际投资。

问题 3. 计算混凝土结构工程已完工程计划投资和已完工程实际投资。

问题 4. 列式计算 8 月末的投资偏差和进度偏差（用投资额表示）。

解：

（1）将各工作计划工程量与单价相乘后，除以该工作持续时间，得到各工作每月拟完工程计划投资额；将时标网络计划中各工作分别按月纵向汇总得到每月拟完工程计划投资额；逐月累加得到各月累计拟完工程计划投资额。计算结果列于表 5-7 中。

（2）H 工作 6～9 月每月完成工程量为：$\dfrac{5000}{4} = 1250 \ \text{m}^3/\text{月}$

H 工作 6～9 月每月已完工程计划投资为：$1250 \times 1000 = 125$ 万元

H 工作已完工程实际投资分别为：

6 月：$125 \times 110\% = 137.5$ 万元

7 月：$125 \times 120\% = 150.0$ 万元

8 月：$125 \times 110\% = 137.5$ 万元

9 月：$125 \times 110\% = 137.5$ 万元

（3）混凝土结构工程已完工程计划投资和已完工程实际投资的计算结果列于表 5-7 中。

表 5-7　　　　　　　　计 算 结 果　　　　　　　　单位：万元

项　　目	投 资 数 据								
	1	2	3	4	5	6	7	8	9
每月拟完工程计划投资	880	880	690	690	550	370	530	310	
累计拟完工程计划投资	880	1760	2450	3140	3690	4060	4590	4900	
每月已完工程计划投资	880	880	660	660	410	355	515	415	125
累计已完工程计划投资	880	1760	2420	3080	3490	3845	4360	4775	4900
每月已完工程实际投资	1012	924	726	759	451	390.5	618	456.5	137.5
累计已完工程实际投资	1012	1936	2662	3421	3872	4262.5	4880.5	5337	5474.5

（4）投资偏差＝已完工程实际投资－已完工程计划投资＝$5337 - 4775 = 562$ 万元，说明 8 月末超支 562 万元。

进度偏差＝拟完工程计划投资－已完工程计划投资＝$4900 - 4775 = 125$ 万元，说明 8 月末进度拖后 125 万元。

（三）投资偏差形成原因

偏差分析的一个重要目的就是要找出引起偏差的原因，从而有可能采取有针对性的措施，减少或避免相同原因的再次发生。产生投资偏差的原因如图 5-17 所示。

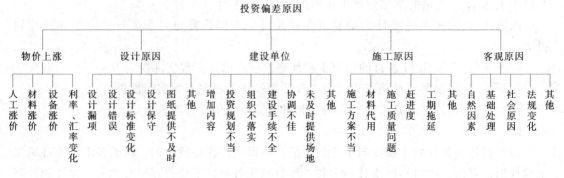

图 5-17　投资偏差原因

（四）纠偏

对偏差原因进行分析的目的是为了有针对性地采取纠偏措施，从而实现投资的动态控制和主动控制。纠偏的措施主要有：组织措施、经济措施、技术措施和合同措施等。

第五节　竣工验收阶段的投资控制

竣工验收是工程项目建设全过程的最后一个程序，是检验、评价建设项目是否按预定的投资意图全面完成工程建设任务的过程，是投资成果转入生产使用的转折阶段。

一、竣工决算和竣工结算

竣工决算应包括从筹建到竣工投产全过程的全部实际费用，包括建筑工程费、安装工程费、设备工器具购置费及预备费和投资方向调节税等费用。竣工决算是建设工程经济效益的全面反映，是项目法人核定各类新增资产价值、办理其交付使用的依据。通过竣工决算，一方面能够正确反映建设工程的实际造价和投资结果；另一方面可以通过竣工决算与概算、预算的对比分析，考核投资控制的工作成效，总结经验教训，积累技术经济方面的基础资料，提高未来建设工程的投资效益。

竣工结算是指施工单位按照合同规定的内容全部完成所承包的工程，经验收质量合格，并符合合同要求之后，向建设单位进行的最终工程价款结算。竣工结算由施工单位的预算部门负责编制。监理工程师应在全面检查验收工程项目质量的基础上，对整个工程项目施工预付款、已结算价款、工程变更费用、合同规定的质量保留金等综合考虑分析计算后，审核施工单位工程尾款结算报告，符合支付条件的，报建设单位进行支付。

竣工决算与竣工结算的区别如表 5-8 所示。

二、新增资产价值的确定

新增资产包括固定资产、无形资产、流动资产和其他资产 4 类。

1. 新增固定资产

新增固定资产价值的计算是以独立发挥生产能力的单项工程为对象的，当单项工程建成经有关部门验收鉴定合格，正式移交生产或使用，即应计算新增固定资产价值。一次交

表 5 - 8	工程竣工结算和工程竣工决算的区别	
区别项目	工程竣工结算	工程竣工决算
编制单位及其部门	施工单位的预算部门	建设单位的财务部门
内容	施工单位承包施工的建筑安装工程的全部费用。它最终反映施工单位完成的施工产值	建设工程从筹建开始到竣工交付使用为止的全部建设费用，它反映建设工程的投资效益
性质和作用	1. 施工单位与建设单位办理工程价款最终结算的依据； 2. 双方签订的建筑安装工程承包合同终结的凭证； 3. 建设单位编制竣工决算的主要材料	1. 建设单位办理交付、验收、动用新增各类资产的依据； 2. 竣工验收报告的重要组成部分

付生产或使用的工程一次计算新增固定资产价值，分期分批交付生产或使用的工程，应分期分批计算新增固定资产价值。

2. 新增无形资产

无形资产是指能使企业拥有某种权利、能为企业带来长期的经济效益，但没有实物形态的资产。无形资产包括专利权、商标权、专有技术、著作权、土地使用权、商誉等。无形资产计价入账后，其价值从收益之日起，在有效使用期内分期摊销。

3. 新增流动资产

新增流动资产依据投资概算核拨的项目铺底流动资金，由建设单位直接移交使用单位。

4. 新增其他资产

其他资产是指除固定资产、无形资产、流动资产以外的资产。形成其他资产原值的费用主要是生产准备费（含职工提前进厂费和培训费），样品样机购置费和农业开荒费等。

思　考　题

1. 什么是工程费用？它由哪些部分组成？

2. 工程费用监理的特点有哪些？

3. 工程费用监理的原则是什么？

4. 工程费用监理的方法有哪些？

5. 费用监理的主要内容是什么？

6. 什么是工程量清单与清单工程量？

7. 工程量清单的内容有哪些？

8. 什么是工程计量？工程计量的必要性是什么？

9. 工程计量的条件是什么？

10. 工程计量的原则是什么？工程计量的方法有哪些？

11. 工程费用支付中的职责与权力有哪些？

12. 工程费用支付的种类有哪些？
13. 工程费用支付的程序是什么？
14. 什么是工程变更？其类型有哪些？
15. 索赔成立的条件有哪些？
16. 承包商违约导致合同中止，费用如何支付？

第六章　建设工程合同管理

第一节　建设工程合同管理的法律基础

一、合同法律关系

（一）合同法律关系的概念

法律关系是一定的社会关系在相应法律规范的调整下形成的权利义务关系。法律关系的实质，是法律关系主体之间存在的特定的权利义务关系。合同法律关系是一种重要的法律关系。

合同法律关系是指由合同法律规范所调整的、在民事流转过程中所产生的权利义务关系。合同法律关系包括合同法律关系主体、合同法律关系客体、合同法律关系内容三个要素。

（二）合同法律关系主体

合同法律关系主体，是参加合同法律关系，享有相应权利、承担相应义务的当事人。合同法律关系的主体可以是自然人、法人、其他组织。

1. 自然人

作为合同法律关系主体的自然人，必须具有相应的民事权利能力和民事行为能力。我国《民法通则》规定，公民从出生时起到死亡时止，具有民事权利能力，依法享有民事权利，承担民事义务。

2. 法人

法人是具有民事权利能力和民事行为能力，依法独立享有民事权利和承担民事义务的组织。法人的民事权利能力和民事行为能力，从法人成立时产生，到法人终止时消灭。

法人应当具备的条件包括：依法成立；有必要的财产或者经费；有自己的名称、组织机构和场所；能够独立承担民事责任。法人必须能够以自己的财产或者经费承担在民事活动中的债务，在民事活动中给其他主体造成损失时能够承担赔偿责任。依照法律或者法人组织章程规定，代表法人行使职权的负责人，是法人的法定代表人。

3. 其他组织

法人以外的其他组织也可以成为民事法律行为的主体，如企业之间或者企业、事业单位之间联营，共同经营、不具备法人条件的，由联营各方按照出资比例或者协议的约定，以各自所有的或者经营管理的财产承担民事责任。

（三）合同法律关系的客体

合同法律关系的客体，是指参加合同法律关系的主体享有的权利和承担的义务所共同指向的对象。合同法律关系的客体主要包括物、行为、智力成果。

1. 物

法律意义上的物是指可为人们控制、并具有经济价值的生产资料和消费资料，可分为动产、不动产、流通物与限制流通物、特定物与种类物等。如建筑材料、工程设备、建筑物等都可能成为合同法律关系的客体。

2. 行为

法律意义上的行为是指人的有意识活动。在合同法律关系中，行为多表现为完成一定的工作，如勘察设计、施工安装等，这些行为都可能成为合同法律关系的客体。

3. 智力成果

智力成果是通过人的智力活动所创造出的精神成果，包括知识产权、技术秘密及在特定情况下的公知技术。如专利权、计算机软件等。都可能成为合同法律关系的客体。

（四）合同法律关系的内容

合同法律关系的内容是指合同约定和法律规定的权利和义务。权利是指合同法律关系主体在法定范围内，按照合同约定有权按照自己的意志做出某种行为。当权利受到侵害时，有权得到法律保护。义务是指合同法律关系主体必须按法律规定或约定承担应负的责任。义务和权利是相互对应的，相应主体应自觉履行相对应的义务。否则，义务人应承担相应的法律责任。

（五）民事法律行为的产生

民事法律行为是公民或者法人设立、变更、终止民事权利和民事义务的合法行为。民事法律主体的权利、义务关系成立生效之日起，民事法律关系随之产生。民事法律行为成立的条件有：行为主体具有民事权利能力和民事行为能力；行为人的意思表示真实；行为内容合法；行为形式合法。

二、民事代理的基本概念

（一）代理的概念

代理是代理人在代理权限内，以被代理人的名义实施民事法律行为。被代理人对代理人的代理行为，承担民事责任。公民、法人可以通过代理人实施民事法律行为。依照法律规定或者按照双方当事人约定，应当由本人实施的民事法律行为，不得代理。

（二）代理的种类

以代理权产生的依据不同，可将代理分为委托代理、法定代理和指定代理。

1. 委托代理

委托代理，是基于被代理人对代理人的委托授权行为而产生的代理。委托代理人按照被代理人的委托行使代理权。授予代理权的形式，可以用书面形式，也可以用口头形式。如果法律法规规定应当采用书面形式的，则应当采用书面形式。书面委托代理的授权委托书应当载明代理人的姓名或者名称、代理事项、权限和期间，并由委托人签名或盖章。当事人依法可以委托代理人订立合同。

建设工程中涉及的代理一般为委托代理，通常采用书面形式授予代理权。如项目经理作为施工企业的代理人，总监理工程师作为监理单位的代理人等。

2. 法定代理

法定代理是指依照法律的直接规定而产生的代理权。法定代理人依照法律的规定行使代理权。

3. 指定代理

指定代理，是根据人民法院和有关单位的指定而产生的代理。指定代理人按照人民法院或者指定单位的指定行使代理权。

（三）代理的民事责任

委托书授权不明的，被代理人应当向第三人承担民事责任，代理人负连带责任。没有代理权、超越代理权或者代理权终止后的行为，只有经过被代理人的追认，被代理人才承担民事责任。未经追认的行为，由行为人承担民事责任。本人知道他人以本人名义实施民事行为而不作否认表示的，视为同意。代理人不履行职责而给被代理人造成损害的，应当承担民事责任。代理人和第三人串通、损害被代理人的利益的，由代理人和第三人负连带责任。第三人知道行为人没有代理权、超越代理权或者代理权已终止还与行为人实施民事行为给他人造成损害的，由第三人和行为人负连带责任。代理人知道被委托代理的事项违法仍然进行代理活动的，或者被代理人知道代理人的代理行为违法不表示反对的，由被代理人和代理人负连带责任。委托代理人为被代理人的利益需要转托他人代理的，应当事先取得被代理人的同意。

（四）无权代理

无权代理是指行为人没有代理权而以他人名义进行民事、经济活动。无权代理包括：没有代理权而实施代理行为；超越代理权限实施代理行为；代理权终止而实施代理行为。

（五）代理权的终止

1. 有下列情形之一的，委托代理终止：

（1）代理期间届满或者代理事务完成。

（2）被代理人取消委托或者代理人辞去委托。

（3）代理人死亡。

（4）代理人丧失民事行为能力。

（5）作为被代理人或者代理人的法人终止。

2. 有下列情形之一的，法定代理或者指定代理终止：

（1）被代理人取得或者恢复民事行为能力。

（2）被代理人或者代理人死亡。

（3）代理人丧失民事行为能力。

（4）指定代理的人民法院或者指定单位取消指定。

（5）由其他原因引起的被代理人和代理人之间的监护关系消灭。

三、合同担保

（一）担保的概念及方式

担保是指当事人根据法律规定或者双方约定，为促使债务人履行债务实现债权人的权利的法律制度。担保通常由当事人双方订立担保合同。担保合同是被担保合同的从合同，被担保合同是主合同，主合同无效，从合同也无效。但担保合同另有约定的按照约定。

《担保法》规定的担保方式为保证、抵押、质押、留置和定金。保证是指保证人和债权人约定，当债务人不履行债务时，保证人按照约定履行债务或者承担责任的行为。保证法律关系至少有三方参加，即保证人、被保证人（债务人）和债权人。

抵押是指债务人或者第三人向债权人以不转移占有的方式提供一定的财产作为抵押物，用以担保债务履行的担保方式。债务人不履行债务时，债权人有权依照法律规定以抵押物折价或者从变卖抵押物的价款中优先受偿。其中债务人或者第三人称为抵押人，债权人称为抵押权人，提供担保的财产为抵押物。

质押是指债务人或者第三人将其动产或权力移交债权人占有，用以担保债权履行的担保。质押后，当债务人不能履行债务时，债权人依法有权就该动产或权利优先得到清偿。债务人或者第三人为出质人，债权人为质权人，移交的动产或权利为质物。质权是一种约定的担保物权，以转移占有为特征。

留置是指债权人按照合同约定占有对方（债务人）的财产，当债务人不能按照合同约定期限履行债务时，债权人有权依照法律规定留置该财产并享有处置该财产得到优先受偿的权利。

定金是指当事人双方为了担保债务的履行，约定由当事人一方先行支付给对方一定数额的货币作为担保。

（二）建设工程中的保证

在建设工程的过程中，保证是最为常用的一种担保方式。保证这种担保方式必须由第三人作为保证人，由于对保证人的信誉要求比较高，建设工程中的保证人往往是银行，也可能是信用较高的其他担保人，如担保公司。这种保证应当是采用书面形式的。在建设工程中习惯把银行出具的保证称为保函，而把其他保证人出具的书面保证称为保证书。

1. 施工投标保证

施工项目的投标担保应当在投标时提供，担保方式可以是由投标人提供一定数额的保证金；也可以提供第三人的信用担保（保证），一般是由银行或者担保公司向招标人出具投标保函或者投标保证书。在下列情况下可以没收投标保证金或要求承保的担保公司或银行支付投标保证金：

（1）投标人在投标有效期内撤销投标书。

（2）投标人在业主已正式通知他的投标已被接受中标后，在投标有效期内未能或拒绝按"投标人须知"规定，签订合同协议或递交履约保函。

投标保证的有效期限一般是从投标截止日起到确定中标人止。若由于评标时间过长，而使保证到期，招标人应当通知投标人延长保函或者保证书有效期。投标保函或者保证书在评标结束之后应退还给投标人，一般有两种情况：

（1）未中标的投标人可向招标人索回投标保函或者保证书，以便向银行或者担保公司办理注销或使押金解冻。

（2）中标的投标人在签订合同时，向业主提交履约担保，招标人即可退回投标保函或者保证书。

2. 施工合同的履约保证

施工合同的履约保证是为了保证施工合同的顺利履行而要求承包人提供的担保。《招标投标法》第 46 条规定："招标文件要求中标人提交履约保证金的，中标人应当提交。"在建设项目的施工招标中，履约担保的方式可以是提交一定数额的履约保证金；也可以提供第三人的信用担保（保证），一般是由银行或者担保公司向招标人出具履约保函或者保证书。

履约保函或者保证书是承包人通过银行或者担保公司向发包人开具的保证，在合同执行期间按合同规定履行其义务的经济担保书。保证金额一般为合同总额的 $5\%\sim10\%$。履约保证的担保责任，主要是担保投标人中标后，将按照合同规定，在工程全过程，按期限按质量履行其义务。若发生下列情况，发包人有权凭履约保证向银行或者担保公司索取保证金作为赔偿：

（1）施工过程中，承包人中途毁约，或任意中断工程，或不按规定施工。

（2）承包人破产，倒闭。

履约保证的有效期限从提交履约保证起，到项目竣工并验收合格止。如果工程拖期，不论何种原因，承包人都应与发包人协商，并通知保证人延长保证有效期，防止发包人借故提款。

3．施工预付款保证

由于建设工程施工中承包人是不垫资承包的，因此，发包人一般应向承包人支付预付款，帮助承包人解决前期施工资金周转的困难。预付款担保，是承包人提交的、为保证返还预付款的担保。预付款担保都是采用由银行出具保函的方式提供。

预付款保证的有效期从预付款支付之日起至发包人向承包人全部收回预付款之日止。担保金额应当与预付款金额相同，预付款在工程的进展过程中每次结算工程款（中间支付）分次返还时，经发包人出具相应文件担保金额也应当随之减少。

四、工程保险

建设工程由于涉及的法律关系较为复杂，风险也较为多样，因此，建设工程涉及的险种也较多。主要包括：建筑工程一切险（及第三者责任险）、安装工程一切险（及第三者责任险）、机器损坏险、机动车辆险、人身意外伤害险、货物运输险等。但狭义的工程险则是针对工程的保险，则只有建筑工程一切险（及第三者责任险）和安装工程一切险（及第三者责任险），其他险种则并非专门针对工程的保险。

概述建筑工程一切险是承保各类民用、工业和公用事业建筑工程项目，包括道路、桥梁、水坝、港口等，在建造过程中因自然灾害或意外事故而引起的一切损失的险种。建设工程一切险往往还加保第三者责任险。第三者责任险是指凡在工程期间的保险有效期内因在工地上发生意外事故造成在工地及邻近地区的第三者人身伤亡或财产损失，依法应由被保险人承担的经济赔偿责任。安装工程一切险是承保安装机器、设备、储油罐、钢结构工程、起重机、吊车以及包含机械工程因素的各种建造工程的险种。

五、合同的公证与鉴证

合同公证是指国家公证机关根据当事人双方的申请，依法对合同的真实性与合法性进行审查并予以确认的一种法律制度。合同鉴证是指合同管理机关根据当事人双方的申请对其所签订的合同进行审查，以证明其真实性和合法性，并督促当事人双方认真履行的法律制度。

合同公证与鉴证的相同点有：除另有规定外都实行自愿申请原则；内容和范围相同；目的都是为了证明合同的合法性与真实性。

合同公证与鉴证的不同点有：性质不同、效力不同以及法律效力的适用范围不同。性质不同，合同鉴证是工商行政管理机关的行政管理行为，而合同公证是司法行政管理机关领导下的公证机关作出的司法行政行为。效力不同，经过公证的合同，其法律效力高于经过鉴证的合同。法律效力的适用范围不同，公证作为司法行政行为按照国际惯例在我国域内和域外都有法律效力，而鉴证作为行政管理行为，其效力只能限于我国国内。

第二节 合同法律制度

一、合同的概念

合同是平等主体的自然人、法人、其他组织之间设立、变更、终止民事权利义务关系的协议。

在市场经济中，财产的流转主要依靠合同。特别是对于工程项目，标的大、履行时间长、协调关系多时，合同尤为重要。因此，建筑市场中的各方主体，包括建设单位、勘察设计单位、施工单位、咨询单位、监理单位、材料设备供应单位等都要依靠合同确立相互之间的关系。

合同中所确立的权利和义务，必须是当事人依法可以享有的权利和能够承担的义务，这是合同具有法律效力的前提。

合同的订立应该是平等、自愿、公平、诚信及合法的。合同当事人的法律地位平等，一方不得将自己的意志强加给另一方。合同是平等的双方各自确定履行的义务、承担相应的责任。当事人依法享有自愿订立合同的权利，任何单位和个人不得非法干预。当事人应当遵循公平原则确定各方的权利和义务。当事人行使权利、履行义务应当遵循诚实信用原则。当事人订立、履行合同，应当遵守法律、行政法规，尊重社会公德，不得扰乱社会经济秩序，损害社会公共利益。合法，包括合同主体资格合法、合同形式合法、合同内容合法。

二、合同的订立

1. 合同的内容

合同的内容主要包括：当事人的名称或者姓名和住所，标的，数量，质量，价款或者报酬，履行的期限、地点和方式，违约责任，解决争议的方法等。但建设工程合同的内容往往比较复杂，合同中的内容往往并不全部在狭义的合同文本中，如有些内容反映在工程量表中，有些内容反映在当事人约定采用的质量标准中。

合同的形式是当事人意思表示一致的外在表现形式。合同的形式可分为书面形式、口头形式和其他形式。《合同法》规定建设工程合同应当采用书面形式。

2. 要约与承诺

建设工程合同的订立需要通过要约、承诺。

要约是希望和他人订立合同的意思表示。提出要约的一方为要约人，接受要约的一方为受要约人。要约邀请是希望他人向自己发出要约的意思表示。如想取消要约，可以在要约发生法律效力之前进行取消，称为要约撤回；也可以在要约发生法律效力之后进行取消，称为要约撤销。要约人要撤回要约，应保证撤回要约的通知在要约到达受要约人之前或同时到达受要约人。要约人要撤销要约，应保证撤销要约的通知在受要约人发出承诺通知之前到达受要约人。若出现以下两种情况，要约不得撤销：第一，要约人确定承诺期限或者以其他形式明示要约不可撤销；第二，受要约人有理由认为要约不可撤销，并已经为履行合同做了准备工作。《合同法》规定，要约到达受要约人时生效。

承诺是受要约人作出的同意要约的意思表示。承诺必须由受要约人发出，且只能向要约人发出，承诺的内容应当与要约的内容一致，承诺必须在承诺期限内发出。在建设工程合同的订立过程中，招标人发出中标通知书的行为是承诺。因此，作为中标通知书必须由招标人向投标人发出，并且其内容应当与招标文件、投标文件的内容一致。承诺必须以明示的方式，在要约规定的期限内作出。受要约人在承诺期限内发出承诺，按照通常情形能够及时到达要约人，但因其他原因承诺到达要约人时超过承诺期限的，除要约人及时通知受要约人因承诺超过期限不接受该承诺的以外，该承诺有效。承诺可以撤回，这是承诺人阻止或者消灭承诺发生法律效力的意思表示，撤回承诺的通知应当在承诺通知到达要约人之前或者与承诺通知同时到达要约人。《合同法》规定，承诺到达要约人时生效。

3. 缔约过失责任

缔约过失责任是指在合同缔结过程中，当事人一方或双方因自己的过失而致合同不成立、无效或被撤销，应对信赖其合同为有效成立的相对人赔偿基于此项信赖而发生的损害。缔约过失责任既不同于违约责任，也有别于侵权责任，是一种独立的责任。

缔约过失责任是针对合同尚未成立应当承担的责任，其成立应具备的条件包括：缔约一方受到损失；缔约当事人有过错；合同尚未成立；缔约当事人的过错行为与该损失之间有因果关系。

应该承担缔约过失责任的情况有：假借订立合同，恶意进行磋商；故意隐瞒与订立合同有关的重要事实或提供虚假情况；有其他违背诚实信用原则的行为；违反缔约中的保密义务。

三、合同的效力

合同生效是指合同对双方当事人的法律约束力的开始。合同成立后，必须具备相应的法律条件才能生效，否则合同无效。合同生效应当具备当事人具有相应的民事权利能力和民事行为能力、意思表示真实、不违反法律或者社会公共利益的条件。依法成立的合同，自成立时生效。

无效合同是指当事人违反了法律规定的条件而订立的，国家不承认其效力，不给予法律保护的合同。无效的合同或者被撤销的合同自始没有法律约束力。合同部分无效，不影响其他部分效力的，其他部分仍然有效。合同无效、被撤销或者终止的，不影响合同中独立存在的有关解决争议方法的条款的效力。

在建设工程领域中，无效建设工程合同的确认权为人民法院或仲裁机构。合同无效或者被撤销后，因该合同取得的财产，应当予以返还；不能返还或者没有必要返还的，应当折价补偿。有过错的一方应当赔偿对方因此所受到的损失，双方都有过错的，应当各自承担相应的责任。当事人恶意串通，损害国家、集体或者第三人利益的，因此取得的财产收归国家所有或者返还集体、第三人。

四、合同的履行、变更、转让、终止和解除

合同履行，是指合同各方当事人按照合同的规定，全面履行各自的义务，实现各自的权利，使各方的目的得以实现的行为。合同的履行应该全面、诚实守信。合同变更是指当事人对已经发生法律效力，但尚未履行或者尚未完全履行的合同，进行修改或补充所达成的协议。《合同法》规定，当事人协商一致可以变更合同。合同转让是指合同一方将合同的权利、义务全部或部分转让给第三人的法律行为。

合同终止指当事人之间根据合同确定的权利义务在客观上不复存在，据此合同不再对双方具有约束力。合同终止是随着一定法律事实发生而发生的，与合同中止不同之处在于，合同中止只是在法定的特殊情况下，当事人暂时停止履行合同，当这种特殊情况消失以后，当事人仍然承担继续履行的义务；而合同终止是合同关系的消灭，不可能恢复。按照《合同法》的规定，有下列情形之一的，合同的权利义务终止：债务已经按照约定履行；合同解除；债务相互抵消；债务人依法将标的物提存；债权人免除债务；债权债务同归于一人；法律规定或者当事人约定终止的其他情形。

合同解除是指对已经发生法律效力、但尚未履行或者尚未完全履行的合同，因当事人一方的意思表示或者双方的协议而使债权债务关系提前归于消灭的行为。合同解除后，尚未履行的，终止履行；已经履行的，根据履行情况和合同性质，当事人可以要求恢复原状、采取其他补救措施，并有权要求赔偿损失。合同的权利义务终止，不影响合同中结算和清理条款的效力。

五、违约责任

违约责任，是指当事人任何一方不履行合同义务或者履行合同义务不符合约定而应当承担的法律责任。违约行为的表现形式包括不履行和不适当履行。不履行是指当事人不能履行或者拒绝履行合同义务。不能履行合同的当事人一般也应承担违约责任。不适当履行则包括不履行以外的其他所有违约情况。当事人一方不履行合同义务，或履行合同义务不符合约定的，应当承担继续履行、采取补救措施或者赔偿损失等违约责任。当事人双方都违反合同的，应各自承担相应的责任。

承担违约责任的方式有继续履行、采取措施进行补救、赔偿相应的损失、支付违约金或扣除定金。

因不可抗力不能履行合同的，根据不可抗力的影响，部分或全部免除责任。当事人延迟履行后发生的不可抗力，不能免除责任。当事人因不可抗力不能履行合同的，应当及时通知对方，以减轻给对方造成的损失，并应当在合理的期限内提供证明。

六、合同争议的解决

合同争议也称合同纠纷，是指合同当事人对合同规定的权利和义务产生了不同的理解。合同争议的解决方式有和解、调解、仲裁、诉讼四种。在这四种解决争议的方式中，和解和调解的结果没有强制执行的法律效力，要靠当事人的自觉履行。当然，这里所说的和解和调解是狭义的，不包括仲裁和诉讼程序中在仲裁庭和法院的主持下的和解和调解。这两种情况下的和解和调解属于法定程序，其解决方法仍有强制执行的法律效力。

仲裁是当事人双方在争议发生前或争议发生后达成协议，自愿将争议交给第三者作出裁决，并负有自动履行义务的一种解决争议的方式。这种争议解决方式必须是自愿的，因

此必须有仲裁协议。如果当事人之间有仲裁协议，争议发生后又无法通过和解和调解解决，则应及时将争议提交仲裁机构仲裁。

诉讼是指合同当事人依法请求人民法院行使审判权，审理双方之间发生的合同争议，作出有国家强制保证实现其合法权益、从而解决纠纷的审判活动。合同双方当事人如果未约定仲裁协议，则只能以诉讼作为解决争议的最终方式。

第三节　建设工程招标管理及各阶段合同管理

一、招标投标法律制度概述

1. 基本概念

招标投标是市场经济条件下进行大宗货物的买卖、工程建设项目的发包与承包，以及服务项目的采购与提供时，所采用的一种交易方式。

工程项目的建设以招标投标的方式选择实施单位，是运用竞争机制来体现价值规律的科学管理模式。工程招标指招标人用招标文件将委托的工作内容和要求告之有兴趣参与竞争的投标人，让他们按规定条件提出实施计划和价格，然后通过评审比较选出信誉可靠、技术能力强、管理水平高、报价合理的可信赖单位（设计单位、监理单位、施工单位、供货单位），以合同形式委托其完成。各投标人依据自身能力和管理水平，按照招标文件规定的统一要求投标，争取获得实施资格。属于要约和承诺特殊表现形式的招标与投标是合同的形成过程，招标人与中标人签订明确双方权利义务的合同。招标投标制是实现项目法人责任制的重要保障措施之一。

招标投标活动属于当事人在法律规定范围内自主进行的市场行为，但必须接受政府行政主管部门的监督。

2. 招标范围

《中华人民共和国招标投标法》规定任何单位和个人不得将必须进行招标的项目化整为零或者以其他任何方式规避招标。如果发生此类情况，有权责令改正，可以暂停项目执行或者暂停资金拨付，并对单位负责人或其他直接责任人依法给予行政处分或纪律处分。《中华人民共和国招标投标法》要求，属于必须以招标方式进行工程项目建设及与建设有关的设备、材料等采购总体范畴包括：

（1）大型基础设施、公用事业等关系社会公共利益、公众安全的项目。

（2）国家投资、融资的项目。

（3）使用国际组织或者外国政府贷款、援助资金的项目。

依据《中华人民共和国招标投标法》的基本原则，国家计委颁布了《工程建设项目招标范围和规模标准规定》，对必须招标的范围作出了进一步细化的规定。要求各类工程项目的建设活动，达到下列标准之一者，必须进行招标：

（1）施工单项合同估算价在200万元人民币以上。

（2）重要设备、材料等货物的采购，单项合同估算价在100万元人民币以上。

（3）勘察、设计、监理等服务的采购，单项合同估算价在50万元人民币以上。

为了防止将应该招标的工程项目化整为零规避招标，即使单项合同估算价低于上述三项规定的标准，但项目总投资在 3000 万元人民币以上的勘察、设计、施工、监理以及与工程建设有关的重要设备、材料等的采购，也必须采用招标方式委托工作任务。依法必须进行招标的项目，全部使用国有资金投资或者国有资金投资占控股或者主导地位的，应当公开招标。

可以不进行招标的范围。按照规定，属于下列情形之一的，可以不进行招标，采用直接委托的方式发包建设任务：

（1）涉及国家安全、国家秘密的工程。

（2）抢险救灾工程。

（3）利用扶贫资金实行以工代赈、需要使用农民工等特殊情况。

（4）建筑造型有特殊要求的设计。

（5）采用特定专利技术、专有技术进行勘察、设计或施工。

（6）停建或者缓建后恢复建设的单位工程，且承包人未发生变更的。

（7）施工企业自建自用的工程，且该施工企业资质等级符合工程要求的。

（8）在建工程追加的附属小型工程或者主体加层工程，且承包人未发生变更的。

（9）法律、法规、规章规定的其他情形。

3. 招标方式

为了规范招标投标活动，保护国家利益和社会公共利益以及招投标活动当事人的合法权益，《中华人民共和国招标投标法》规定招标方式分为公开招标和邀请招标两大类。

公开招标是指招标人通过新闻媒体发布招标公告，凡具备相应资质符合招标条件的法人或组织不受地域和行业限制均可申请投标。公开招标的优点是，招标人可以在较广的范围内选择中标人，投标竞争激烈，有利于将工程项目的建设交予可靠的中标人实施并取得有竞争性的报价。但其缺点是，由于申请投标人较多，一般要设置资格预审程序，而且评标的工作量也较大，所需招标时间长、费用高。

邀请招标是指招标人向预先选择的若干家具备相应资质、符合招标条件的法人或组织发出邀请函，将招标工程的概况、工作范围和实施条件等作出简要说明，请他们参加投标竞争。邀请对象的数目以 5～7 家为宜，但不应少于 3 家。被邀请人同意参加投标后，从招标人处获取招标文件，按规定要求进行投标报价。邀请招标的优点是：不需要发布招标公告和设置资格预审程序，节约招标费用和省时间；由于对投标人以往的业绩和履约能力比较了解，减小了合同履行过程中承包方违约的风险。邀请招标的缺点是：由于邀请范围较小选择面窄，可能排斥了某些在技术或报价上有竞争实力的潜在投标人，因此投标竞争的激烈程度相对较差。

4. 招标程序

招标是招标人选择中标人并与其签订合同的过程，而投标则是投标人力争获得实施合同的竞争过程，招标人和投标人均需遵循招投标法律和法规的规定进行招标投标活动。按照招标人和投标人参与程度，可将招标过程粗略划分成招标准备阶段、招标投标阶段和决标成交阶段。

招标准备阶段的工作由招标人单独完成，投标人不参与。主要工作包括：确定发包范围、确定招标的内容及次数、确定合同的计价方式、选择招标方式；招标人向建设行政主管部门办理申请招标手续，办理招标备案；编制招标有关文件。

公开招标时，从发布招标公告开始，若为邀请招标，则从发出投标邀请函开始，到投标截止日期为止的期间称为招标投标阶段。在此阶段，招标人应做好招标的组织工作，投标人则按招标有关文件的规定程序和具体要求进行投标报价竞争。招标投标阶段具体工作内容包括：发布招标公告、资格预审、编制招标文件、组织投标人进行现场考察和解答投标人质疑。

从开标日到签订合同这一期间称为决标成交阶段，是对各投标书进行评审比较，最终确定中标人的过程。该阶段主要工作包括：开标、评标和定标。

二、勘察设计招标投标及合同管理

1. 勘察设计招标投标

勘察招标的目的是为进行建设项目的可行性研究立项选址和设计工作提供现场的实际资料，有时可能还要包括某些科研工作内容。勘察任务可以单独发包给具有相应资质的勘察单位实施，也可将其包括在设计招标任务中。由于勘察工作所取得的工程项目所需技术基础资料是设计的依据，必须满足设计的需要，因此将勘察任务包括在设计招标的发包范围内，由有相应能力的设计单位完成或由其再去选择承担勘察任务的分包单位，对招标人较为有利。勘察设计总承包与分为两个合同分别承包比较，不仅在合同履行过程中招标人与监理可以摆脱实施过程中可能遇到的协调义务，而且能使勘察工作直接根据设计需要进行，满足设计对勘察资料精度、内容和进度的要求，必要时还可以进行补充勘察工作。

一般工程项目的设计分为初步设计和施工图设计两个阶段进行，对技术复杂而又缺乏经验的项目，在必要时还要增加技术设计阶段。为了保证设计指导思想连续地贯彻于设计的各个阶段，一般多采用技术设计招标或施工图设计招标，不单独进行初步设计招标，由中标的设计单位承担初步设计任务。招标人应依据工程项目的具体特点决定发包的工作范围，可以采用设计全过程总发包的一次性招标，也可以选择分单项或分专业的发包招标。

2. 勘察设计合同管理

订立勘察合同时，双方通过协商，应该根据工程项目的特点，在相应条款中明确的内容包括：发包人应提供的勘察依据文件和资料；确定委托任务的工作范围；确定合同工期；确定勘察费用；发包人应为勘察人提供的现场工作条件；确定违约责任以及合同争议的最终解决方式、约定仲裁委员会名称。

订立设计合同时，双方通过协商，应该根据工程项目的特点，在相应条款中明确的内容包括：发包人应提供的设计依据文件和资料；确定委托任务的工作范围；确定设计人交付设计资料的时间；确定设计费用；发包人应为设计人提供的现场服务；确定违约责任以及合同争议的最终解决方式。

勘察设计合同成立后，当事人双方均需按照诚实信用原则和全面履行原则完成合同约定的本方义务。如发生违约，违约方应承担相应责任。

三、建设工程监理招标投标及合同管理

（一）建设工程监理招标投标

监理招标的标的是"监理服务"，与工程项目建设中其他各类招标的最大区别表现为监理单位不承担物质生产任务，只是受招标人委托对生产建设过程提供监督、管理、协

调、咨询等服务。鉴于标的具有的特殊性，招标人选择中标人的基本原则是"基于能力的选择"。

选择监理单位一般采用邀请招标，且邀请数量以 3～5 家为宜。监理招标发包的工作内容和范围，可以是整个工程项目的全过程，也可以是监理招标人与其他人签订的一个或几个合同的履行。监理招标实际上是征询投标人实施监理工作的方案建议。

（二）建设工程监理合同管理

1. 监理合同的特点

监理合同就是建设工程委托监理合同，是指委托人与监理人就委托的工程项目管理内容签订的明确双方权利、义务的协议。监理合同是委托合同的一种，除具有委托合同的共同特点外，还具有以下特点：

（1）监理合同的当事人双方应当是具有民事权力能力和民事行为能力、取得法人资格的企事业单位、其他社会组织，个人在法律允许的范围内也可以成为合同当事人。委托人必须是具有国家批准的建设项目，落实投资计划的企事业单位、其他社会组织及个人，作为受托人必须是依法成立具有法人资格的监理企业，并且所承担的工程监理业务应与企业资质等级和业务范围相符合。

（2）监理合同委托的工作内容必须符合工程项目建设程序，遵守有关法律、行政法规。监理合同是以对建设工程项目实施控制和管理为主要内容，因此监理合同必须符合建设工程项目的程序，符合国家和建设行政主管部门颁发的有关建设工程的法律、行政法规、部门规章和各种标准、规范要求。

（3）委托监理合同的标的是服务，建设工程实施阶段所签订的其他合同，如勘察设计合同、施工承包合同、物资采购合同、加工承揽合同的标的物是产生新的物质成果或信息成果，而监理合同的标的是服务，即监理工程师凭借自己的知识、经验、技能受业主委托为其所签订其他合同的履行实施监督和管理。

2. 监理合同的订立

监理合同的订立要明确委托工作的范围。监理合同的范围是监理工程师为委托人提供服务的范围和工作量。委托人委托监理业务的范围可以非常广泛。从工程建设各阶段来说，可以包括项目前期立项咨询、设计阶段、实施阶段、保修阶段的全部监理工作或某一阶段的监理工作。在每一阶段内，又可以进行投资、质量、工期的三大控制，及信息、合同两项管理。但就具体项目而言，要根据工程的特点，监理人的能力，建设不同阶段的监理任务等诸方面因素，将委托的监理任务详细地写入合同的专用条件之中。如进行工程技术咨询服务，工作范围可确定为进行可行性研究，各种方案的成本效益分析，建筑设计标准、技术规范准备，提出质量保证措施等。

委托人与监理人签订合同，其根本目的就是为实现合同的标的，明确双方的权利和义务。其中委托人的权利包括：授予监理人权限的权利；对其他合同承包人的选定权；委托监理工程重大事项的决定权；对监理人履行合同的监督控制权。

监理合同中涉及监理人权利的条款可分为两大类，一类是监理人在委托合同中应享有的权利，包括完成监理任务后获得酬金的权利；终止合同的权利。另一类是监理人履行委托人与第三方签订的承包合同的监理任务时可行使的权利，包括建设工程有关事项和工程设计的建议权；对实施项目的质量、工期和费用的监督控制权；工程建设有关协作单位组织协调的主持权；在业务紧急情况下，为了工程和人身安全，尽管变更指令已超越了委托人授权而又不能事先得到批准时，也有权发布变更指令，但应尽快通知委托人；审核承包人索赔的权利。

3. 监理合同的履行

监理合同中除了授予委托人和监理人各自的权利外，在监理合同的履行过程中还约定了双方的义务。

委托人的义务主要包括以下几方面内容：

（1）委托人应负责建设工程的所有外部关系的协调工作，满足开展监理工作所需提供的外部条件。

（2）与监理人做好协调工作。委托人要授权一位熟悉建设工程情况，能迅速做出决定的常驻代表，负责与监理人联系。更换此人要提前通知监理人。

（3）为了不耽搁服务，委托人应在合理的时间内就监理人以书面形式提交并要求做出决定的一切事宜做出书面决定。

（4）为监理人顺利履行合同义务，做好协助工作。协助工作包括：将授予监理人的监理权利，以及监理人监理机构主要成员的职能分工、监理权限及时书面通知已选定的第三方，并在第三方签订的合同中予以明确；在双方议定的时间内，免费向监理人提供与工程有关的监理服务所需要的工程资料；为监理人驻工地监理机构开展正常工作提供包括信息、物质和人员的协助服务。

虽然监理合同的专用条款内注明了委托监理工作的范围和内容，但从工作性质而言属于正常的监理工作。作为监理人必须履行的合同义务，除了正常监理工作之外，还应包括：与完成正常工作相关，在委托正常监理工作范围以外监理人应完成的附加工作；正常工作和附加工作以外的额外监理工作（即非监理人自己的原因而暂停或终止监理业务，其善后工作及恢复监理业务前不超过42天的准备工作时间）。这两类工作属于订立合同时未能或不能合理预见，而合同履行过程中发生需要监理人完成的工作。

具体讲，监理人的义务包括以下几方面：

（1）监理人在履行合同的义务期间，应运用合理的技能认真勤奋地工作，公正地维护有关方面的合法权益。当委托人发现监理人员不按监理合同履行监理职责，或与承包人串通给委托人或工程造成损失时，委托人有权要求监理人更换监理人员，直到终止合同并要求监理人承担相应的赔偿责任或连带赔偿责任。

（2）合同履行期间应按合同约定派驻足够的人员从事监理工作。开始执行监理业务前向委托人报送派往该工程项目的总监理工程师及该项目监理机构的人员情况。合同履行过程中如果需要调换总监理工程师，必须首先经过委托人同意，并派出具有相应资质和能力的人员。

（3）在合同期内及合同终止后，未征得有关方同意，不得泄露与本工程、合同业务有关的保密资料。

（4）任何由委托人提供的供监理人使用的设施和物品都属于委托人的财产，监理工作完成或中止时，应将设施和剩余物品归还委托人。

（5）非经委托人书面同意，监理人及其职员不应接受委托监理合同约定以外的与监理工程有关的报酬，以保证监理行为的公正性。

（6）监理人不得参与可能与合同规定的与委托人利益相冲突的任何活动。

（7）在监理过程中，不得泄露委托人申明的秘密，亦不得泄露设计、承包等单位申明的秘密。

（8）负责合同的协调管理工作。在委托工程范围内，委托人或承包人对对方的任何意见和要求（包括索赔要求），均必须首先向监理机构提出，由监理机构研究处置意见，再同双方协商确定。当委托人和承包人发生争议时，监理机构应根据自己的职能，以独立的身份判断，公正地进行调解。当双方的争议由政府行政主管部门调解或仲裁机构仲裁时，应当提供作证的事实材料。

四、施工招标投标

与设计招标和监理招标比较，施工招标的特点是发包的工作内容明确、具体，各投标人编制的投标书在评标时易于进行横向对比。虽然投标人按招标文件的工程量表中既定的工作内容和工程量编标报价，但价格的高低并非是确定中标人的唯一条件，投标过程实际上是各投标人完成该项任务的技术、经济、管理等综合能力的竞争。

1. 招标准备

在招标准备阶段首先要做好合同数量的划分。全部施工内容只发一个合同包招标，招标人仅与一个中标人签订合同，施工过程中管理工作比较简单，但有能力参与竞争的投标人较少。如果招标人有足够的管理能力，也可以将全部施工内容分解成若干个单位工程和特殊专业工程分别发包，一则可能发挥不同投标人的专业特长增强投标的竞争性；二则每个独立合同比总承包合同更容易落实，即使出现问题也是局部的，易于纠正或补救。但招标发包的数量多少要适当，合同太多会给招标工作和施工阶段的管理工作带来麻烦或不必要损失。

依据工程特点和现场条件划分合同包的工作范围时，主要应考虑以下因素的影响：施工内容的专业要求；施工现场条件；对工程总投资影响；其他因素影响。

招标文件应尽可能完整、详细，不仅能使投标人对项目的招标有充分的了解有利于投标竞争，而且招标文件中的很多文件将作为未来合同的有效组成部分。由于招标文件的内容繁多，必要时可以分卷、分章编写。

2. 评标

施工招标的评标方法主要有综合评分法和评标价法。

施工招标需要评定比较的要素较多，且各项内容的单位又不一致，如工期为天、报价为元等，因此综合评分法可以较全面地反映投标人的素质。评标是对各承包人实施工程综合能力的比较，大型复杂工程的评分标准最好设置几级评分目标，以利于评委控制打分标准减小随意性。评分的指标体系及权重应根据招标工程项目特点设定。

评标价法是指评标委员会首先通过对各投标书的审查淘汰技术方案不满足基本要求的投标书，然后对基本合格的标书按预定的方法将某些评审要素按一定规则折算为评审价格，加到该标书的报价上形成评标价。以评标价最低的标书为最优（不是投标报价最低）。评标价仅作为衡量投标人能力高低的量化比较方法，与中标人签订合同时仍以投标价格为准。

五、物资设备采购招标投标及合同管理

1. 物资设备采购招标投标

项目建设所需物资按标的物的特点可以区分为买卖合同和承揽合同两大类。采购大宗建筑材料或定型批量生产的中小型设备属于买卖合同，由于标的物的规格、性能、主要技术参数均为通用指标，因此招标一般仅限于对投标人的商业信誉、报价和交货期限等方面的比较。而订购非批量生产的大型复杂机组设备、特殊用途的大型非标准部件则属于承揽合同，招标评选时要对投标人的商业信誉、加工制造能力、报价、交货期限和方式、安装（或安装指导）、调试、保修及操作人员培训等各方面条件进行全面比较。

材料、设备供货评标的特点是，不仅要看报价的高低，还要考虑招标人在货物运抵现场过程中可能要支付的其他费用，以及设备在评审预定的寿命期内可能投入的运营、管理费用的多少。如果投标人的设备报价较低但运营费用很高时，仍不符合以最合理价格采购的原则。货物采购评标，一般采用评标价法或综合评分法，也可以将二者结合使用。

2. 物资设备采购合同管理

建设工程物资采购合同属于买卖合同，建设工程物资采购合同的买受人即采购人，可以是发包人，也可以是承包人，依据施工合同的承包方式来确定。永久工程的大型设备一般情况下由发包人采购。施工中使用的建筑材料采购责任，按照施工合同专用条款的约定执行。通常分为发包人负责采购供应；承包人负责采购，包工包料承包。采购合同的出卖人即供货人，可以是生产厂家，也可以是从事物资流转业务的供应商。

建设物资采购合同视标的的特点，合同涉及的条款繁简程度差异较大。建筑材料采购合同的条款一般限于物资交货阶段，主要涉及交接程序、检验方式和质量要求、合同价款的支付等。大型设备的采购，除了交货阶段的工作外，往往还需包括设备生产阶段、设备安装调试阶段、设备试运行阶段、设备性能达标检验和保修等方面的条款约定。

第四节　建设工程施工合同

一、建设工程施工合同的概念和特点

建设工程施工合同是发包人与承包人就完成具体工程项目的建筑施工、设备安装、设备调试、工程保修等工作内容，确定双方权利和义务的协议。施工合同是建设工程合同的一种，它与其他建设工程合同一样是双方有偿合同，在订立时应遵守自愿、公平、诚实、信用等原则。

建设工程施工合同是建设工程的主要合同之一，其标的是将设计图纸变为满足功能、质量、进度、投资等发包人投资预期目的的建筑产品。建设工程施工合同还具有以下特点。

1. 合同标的的特殊性

施工合同的标的是各类建筑产品，建筑产品是不动产，建造过程中往往受到自然条件、地质水文条件、社会条件、人为条件等因素的影响。这就决定了每个施工合同的标的

物不同于工厂批量生产的产品，具有单件性的特点。所谓"单件性"指不同地点建造的相同类型和级别的建筑，施工过程中所遇到的情况不尽相同，在甲工程施工中遇到的困难在乙工程不一定发生，而在乙工程施工中可能出现甲工程没有发生过的问题，相互间具有不可替代性。

2. 合同履行期限的长期性

建筑物的施工由于结构复杂、体积大、建筑材料类型多、工作量大，使得工期都较长（与一般工业产品的生产相比）。在较长的合同期内，双方履行义务往往会受到不可抗力、履行过程中法律法规政策的变化、市场价格的浮动等因素的影响，必然导致合同的内容约定、履行管理都很复杂。

3. 合同内容的复杂性

虽然施工合同的当事人只有两方，但履行过程中涉及的主体却有许多种，内容的约定还需与其他相关合同相协调，如设计合同、供货合同、本工程的其他施工合同等。

二、建设工程施工合同的订立

在建设工程施工合同的订立时，应该明确：合同工期、合同价款、合同的计价方式、工程预付款及支付工程进度款的约定、合同文件的组成、合同文件中矛盾或歧义的解释、所参照的标准和规范、发包人和承包人的工作、担保及保险、解决合同争议的方式等。

（一）合同的计价方式

合同的计价方式主要有三种：

（1）固定价格合同，是指在约定的风险范围内价款不再调整的合同。这种合同的价款并不是绝对不可调整，而是约定范围内的风险由承包人承担。工程承包活动中采用的总价合同和单价合同均属于此类合同。双方需在专用条款内约定合同价款包含的风险范围、风险费用的计算方法和承包风险范围以外对合同价款影响的调整方法，在约定的风险范围内合同价款不再调整。

（2）可调价格合同，是针对固定价格而言，通常用于工期较长的施工合同。如工期在18个月以上的合同，发包人和承包人在招投标阶段和签订合同时不可能合理预见到一年半以后物价浮动和后续法规变化对合同价款的影响，为了合理分担外界因素影响的风险，应采用可调价合同。对于工期较短的合同，专用条款内也要约定因外部条件变化对施工产生成本影响可以调整合同价款的内容。可调价合同的计价方式与固定价格合同基本相同，只是增加可调价的条款，因此在专用条款内应明确约定调价的计算方法。

（3）成本加酬金合同，是指发包人负担全部工程成本，对承包人完成的工作支付相应酬金的计价方式。这类计价方式通常用于紧急工程施工，如灾后修复工程；或采用新技术新工艺施工，双方对施工成本均心中无底，为了合理分担风险采用此种方式。合同双方应在专用条款内约定成本构成和酬金的计算方法。

具体工程承包的计价方式不一定是单一的方式，只要在合同内明确约定具体工作内容采用的计价方式，也可以采用组合计价方式。如工期较长的施工合同，主体工程部分采用可调价的单价合同；而某些较简单的施工部位采用不可调价的固定总价承包；涉及使用新工艺施工部位或某项工作，用成本加酬金方式结算该部分的工程款。

（二）合同文件的组成及文件中矛盾或歧义的解释

1. 合同文件的组成

合同文件的组成在协议书和通用条款中规定，对合同当事人双方有约束力的合同文件包括签订合同时已形成的文件和履行过程中构成对双方有约束力的文件两大部分。

订立合同时已形成的文件包括：

（1）施工合同协议书。

（2）中标通知书。

（3）投标书及其附件。

（4）施工合同专用条款。

（5）施工合同通用条款。

（6）标准、规范及有关技术文件。

（7）图纸。

（8）工程量清单。

（9）工程报价单或预算书。

合同履行过程中，双方有关工程的洽商、变更等书面协议或文件也构成对双方有约束力的合同文件，将其视为协议书的组成部分。

2. 对合同文件中矛盾或歧义的解释

合同文件的优先解释次序通用条款规定，上述合同文件原则上应能够互相解释、互相说明。但当合同文件中出现含糊不清或不一致时，上面各文件的序号就是合同的优先解释顺序。由于履行合同时双方达成一致的洽商、变更等书面协议发生时间在后，且经过当事人签署，因此作为协议书的组成部分，排序放在第一位。如果双方不同意这种次序安排，可以在专用条款内约定本合同的文件组成和解释次序。

合同文件出现矛盾或歧义的处理程序按照通用条款的规定，当合同文件内容含糊不清或不一致时，在不影响工程正常进行的情况下，由发包人和承包人协商解决。双方也可以提请负责监理的工程师做出解释。双方协商不成或不同意负责监理的工程师的解释时，按合同约定的解决争议的方式处理。对于实行"小业主、大监理"的工程，可以在专用条款中约定监理工程师做出的解释对双方都有约束力，如果任何一方不同意监理工程师的解释，再按合同争议的方式解决。

（三）发包人及承包人的义务

1. 发包人的义务

通用条款规定以下工作属于发包人应完成的工作。

（1）办理土地征用、拆迁补偿、平整施工场地等工作，使施工场地具备施工条件，并在开工后继续解决以上事项的遗留问题。专用条款内需要约定施工场地具备施工条件的要求及完成的时间，以便承包人能够及时接收适用的施工现场，按计划开始施工。

（2）将施工所需水、电、电信线路从施工场地外部接至专用条款约定地点，并保证施工期间需要。专用条款内需要约定三通的时间、地点和供应要求。某些偏僻地域的工程或大型工程，可能要求承包人自己从水源地（如附近的河中）取水或自己用柴油机发电解决施工用电，则也应在专用条款内明确，说明通用条款的此项规定本合同不采用。

（3）开通施工场地与城乡公共道路的通道，以及专用条款约定的施工场地内的主要交通干道，保证施工期间的畅通，满足施工运输的需要。专用条款内需要约定移交给承包人交通通道或设施的开通时间和应满足的要求。

（4）向承包人提供施工场地的工程地质和地下管线资料，保证数据真实，位置准确。专用条款内需要约定向承包人提供工程地质和地下管线资料的时间。

（5）办理施工许可证和临时用地、停水、停电、中断道路交通、爆破作业以及可能损坏道路、管线、电力、通信等公共设施法律、法规规定的申请批准手续及其他施工所需的证件（证明承包人自身资质的证件除外）。专用条款内需要约定发包人提供施工所需证件、批件的名称和时间，以便承包人合理进行施工组织。

（6）确定水准点与坐标控制点，以书面形式交给承包人，并进行现场交验。专用条款内需要分项明确约定放线依据资料的交验要求，以便合同履行过程中合理地区分放线错误的责任归属。

（7）组织承包人和设计单位进行图纸会审和设计交底。专用条款内需要约定具体的时间。

（8）协调处理施工现场周围地下管线和邻近建筑物、构筑物（包括文物保护建筑）、古树名木的保护工作，并承担有关费用。专用条款内需要约定具体的范围和内容。

（9）发包人应做的其他工作，双方在专用条款内约定。专用条款内需要根据项目的特点和具体情况约定相关的内容。

虽然通用条款内规定上述工作内容属于发包人的义务，但发包人可以将上述部分工作委托承包方办理，具体内容可以在专用条款内约定，其费用由发包人承担。属于合同约定的发包人义务，如果出现不按合同约定完成，导致工期延误或给承包人造成损失时，发包人应赔偿承包人的有关损失，延误的工期相应顺延。

2. 承包人的义务

通用条款规定，以下工作属于承包人的义务。

（1）根据发包人的委托，在其设计资质允许的范围内，完成施工图设计或与工程配套的设计，经工程师确认后使用，发生的费用由发包人承担。如果属于设计施工总承包合同或承包工作范围内包括部分施工图设计任务，则专用条款内需要约定承担设计任务单位的设计资质等级及设计文件的提交时间和文件要求（可能属于施工承包人的设计分包人）。

（2）向监理工程师提供年、季、月工程进度计划及相应进度统计报表。专用条款内需要约定应提供计划、报表的具体名称和时间。

（3）按工程需要提供和维修非夜间施工使用的照明、围栏设施，并负责安全保卫。专用条款内需要约定具体的工作位置和要求。

（4）按专用条款约定的数量和要求，向发包人提供在施工现场办公和生活的房屋及设施，发生的费用由发包人承担。专用条款内需要约定设施名称、要求和完成时间。

（5）遵守有关部门对施工场地交通、施工噪音以及环境保护和安全生产等的管理规定，按管理规定办理有关手续，并以书面形式通知发包人。发包人承担由此发生的费用，因承包人责任造成的罚款除外。专用条款内需要约定需承包人办理的有关内容。

（6）已竣工工程未交付发包人之前，承包人按专用条款约定负责已完成工程的成品保护工作，保护期间发生损坏，承包人自费予以修复。要求承包人采取特殊措施保护的单位工程的部位和相应追加合同价款，在专用条款内约定。

（7）按专用条款的约定做好施工现场地下管线和邻近建筑物、构筑物（包括文物保护建筑）、古树名木的保护工作。专用条款内约定需要保护的范围和费用。

（8）保证施工场地清洁符合环境卫生管理的有关规定。交工前清理现场达到专用条款约定的要求，承担因自身原因违反有关规定造成的损失和罚款。专用条款内需要根据施工管理规定和当地的环保法规，约定对施工现场的具体要求。

（9）承包人应做的其他工作，双方在专用条款内约定。

承包人不履行上述各项义务，造成发包人损失的，应对发包人的损失给予赔偿。

三、施工各阶段的合同管理

施工的准备阶段、施工阶段和竣工阶段的合同管理主要涉及施工进度、施工质量和施工费用三方面的管理，详见第三、第四、第五章的相关内容。

思　考　题

1. 什么是合同？工程合同的作用有哪些？
2. 工程合同可按不同的方法来划分类型，常见的分类方法有哪些？
3. 承包商有哪些违约情况，监理工程师对此如何处理？
4. 一般分包合同的特点有哪些？
5. 特殊分包合同的特点有哪些？
6. 一般工程分包审批程序是怎样的？
7. 常见合同纠纷的内容有哪些？
8. 合同纠纷的处理方式通常有哪些？
9. 工程保险的种类和内容分别有哪些？

第七章 建设工程信息管理

第一节 建设工程信息的概念与特征

一、信息的基本概念

（一）数据

在日常工作中，我们大量接触的是各种数据，数据和信息既有联系又有区别。数据有不同的定义，从信息处理的角度出发，可以给数据如下的定义：

数据是客观实体属性的反映，是一组表示数量、行为和目标，可以记录下来加以鉴别的符号。

数据，首先是客观实体属性的反映，客观实体通过各个角度的属性的描述，反映其与其他实体的区别。例如，在反映某个建筑工程质量时，通过对设计、施工单位资质、人员、施工设备、使用的材料、构配件、施工方法、工程地质、天气、水文等各个角度的数据搜集汇总起来，就很好地反映了该工程的总体质量。这里，各个角度的数据，即是建筑工程这个实体的各种属性的反映。

数据有多种形态，这里所提到的数据是广义的数据概念，包括文字、数值、语言、图表、图形、颜色等多种形态。今天，计算机对此类数据都可以加以处理，例如：施工图纸、管理人员发出的指令、施工进度的网络图、管理的直方图、月报表等都是数据。

（二）信息

信息和数据是不可分割的：信息来源于数据，又高于数据，信息是数据的灵魂，数据是信息的载体。对信息有不同的定义，从辩证唯物主义的角度出发，可以给信息如下的定义：

信息是对数据的解释，反映了事物（事件）的客观规律，为使用者提供决策和管理所需要的依据。

信息首先是对数据的解释，数据通过某种处理，并经过人的进一步解释后得到信息。我们说，信息来源于数据，信息又不同于数据，原因是数据经过不同人的解释后有不同的结论，因为不同的人对客观规律的认识有差距，会得到不同的信息。这里，人的因素是第一位的，要得到真实的信息，要掌握事物的客观规律，需要提高对数据进行处理的人的素质。

通常人们往往在实际使用中把数据也称为信息，原因是信息的载体是数据，甚至有些数据就是信息。

信息也是事物的客观规律。辩证唯物主义认为，人们掌握事物的客观规律，就能把事情办好；反之，事情就办不好。这也是为什么要求我们掌握信息的原因，掌握信息实际上就是掌握了事物的客观规律。

信息有三个时态：信息的过去时是知识，现代时是数据，将来时是情报。

1. 知识是前人经验的总结，是人类对自然界规律的认识和掌握，是一种系统化的信息在人类实践过程中，一方面总结、保存原有的知识；另一方面继承、发展、更新、革新，产生新的知识，丰富了原有的知识，是无止境的。知识是我们必须掌握的，但不能局限于原有的知识，要对知识创新，用发展的眼光看待知识。

2. 信息的现在时是数据

数据是人类生产实践中不断产生信息的载体，要用动态的眼光来看待数据，把握住数据的动态节奏，就掌握了信息的变化。通过数据，也可进一步加工产生知识。数据是信息的主体，比知识更难掌握，也是信息系统的主要组成部分。采用计算机处理数据的目的，就是要用现代手段把握好数据的节奏，及时提供信息。

3. 信息的将来时是情报

情报代表信息的趋势和前沿，情报往往要用特定的手段获取，有特定的使用范围、特定的目的、特定的时间、特定的传递方式，带有特定的机密性。实际工作中，一方面要重视科技、经济、商业情报的收集，另一方面也要重视工程范围内情报的保密。从信息处理的角度，情报往往是最容易被工程技术人员忽视的信息部分，对科技情报更是监理工程师应该重视的。通过因特网及其他媒体，可以及时获得相应的当前世界最新科技情报。

我们使用信息的目的是为决策和管理服务。信息是决策和管理的基础，决策和管理依赖信息，正确的信息才能保证决策的正确，不正确的信息则会造成决策的失误，管理则更离不开信息。传统的管理是定性分析，现代的管理则是定量管理，定量管理离不开系统信息的支持。

二、信息的基本特征

1. 真实性

真实是信息的基本特点，也是信息的价值所在。我们就是要千方百计找到事物的真实的一面，为决策和管理服务。不符合事实的信息不仅无用而且有害，真实、准确地把握好信息是我们处理数据的最终目的。

2. 系统性

在工程实际中，不能片面地处理数据，片面地产生、使用信息。信息本身就需要全面地掌握各方面的数据后才能得到。信息也是系统的组成部分之一，要求我们从系统的观点来对待各种信息，才能避免工作的片面性。监理工作中要求全面掌握投资、进度、质量、合同各个角度的信息，才能做好工作。

3. 时效性

由于信息在工程实际中是动态、不断变化、不断产生的，要求我们要及时处理数据，及时得到信息，才能做好决策和工程管理工作，避免事故的发生，真正做到事前管理，信息本身有强烈的时效性。

4. 不完全性

由于使用数据的人对客观事物认识的局限性、不完全性是难免的，应该认识到这一点，提高对客观规律的认识，避免不完全性。

5.层次性

信息对使用者是有不同的对象的，不同的决策、不同的管理需要不同的信息，因此针对不同的信息需求必须分类提供相应的信息。一般把信息分成决策级、管理级、作业级三个层次，不同层次的信息在内容、来源、精度、使用时间、使用频度上是不同的。决策级需要更多的外部信息和深度加工的内部信息，例如对设计方案、新技术、新材料、新设备、新工艺的采用，工程完工后的市场前景；管理级需要较多的内部数据和信息，例如在编制监理月报时汇总的材料、进度、投资、合同执行的信息；作业级需要掌握工程各个分部分项、每时每刻实际产生的数据和信息，该部分数据加工量大、精度高、时效性强，例如：土山开挖量、混凝土浇筑量、浇筑质量、材料供应保证性等具体事务的数据。

第二节 建设工程监理信息管理

一、信息技术对建设工程的影响

随着信息技术的高速发展和不断应用，其影响已波及到传统建筑业的方方面面。具体而言，信息技术对工程项目管理的影响在于：

（1）建设工程系统的集成化，包括各方建设工程系统的集成以及建设工程系统与其他管理系统（项目开发管理、物业管理）在时间上的集成。

（2）建设工程组织的虚拟化。在大型项目中，建设工程组织在地理上分散，但在工作上协同。

（3）在建设工程的方法上，由于信息沟通技术的应用，项目实施中有效的信息沟通与组织协调使工程建设各方可以更多地采用主动控制，避免了许多不必要的工期延迟和费用损失，目标控制更为有效。

建设工程任务的变化，信息管理更为重要，甚至产生了以信息处理和项目战略规划为主要任务的新型管理模式——项目控制。

二、建设工程项目管理中的信息

（一）建设工程项目信息的构成

由于建设工程信息管理工作涉及多部门、多环节、多专业、多渠道、工程信息量大，来源广泛，形式多样，主要信息形态有下列形式。

1.文字图形信息

文字图形信息包括勘察、测绘、设计图纸及说明书、计算书、合同，工作条例及规定，施工组织设计，情况报告，原始记录，统计图表、报表，信函等信息。

2.语言信息

语言信息包括口头分配任务、作指示、汇报、工作检查、介绍情况、谈判交涉、建议、批评、工作讨论和研究、会议等信息。

3.新技术信息

新技术信息包括通过网络、电话、电报、电传、计算机、电视、录像、录音、广播等现代化手段收集及处理的一部分信息。

监理工作者应当捕捉各种信息并加工处理和运用各种信息。

（二）建设工程项目信息的分类原则和方法

在大型工程项目的实施过程中，处理信息的工作量非常巨大，必须借助于计算机系统才能实现。统一的信息分类和编码体系的意义在于使计算机系统和所有的项目参与方之间具有共同的语言，一方面使得计算机系统更有效地处理、存储项目信息；另一方面也有利于项目参与各方便地对各种信息进行交换与查询。项目信息的分类和编码是建设监理信息管理实施时所必须完成的一项基础工作，信息分类编码工作的核心是在对项目信息内容分析的基础上建立项目的信息分类体系。

信息分类是指：在一个信息管理系统中，将各种信息按一定的原则和方法进行区分和归类，并建立起一定的分类系统和排列顺序，以便管理和使用信息。对信息分类体系的研究一直是信息管理科学的一项重要课题，信息分类的理论与方法广泛地应用于信息管理的各个分支，如图书管理、情报档案管理等。这些理论与方法是我们进行信息分类体系研究的主要依据。在工程管理领域，针对不同的应用需求，各国的研究者也开发、设计了各种信息分类标准。

1. 信息分类的原则

对建设项目的信息进行分类必须遵循以下基本原则：

（1）稳定性。信息分类应选择分类对象最稳定的本质属性或特征作为信息分类的基础和标准。信息分类体系应建立在对基本概念和划分对象的透彻理解基础上。

（2）兼容性。项目信息分类体系必须考虑到项目各参与方所应用的编码体系的情况，项目信息分类体系应能满足不同项目参与方高技信息交换的需要。同时，与有关国际、国内标准的一致性也是兼容性应考虑的内容。

（3）可扩展性。项目信息分类体系应具备较强的灵活性，可以在使用过程中进行方便的扩展。在分类中通常应设置收容类目（或称为"其他"），以保证增加新的信息类型时，不至于打乱已建立的分类体系，同时一个通用的信息分类体系还应为具体环境中信息分类体系的拓展和细化创造条件。

（4）逻辑性原则。项目信息分类体系中信息类目的设置有着极强的逻辑性，如要求同一层面上各个子类互相排斥。

（5）综合实用性。信息分类应从系统工程的角度出发，放在具体的应用环境中进行整体考虑。这体现在信息分类的标准与方法的选择上，应综合考虑项目的实施环境和信息技术。确定具体应用环境中的项目信息分类体系，应避免对通用信息分类体系的生搬硬套。

2. 项目信息分类基本方法

根据国际上的发展和研究，建设工程项目信息分类有两种基本方法：

（1）线分类法。线分类法又名层级分类法或树状结构分类法。它是将分类对象按所选定的若干属性或特征（作为分类的划分基础）逐次地分成相应的若干个层级目录，并排列成一个有层次的、逐级展开的树状信息分类体系。在这一分类体系中，同一层面的同位类目间存在并列关系，同位类目间不重复、不交叉。线分类法具有良好的逻辑性，是最为常见的信息分类方法。

（2）面分类法。面分类法是将所选定的分类对象的若干个属性或特征视为若干个"面"，每个"面"中又可以分为许多彼此独立的若干个类目。在使用时，可根据需要将这些"面"中的类目组合在一起，形成一个复合的类目。面分类法具有良好的适应性，而且十分利于计算机处理信息。

在工程实践中，由于工程项目信息的复杂性，单独使用一种信息分类方法往往不能满足使用者的需要。在实际应用中往往是根据应用环境组合使用，以某一种方法为主，辅以另一种方法，同时进行一些人为的特殊规定以满足信息使用者的要求。

（三）建设工程项目信息的分类

建设工程项目监理过程中，涉及大量的信息，这些信息依据不同标准可划分如下。

1. 按照建设工程的目标划分

（1）投资控制信息。投资控制信息是指与投资控制直接有关的信息。如各种估算指标、类似工程造价、物价指数；设计概算、概算定额；施工图预算、预算定额；工程项目投资估算；合同价组成；投资目标体系；计划工程量、已完成工程量、单位时间付款报表、工程量变化表、人工、材料调差表；索赔费用表；投资偏差、已完工程结算；竣工决算、施工阶段的支付账单；原材料价格、机械设备台班费、人工费、运杂费等。

（2）质量控制信息。指建设工程项目质量有关的信息，如国家有关的质量法规、政策及质量标准、项目建设的标准；质量目标体系和质量目标的分解；质量控制工作流程、质量控制的工作制度、质量控制的方法；质量控制的风险分析；质量抽样检查的数据；各个环节工作的质量（工程项目决策的质量、设计的质量、施工的质量）；质量事故记录和处理报告等。

（3）进度控制信息。指与进度相关的信息，如项目总进度计划、进度目标分解、项目年度总计划；工程总网络计划和子网络计划、计划进度与实际进度偏差；网络计划的优化；进度控制的工作流程、进度控制的工作制度、进度控制的风险分析等。

（4）合同管理信息。指建设工程相关的各种合同信息，如工程招投标文件；工程建设施工承包合同，物资设备供应合同，咨询、监理合同；合同的指标分解体系；合同签订、变更、执行情况；合同的索赔等。

2. 按照建设工程项目信息的来源划分

（1）项目内部信息。指建设工程项目各个阶段、各个环节、各有关单位发生的信息总体。内部信息取自建设项目本身，如工程概况、设计文件、施工方案、合同结构、合同管理制度，信息资料的编码系统、信息目录表，会议制度，监理班子的组织，项目的投资目标、项目的质量目标、项目的进度目标等。

（2）项目外部信息。来自项目外部环境的信息称为外部信息。如国家相关的政策及法规；国内及国际市场的原材料及设备价格、市场变化；物价指数；类似工程造价、进度；投标单位的实力、投标单位的信誉、毗邻单位情况；新技术、新材料、新方法；国际环境的变化；资金市场变化等。

3. 按照信息的稳定程度划分

（1）固定信息。指在一定时间内相对稳定不变的信息，包括标准信息、计划信息和查询信息。标准信息主要指各种定额和标准，如施工定额、原材料消耗定额、生产作业计划标准、设备和工具的耗损程度等。计划信息反映在计划期内已定任务的各项指标情况。查询信息主要指国家和行业颁发的技术标准、不变价格、监理工作制度、监理工程师的人事卡片等。

（2）流动信息。是指在不断变化的动态信息。如项目实施阶段的质量、投资及进度的统计信息；反映在某一时刻，项目建设的实际进程及计划完成情况；项目实施阶段的原材料实际消耗量、机械台班数、人工工日数等。

4. 按照信息的层次划分

（1）战略性信息。指该项目建设过程中的战略决策所需的信息、投资总额、建设总工期、承包商的选定、合同价的确定等信息。

（2）管理型信息。指项目年度进度计划、财务计划等。

（3）业务性信息。指的是各业务部门的日常信息，较具体，精度较高。

5. 按照信息的性质划分

将建设项目信息按项目管理功能划分为：组织类信息、管理类信息、经济类信息和技术类信息四大类。

6. 按其他标准划分

（1）按照信息范围的不同，可以把建设工程项目信息分为精细的信息和摘要的信息两类。

（2）按照信息时间的不同，可以把建设工程项目信息分为历史性信息、即时信息和预测性信息三大类。

（3）按照监理阶段的不同，可以把建设工程项目信息分为计划的、作业的、核算的、报告的信息。在监理开始时，要有计划的信息；在监理过程中，要有作业的和核算的信息；在某一项目的监理工作结束时，要有报告的信息。

（4）按照对信息的期待性不同，可以把建设工程项目信息分为预知的和突发的信息两类。预知的信息是监理工程师可以估计到的，它产生在正常情况下；突发的信息是监理工程师难以预计的，它发生在特殊情况下。

以上是常用的几种分类形式。按照一定的标准，将建设工程项目信息予以分类，对监理工作有着重要意义。因为不同的监理范畴，需要不同的信息，而把信息予以分类，有助于根据监理工作的不同要求，提供适当的信息。例如日常的监理业务是属于高效率地执行特定业务的过程。由于业务内容、目标、资源等都是已经明确规定的，因此判断的情况并不多。它所需要的信息常常是历史性的，结果是可以预测的，绝大多数是项目内部的信息。

三、建设工程项目信息管理

（一）信息管理的概念

所谓信息管理是指对信息的收集、加工整理、储存、传递与应用等一系列工作的总称。信息管理的目的就是通过有组织的信息流通，使决策者能及时、准确地获得相应的信息。为了达到信息管理的目的，就要把握好信息处理的各个环节，并要做到：

（1）了解和掌握信息来源，对信息进行分类。

（2）掌握和正确运用信息管理的手段（如计算机）。

（3）掌握信息流程的不同环节，建立信息管理系统。

（二）建设工程项目信息管理的基本任务

监理工程师作为项目管理者，承担着项目信息管理的任务，负责收集项目实施情况的信息，做各种信息处理工作，并向上级、向外界提供各种信息，他的信息管理的任务主要包括：

（1）组织项目基本情况信息的收集并系统化，编制项目手册。项目管理的任务之一是按照项目的任务，按照项目的实施要求，设置项目实施和项目管理中的信息和信息流，确定它们的基本要求和特征并保证在实施过程中信息顺利流通。

（2）项目报告及各种资料的规定，例如资料的格式、内容、数据结构要求。

（3）按照项目实施、项目组织、项目管理工作过程建立项目管理信息系统流程，在实际工作中保证这个系统正常运行，并控制信息流。

（4）文件档案管理工作。

有效的项目管理需要更多地依靠信息系统的结构和维护：信息管理影响组织和整个项目管理系统的运行效率，是人们沟通的桥梁，监理工程师应对它有足够的重视。

（三）建设工程信息管理工作的原则

对于大型项目，建设工程产生的信息数量巨大，种类繁多。为便于信息的搜集、处理、储存、传递和利用，监理工程师在进行建设工程信息管理实践中逐步形成了以下基本原则。

1. 标准化原则

要求在项目的实施过程中对有关信息的分类进行统一，对信息流程进行规范，生产控制报表则力求做到格式化和标准化，通过建立健全的信息管理制度，从组织保证信息生产过程的效率。

2. 有效性原则

监理工程师所提供的信息应针对不同层次管理者的要求进行适当加工，针对不同管理层提供不同要求和浓缩程度的信息。例如对于项目的高层管理者而言，提供的决策信息应力求精练、直观，尽量采用形象的图表来表达，以满足其战略决策的信息需要：这一原则是为了保证信息产品对于决策支持的有效性。

3. 定量化原则

建设工程产生的信息不仅是项目实施过程中产生数据的简单记录，应该是经过信息处理人员的比较与分析。采用定量工具对有关数据进行分析和比较是十分必要的。

4. 时效性原则

考虑工程项目决策过程的时效性，建设工程的成果也应具有相应的时效性。建设工程的信息都有一定的生产周期，如月报表、季度报表、年度报表等，这都是为了保证信息产品能够及时服务于决策。

5. 高效处理原则

通过采用高性能的信息处理工具（建设工程信息管理系统），尽量缩短信息在处理过程中的延迟，监理工程师的主要精力应放在对处理结果的分析和控制措施的制定上。

6. 可预见原则

建设工程产生的信息作为项目实施的历史数据，可以用来预测未来的情况，监理工程师应通过采用先进的方法和工具为决策者制定未来目标和行动规划提供必要的信息。如通过对以往投资执行情况的分析，对未来可能发生的投资进行预测，作为采取事先控制措施的依据，这在工程项目管理中也是十分重要的。

（四）信息分类编码的方法与编码原则

在信息分类的基础上，可以对项目信息进行编码。信息编码是：将事物或概念（编码对象）赋予一定规律性的、易于计算机和人识别与处理的符号。它具有标识、分类、排序基本功能。项目信息编码是项目信息分类体系的体现，对项目信息进行编码的基本原则包括以下方面。

1. 唯一性

虽然一个编码对象可有多个名称，也可按不同方式进行描述，但是，在一个分类编码标准中，每个编码对象仅有一个代码，每一个代码唯一表示一个编码对象。

2. 合理性

项目信息编码结构与项目信息分类体系相适应。

3. 可扩充性

项目信息编码必须留有适当的后备容量，以便适应不断扩充的需要。

4. 简单性

项目信息编码结构应尽量简单，尽量短，以提高信息处理的效率。

5. 适用性

项目信息编码应能反映项目信息对象的特点，便于记忆和使用。

6. 规范性

在同一个项目的信息编码标准中，代码的类型、结构及编写格式都必须统一。

第三节　建设工程监理信息管理流程

一、建设工程信息流程概述

建设工程是一个由多个单位、多个部门组成的复杂系统，这是建设工程的复杂性决定的。参加建设的各方要能够实现随时沟通，必须规范相互之间的信息流程，组织合理的信息流。各方需要数据和信息时，能够从相关的部门、相关的人员处及时得到，而且数据和信息是按照规范的形式提供的。相应地，有关各方也必须在规定的时间、提供规定形式的数据和信息给其他需要的部门和使用的人，达到信息管理的规范化。监理工程师应时刻想到：何时，提供什么形式的数据和信息给谁；何时，从什么部门，什么人处得到什么形式的数据和信息。

建设工程的信息流由建设各方各自的信息流组成，监理单位的信息系统作为建设工程系统的一个子系统，监理的信息流仅仅是其中的一部分信息流。作为监理单位内部，也有一个信息流程，监理单位的信息系统更偏重于公司内部管理和对所监理的建设工程项目监理部的宏观管理，对具体的某个工程项目监理部，也要组织必要的信息流程，加强项目数据和信息的微观管理，了解建设工程项目各参建方之间正确的信息流程，目的是组建建设工程项目的合理信息流，保证工程数据的真实性和信息的及时产生。

二、建设工程信息管理的基本环节

建设工程信息管理贯穿建设工程全过程，衔接建设工程各个阶段、各个参建单位和各个方面，其基本环节有：信息的收集、传递、加工、整理、检索、分发、存储。

（一）数据和信息的收集

建设工程参建各方对数据和信息的收集是不同的，有不同的来源，不同的角度，不同的处理方法，但要求与各自相同的数据和信息应该规范。建设工程参建各方在不同的时期对数据和信息收集也是不同的，侧重点有不同，但也要规范信息行为。

从监理的角度，建设工程的信息收集由介入阶段不同，决定收集不同的内容。监理单位介入的阶段有：项目决策阶段、项目设计阶段，项目施工招投标阶段、项目施工阶段等多个阶段；各不同阶段，与建设单位签订的监理合同内容也不尽相同，因此收集信息要根据具体情况决定。

1. 项目决策阶段的信息收集

在项目决策阶段，其他国家监理单位就已介入，因为该阶段对建设工程的效益影响最大。我国则因为过去管理体制和人才能力的局限，人为地分为前期咨询和施工阶段监理。今后监理单位将同时进行建设工程各阶段的技术服务，进入工程咨询领域，进行项目决策阶段相关信息的收集，该阶段主要收集外部宏观信息，要收集历史、现代和未来三个时态的信息，具有较多的不确定性。

在项目决策阶段，信息收集从以下几方面进行：

（1）项目相关市场方面的信息，如产品预计进入市场后的市场占有率、社会需求量、预计产品价格变化趋势、影响市场渗透的因素、产品的生命周期等。

（2）项目资源相关方面的信息，如资金筹措渠道、方式，原辅料、矿藏来源，劳动力，水、电、气供应等。

（3）自然环境相关方面的信息，如城市交通、运输、气象、地质、水文、地形地貌、废料处理可能性等。

（4）新技术、新设备、新工艺、新材料，专业配套能力方面的信息。

（5）政治环境，社会治安状况，当地法律、政策、教育的信息。

这些信息的收集是为了帮助建设单位避免决策失误，进一步开展调查和投资机会研究，编写可行性研究报告，进行投资估算和工程建设经济评价。

2. 设计阶段的信息收集

设计阶段是工程建设的重要阶段，在设计阶段决定了工程规模，建筑形式，工程的概算，技术先进性、适用性，标准化程度等一系列具体的要素。目前，监理已经由施工监理向设计监理前移。因此，了解该阶段应该收集什么信息，有利于监理工程师开展好设计监理。

监理单位在设计阶段的信息收集要从以下几处进行：

（1）可行性研究报告，前期相关文件资料，存在的疑点和建设单位的意图，建设单位前期准备和项目审批完成的情况。

（2）同类工程相关信息：建筑规模，结构形式，造价构成，工艺、设备的选型，地质处理方式及实际效果，建设工期，采用新材料、新工艺、新设备、新技术的实际效果及存在问题，技术经济指标。

（3）拟建工程所在地相关信息：地质、水文情况，地形地貌、地下埋设和人防设施情况，城市拆迁政策和拆迁户数，青苗补偿，周围环境（水电气、道路等的接入点，周围建筑、交通、学校、医院、商业、绿化、消防、排污）。

（4）勘察、测量、设计单位相关信息：同类工程完成情况，实际效果，完成该工程的能力，人员构成，设备投入，质量管理体系完善情况，创新能力，收费情况，施工期技术服务主动性和处理发生问题的能力，设计深度和技术文件质量，专业配套能力，设计概算和施工图预算编制能力，合同履约情况，采用设计新技术、新设备能力等。

（5）工程所在地政府相关信息：国家和地方政策、法律、法规、规范规程、环保政策、政府服务情况和限制等。

（6）设计中的设计进度计划，设计质量保证体系，设计合同执行情况，偏差产生的原因，纠偏措施，专业间设计交接情况，执行规范、规程、技术标准，特别是强制性规范执行的情况，设计概算和施工图预算结果，了解超限额的原因，了解各设计工序对投资的控制等。

设计阶段信息的收集范围广泛，来源较多，不确定因素较多，外部信息较多，难度较大，要求信息收集者要有较高的技术水平和较广的知识面，又要有一定的设计相关经验、投资管理能力和信息综合处理能力，才能完成该阶段的信息收集。

3. 施工招投标阶段的信息收集

在施工招投标阶段的信息收集，有助于协助建设单位编写好招标书，有助于帮助建设单位选择好施工单位和项目经理、项目班子，有利于签订好施工合同，为保证施工阶段监理目标的实现打下良好基础。

施工招投标阶段信息收集从以下几方面进行：

（1）工程地质、水文地质勘察报告，施工图设计及施工图预算，设计概算，设计、地质勘察、测绘的审批报告等方面的信息，特别是该建设工程有别于其他同类工程的技术要求、材料、设备、工艺、质量要求有关信息。

（2）建设单位建设前期报审文件：立项文件，建设用地、征地、拆迁文件。

（3）工程造价的市场变化规律及所在地区的材料、构件、设备、劳动力差异。

（4）当地施工单位管理水平，质量保证体系、施工质量、设备、机具能力。

（5）本工程适用的规范、规程、标准，特别是强制性规范。

（6）所在地关于招投标有关法规、规定，国际招标、国际贷款指定适用的范本，本工程适用的建筑施工合同范本及特殊条款精髓所在。

（7）所在地招投标代理机构能力、特点，所在地招投标管理机构及管理程序。

（8）该建设工程采用的新技术、新设备、新材料、新工艺，投标单位对"四新"的处理能力和了解程度、经验、措施。

在施工招投标阶段，要求信息收集人员充分了解施工设计和施工图预算，熟悉法律法规，熟悉招、投标程序，熟悉合同示范范本，特别要求在了解工程特点和工程量分解上有一定能力，才能为建设方决策提供必要的信息。

4. 施工阶段的信息收集

目前，我国的监理大部分在施工阶段进行，有比较成熟的经验和制度，各地对施工阶段信息规范化也提出了不同深度的要求，建设工程竣工验收规范也已经配套，建设工程档案制度也比较成熟。但是，由于我国施工管理水平所限，目前在施工阶段信息收集上，建设工程参与各方信息传递上，施工信息标准化、规范化上都需要加强。

施工阶段的信息收集，可从施工准备期、施工期、竣工保修期三个子阶段分别进行。

施工准备期指从建设工程合同签订到项目开工这个阶段，在施工招投标阶段监理未介入时，本阶段是施工阶段监理信息收集的关键阶段，监理工程师应该从如下几点入手收集信息：

（1）监理大纲；施工图设计及施工图预算，特别要掌握结构特点，掌握工程难点、要点、特点，掌握工业工程的工艺流程特点、设备特点，了解工程预算体系（按单位工程、分部工程、分项工程分解）；了解施工合同。

（2）施工单位项目经理部组成，进场人员资质；进场设备的规格型号、保修记录；施工场地的准备情况；施工单位质量保证体系及施工单位的施工组织设计，特殊工程的技术方案，施工进度网络计划图表；进场材料、构件管理制度；安全保安措施；检测和检验、试验程序和设备；承包单位和分包单位的资质等施工单位信息。

（3）建设工程场地的地质、水文、测量、气象数据；地上、地下管线，地下洞室，地上原有建筑物及周围建筑物、树木、道路；建筑红线，标高、坐标；水、电、气管道的引入标志；地质勘察报告、地形测量图及标桩等环境信息。

（4）施工图的会审和交底记录；开工前的监理交底记录；对施工单位提交的施工组织设计按照项目监理部要求进行修改的情况；施工单位提交的开工报告及实体准备情况。

（5）本工程需遵循的相关建筑法律、法规和规范、规程，有关质量检验、控制的技术法规和质量验收标准。

在施工准备期，信息的来源较多、较杂，由于对各方相互了解还不够，信息渠道没有建立，收集有一定困难。因此，更应该组建工程信息合理的流程，确定合理的信息流程，规范各方的信息行为，建立必要的信息秩序。

施工实施期，信息来源相对比较稳定，主要是施工过程中随时产生的数据，由施工单位层层收集上来，比较单纯，容易实现规范化。目前，建设主管部门对施工阶段信息收集和整理有明确的规定，施工单位也有一定的管理经验和处理程序，随着建设管理部门加强行业管理，相对容易实现信息管理的规范化，关键是施工单位和监理单位、建设单位在信息形式上和汇总上不统一。因此，统一建设各方的信息格式，实现标准化、代码化、规范化是我国目前建设工程必须解决的问题。目前，各地虽都有地方规程，但大多数没有实现施工、建设、监理的统一格式，给工程建设档案和各方数据交换带来一定的麻烦，仅少数地方规定对施工、建设、监理各方信息加以统一，较好地解决了信息的规范化、标准化。

施工实施期收集的信息应该分类并由专门的部门或专人分级管理，项目监理部可从下列方面收集信息：

（1）施工单位人员、设备、水、电、气等能源的动态信息。

（2）施工期气象的中长期趋势及同期历史数据，每天不同时段动态信息，特别在气候对施工质量影响较大的情况下，更要加强收集气象数据。

（3）建筑原材料、半成品、成品、构配件等工程物资的进场、加工、保管、使用等信息。

（4）项目经理部管理程序；质量、进度、投资的事前、事中、事后控制措施；数据采集来源及采集、处理、存储、传递方式；工序间交接制度；事故处理制度；施工组织设计及技术方案执行的情况；工地文明施工及安全措施等。

（5）施工中需要执行的国家和地方规范、规程、标准；施工合同执行情况。

（6）施工中发生的工程数据，如地基验槽及处理记录，工序间交接记录，隐蔽工程检查记录等。

（7）建筑材料必试项目有关信息：如水泥、砖、砂石、钢筋、外加剂、混凝土、防水材料、回填土、饰面板、玻璃幕墙等。

（8）设备安装的试运行和测试项目有关信息：如电气接地电阻、绝缘电阻测试，管道通水、通气、通风试验，电梯施工试验，消防报警、自动喷淋系统联动试验等。

（9）施工索赔相关信息：索赔程序，索赔依据，索赔证据，索赔处理意见等。

竣工保修期的信息是建立在施工期日常信息积累基础上，传统工程管理和现代工程管理最大的区别在于传统工程管理不重视信息的收集和规范化，数据不能及时收集整理，往往采取事后补填或做"假数据"应付了事。现代工程管理则要求数据实时记录，真实反映施工过程，真正做到积累在平时，竣工保修期只是建设各方最后的汇总和总结。该阶段要收集的信息有：

（1）工程准备阶段文件，如：立项文件，建设用地、征地、拆迁文件，开工审批文件等。

（2）监理文件，如：监理规划、监理实施细则、有关质量问题和质量事故的相关记录、监理工作总结以及监理过程中各种控制和审批文件等。

（3）施工资料：分为建筑安装工程和市政基础设施工程两大类分别收集。

（4）竣工图：分建筑安装工程和市政基础设施工程两大类分别收集。

（5）竣工验收资料：如工程竣工总结、竣工验收备案、电子档案等。

在竣工保修期，监理单位按照现行《建设工程文件归档整理规范》（GB/T 50328—2001）收集监理文件并协助建设单位督促施工单位完善全部资料的收集、汇总和归类整理。

（二）建设工程信息的加工、整理、分发、检索和存储

建设工程信息的加工、整理和存储是数据收集后的必要过程。收集的数据经过加工、整理后产生信息。信息是指导施工和工程管理的基础，要把管理由定性分析转到定量管理上来，信息是不可或缺的要素。

1. 信息的加工、整理

信息的加工就是把建设各方得到的数据和信息进行鉴别、选择、核对、合并、排序、更新、计算、转储，生成不同形式的数据和信息，提供给不同需求的各类管理人员使用。

在信息加工时，往往要求按照不同的需求，分层进行加工。不同的使用角度，加工方法是不同的。监理人员对数据的加工从鉴别开始，一种数据是自己收集的，可靠度较高；而对由施工单位提供的数据就要从数据采样系统是否规范，采样手段是否可靠，提供数据

的人员素质如何，数据的精度是否达到所要求的精度入手，对施工单位提供的数据要加以选择、核对，加以必要的汇总，对动态的数据要及时更新，对于施工中产生的数据要按照单位工程、分部工程、分项工程组织在一起，每一个单位、分部、分项工程又把数据分为：进度、质量、造价三个方面分别组织。

信息处理包括信息的加工、整理和存储。信息的加工、整理和存储流程是信息系统流程的主要组成部分。信息系统的流程图有业务流程图、数据流程图，一般先找到业务流程图，通过绘制的业务流程图再进一步绘制数据流程图，通过绘制业务流程图可以了解到具体处理事务的过程，发现业务流程的问题和不完善处，进而优化业务处理过程。数据流程图则把数据在内部流动的情况对象化，独立考虑数据的传递、处理、存储是否合理，发现和解决数据流程中的问题。

2. 信息的分发和检索

在通过对收集的数据进行分类加工处理产生信息后，要及时提供给需要使用数据和信息的部门，信息和数据的分发要根据需要来分发，信息和数据的检索则要建立必要的分级管理制度，一般使用软件来保证实现数据和信息的分发、检索，关键是要决定分发和检索的原则。分发和检索的原则是：需要的部门和使用人，有权在需要的第一时间，方便地得到所需要的、以规定形式提供的一切信息和数据，而保证不向不该知道的部门（人）提供任何信息和数据。

3. 信息的存储

信息的存储一般需要建立统一的数据库，各类数据以文件的形式组织在一起，组织的方法一般由单位自定，但要考虑规范化。根据建设工程实际，可以按照下列方式组织：

（1）按照工程进行组织，同一工程按照投资、进度、质量、合同的角度组织，各类进一步按照具体情况细化。

（2）文件名规范化，以定长的字符串作为文件名。

（3）各建设方协调统一存储方式，在国家技术标准有统一的代码时尽量采用统一代码。

（4）有条件时可以通过网络数据库形式存储数据，达到建设各方数据共享，减少数据冗余，保证数据的唯一性。

第四节　建设工程文件档案资料管理

一、建设工程文件档案资料管理概述

（一）建设工程文件档案资料概念与特征

1. 建设工程文件概念

建设工程文件指：在工程建设过程中形成的各种形式的信息记录，包括工程准备阶段文件、监理文件、施工文件、竣工图和竣工验收文件，也可简称为工程文件。

（1）工程准备阶段文件：工程开工以前，在立项、审批、征地、勘察、设计、招投标等工程准备阶段形成的文件。

（2）监理文件：监理单位在工程设计、施工等阶段监理过程中形成的文件。

（3）施工文件：施工单位在工程施工过程中形成的文件。

（4）竣工图：工程竣工验收后，真实反映建设工程项目施工结果的图样。

（5）竣工验收文件：建设工程项目竣工验收活动中形成的文件。

2. 建设工程档案概念

建设工程档案指：在工程建设活动中直接形成的具有归档保存价值的文字、图表、声像等各种形式的历史记录，也可简称为工程档案。

3. 建设工程文件档案资料

建设工程文件和档案组成建设工程文件档案资料。

4. 建设工程文件档案资料载体

（1）纸质载体：以纸张为基础的载体形式。

（2）缩微品载体：以胶片为基础，利用缩微技术对工程资料进行保存的载体形式。

（3）光盘载体：以光盘为基础，利用计算机技术对工程资料进行存储的形式。

（4）磁性载体：以磁性记录材料（磁带、磁盘等）为基础，对工程资料的电子文件、声音、图像进行存储的方式。

5. 建设工程文件档案资料特征

建设工程文件档案资料有以下方面的特征：

（1）分散性和复杂性。建设工程周期长，生产工艺复杂，建筑材料种类多，建筑技术发展迅速，影响建设工程因素多种多样，工程建设阶段性强并且相互穿插。由此导致了建设工程文件档案资料的分散性和复杂性。这个特征决定了建设工程文件档案资料是多层次、多环节、相互关联的复杂系统。

（2）继承性和时效性。随着建筑技术、施工工艺、新材料以及建筑企业管理水平的不断提高和发展，文件档案资料可以被继承和积累新的工程在施工过程中可以吸取以前的经验，避免重犯以往的错误同时，建设工程文件档案资料有很强的时效性，文件档案资料的价值会随着时间的推移而衰减，有时文件档案资料一经生成，就必须传达到有关部门，否则会造成严重后果。

（3）全面性和真实性。建设工程文件档案资料只有全面反映项目的各类信息，才更有实用价值，必须形成一个完整的系统，有时只言片语地引用往往会起到误导作用，另外，建设工程文件档案资料必须真实反映工程情况，包括发生的事故和存在的隐患。真实性是对所有文件档案资料的共同要求，但在建设领域对这方面要求更为迫切。

（4）随机性。建设工程文件档案资料产生于工程建设的整个过程中，工程开工、施工、竣工等各个阶段、各个环节都会产生各种文件档案资料。部分建设工程文件档案资料的产生有规律件（如各类报批文件），但还有相当一部分文件档案资料产生是由具体工程事件引发的，因此建设工程文件档案资料是有随机性的。

（5）多专业性和综合性。建设工程文件档案资料依附于不同的专业对象而存在，又依赖不同的载体而流动。涉及多种专业：建筑、市政、公用、消防、保安等多种专业，也涉及电子、力学、声学、美学等多种学科，并同时综合了质量、进度、造价、合同、组织协调等多方面内容。

6. 工程文件归档范围

（1）对与工程建设有关的重要活动、记载工程建设主要过程和现状、具有保存价值的各种载体的文件，均应收集齐全，整理立卷后归档。

（2）工程文件的具体归档范围按照现行《建设工程文件归档整理规范》（GB/T 50328—2001）中建设工程文件归档范围和保管期限执行。

（二）建设工程文件档案资料管理职责

建设工程档案资料的管理涉及建设单位、监理单位、施工单位等以及地方城建档案管理部门。对于一个建设工程而言，归档的含义是建设、勘察、设计、施工、监理等单位将本单位在工程建设过程中形成的文件向本单位档案管理机构移交；勘察、设计、施工、监理等单位将本单位在工程建设过程中形成的文件向建设单位档案管理机构移交；建设单位按照现行《建设工程文件归档整理规范》（GB/T 50328—2001）要求，将汇总的该建设工程文件档案向地方城建档案管理部门移交。具体如下。

1. 通用职责

（1）工程各参建单位填写的建设工程档案应以施工及验收规范、工程合同、设计文件、工程施工质量验收统一标准等为依据。

（2）工程档案资料应随工程进度及时收集、整理，并应按专业归类，认真书写，字迹清楚、项目齐全、准确、真实，无未了事项。表格应采用统一表格，特殊要求需增加的表格应统一归类。

（3）工程档案资料进行分级管理，建设工程项目各单位技术负责人负责本单位工程档案资料的全过程组织工作并负责审核，各相关单位档案管理员负责工程档案资料的收集、整理工作。

（4）对工程档案资料进行涂改、伪造、随意抽一或损毁、丢失等，应按有关规定予以处罚，情节严重的，应依法追究法律责任。

2. 建设单位职责

（1）在工程招标及与勘察、设计、监理、施工等单位签订协议、合同时，应对工程文件的套数、费用、质量、移交时间等提出明确要求。

（2）收集和整理工程准备阶段、竣工验收阶段形成的文件，并应进行立卷归档。

（3）负责组织、监督和检查勘察、设计、施工、监理等单位的工程文件的形成、积累和立卷归档工作；也可委托监理单位监督、检查工程文件的形成、积累和立卷归档工作。

（4）收集和汇总勘察、设计、施工、监理等单位立卷归档的工程档案。

（5）在组织工程竣工验收前，应提请当地城建档案管理部门对工程档案进行预验收；未取得工程档案验收认可文件，不得组织工程竣工验收。

（6）对列入当地城建档案管理部门接收范围的工程，工程竣工验收3个月内，向当地城建档案管理部门移交一套符合规定的工程文件。

（7）必须向参与工程建设的勘察设计、施工、监理等单位提供与建设工程有关的原始资料，原始资料必须真实、准确、齐全。

（8）可委托承包单位、监理单位组织工程档案的编制工作；负责组织竣工图的绘制工作，也可委托承包单位、监理单位、设计单位完成，收费标准按照所在地相关文件执行。

3. 监理单位职责

按照《建设工程监理规范》（GB/T 50319—2000）中第 7 章"施工阶段监理资料的管理"和第 8 章中"8.3 设备采购监理与设备制造的监理资料"的要求进行工程文件的管理，但对设计监理有关的文件资料管理工作，可参照各地相关规定执行。

（1）应设专人负责监理资料的收集、整理和归档工作，在项目监理部，监理资料的管理应由总监理工程师负责，并指定专人具体实施，监理资料应在各阶段监理工作结束后及时整理归档。

（2）监理资料必须及时整理、真实完整、分类有序。在设计阶段，对勘察、测绘、设计单位的工程文件的形成、积累和立卷归档进行监督、检查；在施工阶段，对施工单位的工程文件的形成、积累、立卷归档进行监督、检查。

（3）可以按照委托监理合同的约定，接受建设单位的委托，监督、检查工程文件的形成积累和立卷归档工作。

（4）编制的监理文件的套数、提交内容、提交时间，应按照现行《建设工程文件归档整理规范》（GB/T 50328—2001）和各地城建档案管理部门的要求，编制移交清单，双方签字、盖章后，及时移交建设单位，由建设单位收集和汇总。监理公司档案部门需要的监理档案，按照《建设工程监理规范》（GB/T 50319—2000）的要求，及时由项目监理部提供。

4. 施工单位职责

（1）实行技术负责人负责制，逐级建立、健全施工文件管理岗位责任制，配备专职档案管理员，负责施工资料的管理工作。工程项目的施工文件应设专门的部门（专人）负责收集和整理。

（2）建设工程实行总承包的，总承包单位负责收集、汇总各分包单位形成的工程档案，各分包单位应将本单位形成的工程文件整理、立卷后及时移交总承包单位。建设工程项目由几个单位承包的，各承包单位负责收集、整理、立卷其承包项目的工程文件，并应及时向建设单位移交，各承包单位应保证归档文件的完整、准确、系统，能够全面反映工程建设活动的全过程。

（3）可以按照施工合同的约定，接受建设单位的委托进行工程档案的组织、编制工作。

（4）按要求在竣工前将施工文件整理汇总完毕，再移交建设单位进行工程竣工验收。

（5）负责编制的施工文件的套数不得少于地方城建档案管理部的要求，但应有完整施工文件移交建设单位及自行保存，保存期可根据工程性质以及地方城建档案管理部门有关要求确定。如建设单位对施工文件的编制套数有特殊要求的，可另行约定。

5. 地方城建档案管理部门职责

（1）负责接收和保管所辖范围应当永久和长期保存的工程档案和有关资料。

（2）负责对城建档案工作进行业务指导，监督和检查有关城建档案法规的实施。

（3）列入向本部门报送工程档案范围的工程项目，其竣工验收应有本部门参加并负责对移交的工程档案进行验收。

（三）建设工程档案编制质量要求

对建设工程档案编制质量要求与组卷方法，应该按照建设部和国家质量检验检疫总局于 2002 年 1 月 10 日联合发布，2002 年 5 月 1 日实施的《建设工程文件归档整理规范》（GB/T 50328—2001）国家标准，此外，尚应执行《科学技术档案案卷构成的一般要求》（GB/T 11822—2000）、《技术制图复制图的折叠方法》（GB 10609.3—89）、《城市建设档案案卷质量规定》（建办 [1995] 697 号）等规范或文件的规定及各省、市、地方相应的地方规范执行。

对于归档文件的质量要求如下：

（1）归档的工程文件一般应为原件。

（2）工程文件的内容及其深度必须符合国家有关工程勘察、设计、施工、监理等方面的技术规范、标准和规程。

（3）工程文件的内容必须真实、准确，与工程实际相符合。

（4）工程文件应采用耐久性强的书写材料，如碳素墨水、蓝黑墨水，不得使用易褪色的书写材料，如：红色墨水、纯蓝墨水、圆珠笔、复写纸、铅笔等。

（5）工程文件应字迹清楚，图样清晰，图表整洁，签字盖章手续完备。

（6）工程文件中文字材料幅面尺寸规格宜为 A4 幅面（297mm×210mm）。图纸宜采用国家标准图幅。

（7）工程文件的纸张应采用能够长期保存的韧力大、耐久性强的纸张。图纸一般采用蓝晒图，竣工图应是新蓝图。计算机出图必须清晰，不得使用计算机所出图纸的复印件。

（8）所有竣工图均应加盖竣工图章。

（9）利用施工图改绘竣工图，必须标明变更修改依据；凡施工图结构、工艺、平面布置等有重大改变，或变更部分超过图面 1/3 的，应当重新绘制竣工图。

（10）不同幅面的工程图纸应按《技术制图复制图的折叠方法》（GB/10609.3—89）统一折叠成 A4 幅面，图标栏露在外面。

（11）工程档案资料的缩微制品，必须按国家缩微标准进行制作要符合国家标准，保证质量，以适应长期安全保管。

（12）工程档案资料的照片（含底片）及声像档案，要求图像清晰、声音清楚、文字说明或内容准确。

（13）工程文件应采用打印的形式并使用档案规定用笔，手工签字，在不能够使用原件时，应在复印件或抄件上加盖公章并注明原件保存处。

（四）建设工程档案验收与移交

1. 验收

（1）列入城建档案管理部门档案接收范围的工程，建设单位在组织工程竣工验收前，应提请城建档案管理部门对工程档案进行预验收。建设单位未取得城建档案管理部门出具的认可文件，不得组织工程竣工验收。

（2）城建档案管理部门在进行工程档案预验收时，应重点验收以下内容：

1）工程档案分类齐全、系统完整。

2）工程档案的内容真实、准确地反映工程建设活动和工程实际状况。

3）工程档案已整理立卷，立卷符合现行《建设工程文件归档整理规范》的规定。

4）竣工图绘制方法、图式及规格等符合专业技术要求，图面整洁，盖有竣工图章。

5）文件的形成、来源符合实际，要求单位或个人签章的文件，其签章手续完备。

6）文件材质、幅面、书写、绘图、用墨、托裱等符合要求。

工程档案由建设单位进行验收，属于向地方城建档案管理部门报送工程档案的工程项目还应会同地方城建档案管理部门共同验收。

（3）国家、省市重点工程项目或一些特大型、大型的工程项目的预验收和验收，必须有地方城建档案管理部门参加。

（4）为确保工程档案的质量，各编制单位、地方城建档案管理部门、建设行政管理部门等要对工程档案进行严格检查、验收。编制单位、制图人、审核人、技术负责人必须进行签字或盖章。对不符合技术要求的，一律退回编制单位进行改正、补齐，问题严重者可令其重做。不符合要求者，不能交工验收。

（5）凡报送的工程档案，如验收不合格将其退回建设单位，由建设单位责成责任者重新进行编制，待达到要求后重新报送。检查验收人员应对接收的档案负责。

（6）地方城建档案管理部门负责工程档案的最后验收。并对编制报送工程档案进行行业务指导、督促和检查。

2. 移交

（1）列入城建档案管理部门接收范围的工程，建设单位在工程竣工验收后3个月内向城建档案管理部门移交一套符合规定的工程档案。

（2）停建、缓建工程的工程档案，暂由建设单位保管。

（3）对改建、扩建和维修工程，建设单位应当组织设计单位、监理单位、施工单位据实修改、补充和完善工程档案。对改变的部位，应当重新编写工程档案，并在工程竣工验收后3个月内向城建档案管理部门移交。

（4）建设单位向城建档案管理部门移交工程档案时，应办理移交手续，填写移交目录，双方签字、盖章后交接。

（5）施工单位、监理单位等有关单位应在工程竣工验收前将工程档案按合同或协议规定的时间、套数移交给建设单位，办理移交手续。

二、建设工程监理文件档案资料管理

（一）建设工程监理文件档案资料管理基本概念

1. 监理文件档案资料管理的基本概念

所谓建设工程监理文件档案资料的管理，是指监理工程师受建设单位委托，在进行建设工程监理的工作期间，对建设工程实施过程中形成的与监理相关的文件和档案进行收集积累、加工整理、立卷归档和检索利用等一系列工作。建设工程监理文件档案资料管理的对象是监理文件档案资料，它们是工程建设监理信息的主要载体之一。

2. 监理文件档案资料管理的意义

（1）对监理文件档案资料进行科学管理，可以为建设工程监理工作的顺利开展创造良好的前提条件。建设工程监理的主要任务是进行工程项目的目标控制，而控制的基础是信息。如果没有信息，监理工程师就无法实施有效的控制在建设工程实施过程中产生的各种信息，经过收集、加工和传递，以监理文件档案资料的形式进行管理和保存，会成为有价值的监理信息资源，它是监理工程师进行建设工程目标控制的客观依据。

（2）对监理文件档案资料进行科学管理，可以极大地提高监理工作效率。监理文件档案资料经过系统、科学的整理归类，形成监理文件档案资料库，当监理工程师需要时，就能及时有针对性地提供完整的资料，从而迅速地解决监理工作中的问题。反之，如果文件档案资料分散管理，就会导致混乱，甚至散失，最终影响监理工程师的正确决策。

（3）对监理文件档案资料进行科学管理，可以为建设工程档案的归档提供可靠保证。监理文件档案资料的管理，是把监理过程中各项工作中形成的全部文字、声像、图纸及报表等文件资料进行统一管理和保存，从而确保文件和档案资料的完整性。一方面，在项目建成竣工以后，监理工程师可将完整的监理资料移交建设单位，作为建设项目的工程监理档案；另一方面，完整的工程监理文件档案资料是建设工程监理单位具有重要历史价值的资料，监理工程师可从中获得宝贵的监理经验，有利于不断提高建设工程监理工作水平。

3. 工程建设监理文件档案资料的传递流程

项目监理部的信息管理部门是专门负责建设工程项目信息管理工作的，其中包括监理文件档案资料的管理。因此在工程全过程中形成的所有资料，都应统一归口传递到信息管理部门，进行集中加工、收发和管理。

在监理组织内部，所有文件档案资料都必须先送交信息管理部门，进行统一整理分类，归档保存，然后由信息管理部门根据总监理工程师或其授权监理工程师的指令和监理工作的需要，分别将文件档案资料传递给有关监理工程师。当然任何监理人员都可以随时自行查阅经整理分类后的文件和档案。其次，在监理组织外部，在发送或接收建设单位、设计单位、施工单位、材料供应单位及其他单位的文件档案资料时，也应由信息管理部门负责进行，这样使所有的文件档案资料只有一个进出口通道，从而在组织上保证监理文件档案资料的有效管理。

文件档案资料的管理和保存，主要由信息管理部门中的资料管理人员负责。作为资料管理人员，必须熟悉各项监理业务，通过分析研究监理文件档案资料的特点和规律，对其进行系统、科学的管理，使其在建设工程监理工作中得到充分利用。除此之外，监理资料管理人员还应全面了解和掌握工程建设进展和监理工作开展的实际情况，结合对文件档案资料的整理分析，编写有关专题材料，对重要文件资料进行摘要综述，包括编写监理工作月报、工程建设周报等。

（二）建设工程监理文件档案资料管理

建设工程监理文件档案资料管理主要内容是：监理文件档案资料收、发文与登记；监理文件档案资料传阅；监理文件档案资料分类存放；监理文件档案资料归档、借阅、更改与作废。

1. 监理文件和档案收文与登记

所有收文应在收文登记上进行登记（按监理信息分类别进行登记）。应记录文件名称、文件摘要信息、文件的发放单位（部门）、文件编号以及收文日期，必要时应注明接收文件的具体时间，最后由项目监理部负责收文人员签字。

监理信息在有追溯性要求的情况下，应注意核查所填部分内容是否可追溯，如材料报审表中是否明确注明该材料所使用的具体部位，以及该材料质保证明的原件保存处等。

如不同类型的监理信息之间存在相互对照或追溯关系时（如：监理工程师通知单和监理工程师通知回复单），在分类存放的情况下，应在文件和记录上注明相关信息的编号和存放处。

资料管理人员应检查文件档案资料的各项内容填写和记录真实完整，签字认可人员应为符合相关规定的责任人员，并且不得以盖章和打印代替手写签认。文件档案资料以及存储介质质量应符合要求，所有文件档案必须使用符合档案归档要求的碳素墨水填写或打印生成，以适应长时间保存的要求。

有关工程建设照片及声像资料等应注明拍摄日期及所反映工程建设部位等摘要信息。收文登记后应交给项目总监或由其授权的监理工程师进行处理，重要文件内容应在监理日记中记录。

部分收文如涉及建设单位的工程建设指令或设计单位的技术核定单以及其他重要文件，应将复印件在项目监理部专栏内予以公布。

2. 监理文件档案资料传阅与登记

由建设工程项目监理部总监理工程师或其授权的监理工程师确定文件、记录是否需传阅，如需传阅应确定传阅人员名单和范围，并注明在文件传阅纸上，随同文件和记录进行传阅。也可按文件传阅纸样式刻制方形图章，盖在文件空白处，代替文件传阅纸。每位传阅人员阅后应在文件传阅纸上签名，并注明日期。文件和记录传阅期限不应超过该文件的处理期限。传阅完毕后，文件原件应交还信息管理人员归档。

3. 监理文件资料发文与登记

发文由总监理工程师或其授权的监理工程师签名，并加盖项目监理部图章，对盖章工作应进行专项登记。如为紧急处理的文件，应在文件首页标注"急件"字样。

所有发文按监理信息资料分类和编码要求进行分类编码，并在发文登记表上登记。登记内容包括：文件资料的分类编码、发文文件名称、摘要信息、接收文件的单位（部门）名称、发文日期（强调时效性的文件应注明发文的具体时间）。收件人收到文件后应签名。

发文应留有底稿，并附一份文件传阅纸，信息管理人员根据文件签发人指示确定文件责任人和相关传阅人员。文件传阅过程中，每位传阅人员阅后应签名并注明日期。发文的传阅期限不应超过其处理期限。重要文件的发文内容应在监理日记中予以记录。

项目监理部的信息管理人员应及时将发文原件归入相应的资料柜（夹）中，并在目录清单中予以记录。

4. 监理文件档案资料分类存放

监理文件档案经收、发文、登记和传阅工作程序后，必须使用科学的分类方法进行存放，这样既可满足项目实施过程查阅、求证的需要，又方便项目竣工后文件和档案的归档和移交。项目监理部应备有存放监理信息的专用资料柜和用于监理信息分类归档存放的专用资料夹。在大中型项目中应采用计算机对监理信息进行辅助管理。

信息管理人员则应根据项目规模规划各资料柜和资料夹内容。具体实施可参考下例，但不一定机械地按顺序将每个文件夹与各类文件一一对应。例如，合同类文件（A类）和勘察设计文件（B类）数量比较少可合并存放在一个文件夹内；工程质量控制中报审批文件（H类）中建筑材料、构配件、设备报审文件的数量较多，可单独存放在一个文件夹内，在某些大项目中，甚至可以考虑按材料、设备分类存放在多个文件夹内。某些文件内容比较多（如监理规划、施工组织设计）不宜存放在文件夹中，可在文件夹内附目录上说明文件编号和存放地点，然后将有关文件保存在指定位置。

文件档案资料应保持清晰，不得随意涂改记录，保存过程中应保持记录介质的清洁和不破损。

项目建设过程中文件和档案的具体分类原则应根据工程特点制定，监理单位的技术管理部门可以明确本单位文件档案资料管理的框架性原则，以便统一管理并体现出企业的特色。下文推荐的施工阶段监理文件和档案分类方法供监理工程师在具体项目操作中予以参考。

监理信息的分类可按照本部分内容定出框架，同时应考虑所监理工程项目的施工顺序、施工承包体系、单位工程的划分以及质量验收工作程序并结合自身监理业务的开展情况进行分类的编排，原则上可考虑按承包单位、按专业施工部位、按单位工程等进行划分，以保证监理信息检索和归档工作的顺利进行。

信息管理部门应注意建立适宜的文件档案资料存放地点，防止文件档案资料受潮霉变或虫害侵蚀。

资料夹装满或工程项目某一分部或单位工程结束时，资料应转存至档案袋，袋面应以相同编号标识。

如资料缺项时，类号、分类号不变，资料可空缺。

5. 监理文件档案资料归档

监理文件档案资料归档内容、组卷方法以及监理档案的验收、移交和管理工作，应根据现行《建设工程监理规范》及《建设工程文件归档整理规范》并参考工程项目所在地区建设工程行政主管部门、建设监理行业主管部门、地方城市建设档案管理部门的规定执行。

对一些需连续产生的监理信息，如对其有统计要求，在归档过程中应对该类信息建立相关的统计汇总表格以便进行核查和统计，并及时发现错漏之处，从而保证该类监理信息的完整性。

监理文件档案资料的归档保存中应严格按照保存原件为主、复印件为辅和按照一定顺序归档的原则。如在监理实践中出现作废和遗失等情况，应明确地记录作废和遗失原因、处理的过程。

如采用计算机对监理信息进行辅助管理的，当相关的文件和记录经相关责任人员签字确定、正式生效并已存入项目部相关资料夹中时，计算机管理人员应将储存在计算机中的相关文件和记录改变其文件属性为"只读"，并将保存的目录记录在书面文件上以便于进行查阅。在项目文件档案资料归档前不得将计算机中保存的有效文件和记录删除。

按照现行《建设工程文件归档整理规范》（GB/T 50328—2001），监理文件有 10 大类27 个，要求存不同的单位归档保存，现分述如下：

(1) 监理规划。

1) 监理规划（建设单位长期保存，监理单位短期保存，送城建档案管理部门保存）。

2）监理实施细则（建设单位长期保存，监理单位短期保存，送城建档案管理部门保存）。

3）监理部总控制计划等（建设单位长期保存，监理单位短期保存）。

（2）监理月报中的有关质量问题（建设单位长期保存监理单位长期保存，送城建档案管理部门保存）。

（3）监理会议纪要中的有关质量问题（建设单位长期保存，监理单位长期保存，送城建档案管理部门保存）。

（4）进度控制。

1）工程开工、复工审批表（建设单位长期保存，监理单位长期保存，送城建档案管理部门保存）。

2）工程开工、复工暂停令（建设单位长期保存，监理单位长期保存，送城建档案管理部门保存）。

（5）质量控制。

1）不合格项目通知（建设单位长期保存，监理单位长期保存，送城建档案管理部门保存）。

2）质量事故报告及处理意见（建设单位长期保存，监理单位长期保存，送城建档案管理部门保存）。

（6）造价控制。

1）预付款报审与支付（建设单位短期保存）。

2）月付款报审与支付（建设单位短期保存）。

3）设计变更、洽商费用报审与签认（建设单位长期保存）。

4）工程竣工决算审核意见书（建设单位长期保存，送城建档案管理部门保存）。

（7）分包资质。

1）分包单位资质材料（建设单位长期保存）。

2）供货单位资质材料（建设单位长期保存）。

3）试验等单位资质材料（建设单位长期保存）。

（8）监理通知。

1）有关进度控制的监理通知（建设单位、监理举位长期保存）。

2）有关质量控制的监理通知（建设单位、监理单位长期保存）。

3）有关造价控制的监理通知（建设单位、监理单位长期保存）。

（9）合同与其他事项管理。

1）工程延期报告及审批（建设单位永久保存，监理单位长期保存，送城建档案管理部门保存）。

2）费用索赔报告及审批（建设单位、监理单位长期保存）。

3）合同争议、违约报告及处理意见（建设单位永久保存，监理单位长期保存，送城建档案管理部门保存）。

4）合同变更材料（建设单位、监理单位长期保存，送城建档案管理部门保存）。

（10）监理工作总结。

1）专题总结（建设单位长期保存，监理单位短期保存）。

2）月报总结（建设单位长期保存，监理单位短期保存）。

3）工程竣工总结（建设单位、监理单位长期保存，送城建档案管理部门保存）。

4）质量评估报告（建设单位、监理单位长期保存，送城建档案管理部门保存）。

6. 监理文件档案资料借阅、更改与作废

项目监理部存放的文件和档案原则上不得外借，如政府部门、建设单位或施工单位确有需要，应经过总监理工程师或其授权的监理工程师同意，并在信息管理部门办理借阅手续。监理人员在项目实施过程中需要借阅文件和档案时，应填写文件借阅单，并明确归还时间。信息管理人员办理有关借阅手续后，应在文件夹的内附目录上作特殊标记，避免其他监理人员查阅该文件时，因找不到文件引起工作混乱。

监理文件档案的更改应由原制定部门相应责任人执行，涉及审批程序的，由原审批责任人执行。若指定其他责任人进行更改和审批时，新责任人必须获得所依据的背景资料。监理文件档案更改后，由信息管理部门填写监理文件档案更改通知单，并负责发放新版本文件。发放过程中必须保证项目参建单位中所有相关部门都得到相应文件的有效版本。文件档案换发新版时，应由信息管理部门负责将原版本收回作废。考虑到日后有可能出现追溯需求，信息管理部门可以保存作废文件的样本以备查阅。

三、建设工程监理表格体系和主要文件档案

（一）监理工作的基本表式

建设工程监理在施工阶段的基本表式按照《建设工程监理规范》（GB 50319—2000）附录执行，该类表式可以一表多用，由于各行业各部门各地区已经各自形成一套表式，使得建设工程参建各方的信息行为不规范、不协调，因此，建立一套通用的，适合建设、监理、施工、供货各方，适合各个行业、各个专业的统一表式已显示充分的必要性，可以大大提高我国建设工程信息的标准化、规范化。根据《建设工程监理规范》（GB 50319—2000），规范中基本表式有三类：

A类表共 10 个表（A1～A10），为承包单位用表，是承包单位与监理单位之间的联系表，由承包单位填写，向监理单位提交申请或回复。

B类表共 6 个表（B1～B6），为监理单位用表，是监理单位与承包单位之间的联系表，由监理单位填写，向承包单位发出的指令或批复。

C类表共 2 个表（C1、C2），为各方通用表，是工程项目监理单位、承包单位、建设单位等各有关单位之间的联系表。

1. 承包单位用表（A 类表）

本类表共 10 个，A1～A10，主要用于施工阶段。使用中应注意以下内容。

（1）工程开工、复工报审表（A1）。施工阶段承包单位向监理单位报请开工和工程暂停后报请复工时填写，如整个项目一次开工，只填报一次，如工程项目中涉及多个单位工程且开工时间不同，则每个单位工程开工都应填报一次。申请开工时，承包单位认为已具备开工条件时向项目监理部申报"工程开工报审表"，监理工程师应从下列几个方面审核，认为具备开工条件时，由总监理工程师签署意见，报建设单位。具体条件为：

1）工程所在地（所属部委）政府建设主管单位已签发施工许可证。

2）征地拆迁工作已能满足工程进度的需要。

3）施工组织设计已获总监理工程师批准。

4）测量控制桩、线已查验合格。

5）承包单位项目经理部现场管理人员已到位，机具、施工人员已进场，主要工程材料已落实。

6）施工现场道路、水、电、通信等已满足开工要求。

由于建设单位或其他非承包单位的原因导致工程暂停，在施工暂停原因消失、具备复工条件时，项目监理部应及时督促施工单位尽快报请复工；由于施工单位原因导致工程暂停，在具备恢复施工条件时，承包单位报请复工报审表并提交有关材料，总监理工程师应及时签署复工报审表，施工单位恢复正常施工。

（2）施工组织设计（方案）报审表（A2）。施工单位在开工前向项目监理部报送施工组织设计（施工方案）的同时，填写施工组织设计（方案）报审表，施工过程中，如经批准的施工组织设计（方案）发生改变工程项目监理部要求将变更的方案报送时，也采用此表。施工方案应包括工程项目监理部要求报送的分部（分项）工程施工方案，季节性施工方案，重点部位及关键工序的施工工艺方案，采用新材料、新设备、新技术、新工艺的方案等。总监理工程师应组织审查并在约定的时间内核准，同时报送建设单位，需要修改时，应由总监理工程师签发书面意见退回承包单位修改后再报，重新审核。

审核主要内容为：

1）施工组织设计（方案）是否有承包单位负责人签字。

2）施工组织设计（方案）是否符合施工合同要求。

3）施工总平面图是否合理。

4）施工部署是否合理，施工方法是否可行，质量保证措施是否可靠并具备针对性。

5）工期安排是否能够满足施工合同要求，进度计划是否能保证施工的连续性和均衡性，施工所需人力、材料、设备与进度计划是否协调。

6）承包单位项目经理部的质量管理体系、技术管理体系、质量保证体系是否健全。

7）安全、环保、消防和文明施工措施是否符合有关规定。

8）季节施工、专项施工方案是否可行、合理和先进。

（3）分包单位资格报审表（A3）。由承包单位报送监理单位，专业监理工程师和总监理工程师分别签署意见，审查批准后，分包单位完成相应的施工任务。审核主要内容有：

1）分包单位资质（营业执照、资质等级）。

2）分包单位业绩材料。

3）拟分包工程内容、范围。

4）专职管理人员和特种作业人员的资格证、上岗证。

（4）报验申请表（A4）。本表主要用于承包单位向监理单位的工程质量检查验收申报。用于隐蔽工程的检查和验收时，承包单位必须完成自检并附有相应工序、部位的工程质量检查记录；用于施工放样报检时应附有承包单位的施工放样成果；用于分项、分部、单位工程质量验收时应附有相关符合质量验收标准的资料及规范规定的表格。

（5）工程款支付申请表（A5）。在分项、分部工程或按照施工合同付款的条款完成相应工程的质量已通过监理工程师认可后，承包单位要求建设单位支付合同内项目及合同外项目的工程款时，填写本表向工程项目监理部申报，附件有：

1）用于工程预付款支付申请时：施工合同中有关规定的说明。

2）在申请工程进度款支付时：已经核准的工程量清单，监理工程师的审核报告、款额计算和其他有关的资料。

3）在申请工程竣工结算款支付时：竣工结算资料、竣工结算协议书。

4）在申请上程变更费用支付时："工程变更单"（C2）及有关资料。

5）在申请索赔费用支付时："费用索赔审批表"（B6）及有关资料。

6）合同内项目及合同外项目其他应附的付款凭证。

工程项目监理部的专业工程监理工程师对本表及其附件进行审批，提出审核记录及批复建议。同意付款时，应注明应付的数额及其计算方法，报总监理工程师审批，并将审批结果以"工程款支付证书"（B3）批复给施工单位并通知建设单位。不同意付款时应说明理由。

（6）监理工程师通知回复单（A6）。本表用于承包单位接到项目监理部的"监理工程师通知单"（B1），并已完成了监理工程师通知单上的工作后，报请项目监理部进行核查。表中应对监理工程师通知单中所提问题产生的原因、整改经过和今后预防同类问题准备采取的措施进行详细的说明，且要求承包单位对每一份监理工程师通知都予以答复。监理工程师应对本表所述完成的工作进行核查，签署意见，批复给承包单位。本表一般可由专业工程监理工程师签认，重大问题由总监理工程师签认。

（7）工程临时延期申请表（A7）。当发生工程延期事件，并有持续性影响时，承包单位填报本表，向工程项目监理部申请工程临时延期；工程延期事件结束，承包单位向工程项目监理部最终申请确定工程延期的日历天数及延迟后的竣工日期。此时应将本表表头的"临时"两字改为"最终"。申报时应在本表中详细说明工程延期的依据、工期计算、申请延长竣工日期，并附有证明材料。工程项目监理部对本表所述情况进行审核评估，分别用"工程临时延期审批表"（B4）及"工程最终延期审批表"（B5）批复承包单位项目经理部。

（8）费用索赔申请表（A8）。本表用于费用索赔事件结束后，承包单位向项目监理部提出费用索赔时填报。在本表中详细说明索赔事件的经过、索赔理由、索赔金额的计算等，并附有必要的证明材料，经过承包单位项目经理签字。总监理工程师应组织监理工程师对本表所述情况及所提的要求进行审查与评估，并与建设单位协商后，在施工合同规定的期限内签署"费用索赔审批表"（B6）或要求承包单位进一步提交详细资料后重报申请，批复承包单位。

（9）工程材料、构配件、设备报审表（A9）。本表用于承包单位将进入施工现场的工程材料、构配件经自检合格后，由承包单位项目经理签章，向工程项目监理部申请验收；对运到施工现场的设备，经检查包装无破损后，向项目监理部申请验收，并移交给设备安装单位。工程材料、构配件还应注明使用部位。随本表应同时报送材料、构配件、设备数量清单、质量证明文件（产品出厂合格证、材质化验单、厂家质量检验报告、厂家质量保证书、进口商品海关报检证书、商检证等）、自检结果文件（如复检、复试合格报告等）。

项目监理部应对进入施工现场的工程材料、构配件进行检验（包括抽验、平行检验、见证取样送检等）；对进厂的大中型设备要会同设备安装单位共同开箱验收检验合格，监理工程师在本表上签认，注明质量控制资料和材料试验合格的相关说明；检验不合格时，在本表上签批不同意验收，工程材料、构配件、设备应清退出场，也可据情况批示同意进场但不得使用于原拟定部位。

（10）工程竣工报验单（A10）。在单位工程竣工，承包单位自检合格，各项竣工资料齐备后，承包单位填报本表向工程项目监理部申请竣工验收。表中附件是指可用于证明工程已按合同约定完成并符合竣工验收要求的资料。总监理工程师收到本表及附件后，应组织各专业工程监理工程师对竣工资料及各专业工程的质量进行全面检查，对检查出的问题，应督促承包单位及时整改，合格后，总监理工程师签署本表，并向建设单位提出质量评估报告，完成竣工预验收。

2. 监理单位用表（B 类表）

本类表共 6 个，B1～B6，主要用于施工阶段。使用时应注意以下内容：

（1）监理工程师通知单（B1）。本表为重要的监理用表。是工程项目监理部按照委托监理合同所授予的权限，针对承包单位出现的各种问题而发出的要求承包单位进行整改的指令性文件，工程项目监理部使用时要注意尺度，既不能不发通知，也不能滥发，以维护监理通知的权威性。监理工程师现场发出的口头指令及要求，也应采用此表，事后予以确认。承包单位应使用"监理工程师通知叫复单"（A6）回复。本表一般可由专业工程监理工程师签发，但发出前必须经过总监理工程师同意，重大问题应由总监理工程师签发。填写时，"事由"应填写通知内容的主题词，相当于标题，"内容"应写明发生问题的具体部位、具体内容，写明监理工程师的要求、依据。

（2）工程暂停令（B2）。在建设单位要求且工程需要暂停施工；出现工程质量问题，必须停工处理；出现质量或安全隐患，为避免造成工程质量损失或危及人身安全而需要暂停施工；承包单位未经许可擅自施工或拒绝项目监理部管理；发生了必须暂停施工的紧急事件时；发生上述五种情况中任何一种，总监理工程师应根据停工原因、影响范围，确定工程停工范围，签发工程暂停令，向承包单位下达工程暂停的指令。表内必须注明工程暂停的原因、范围、停工期间应进行的工作及责任人、复工条件等。签发本表要慎重，要考虑工程暂停后可能产生的各种后果，并应事前与建设单位协商，宜取得一致意见。

（3）工程款支付证书（B3）。本表为项目监理部收到承包单位报送的"工程款支付申请表"（A5）后用于批复用表，由各专业工程监理工程师按照施工合同进行审核，及时抵扣工程预付款后，确认应该支付工程款的项目及款额，提出意见，经过总监理工程师审核签认后，报送建设单位，作为支付的证明，同时批复给承包单位，随本表应附承包单位报送的"工程款支付申请表"（A5）及其附件。

（4）工程临时延期审批表（B4）。本表用于工程项目监理部接到承包单位报送的"工程临时延期申请表"（A7）后，对申报情况进行调查、审核与评估后，初步做出是否同意延期申请的批复。表中"说明"是指总监理工程师同意或不同意工程临时延期的理由和依据。如同意，应注明暂时同意工期延长的日数，延长后的竣工日期。同时应指令承包单位在工程延长期间，随延期时间的推移，应陆续补充的信息与资料。本表由总监理工程师签发，签发前应征得建设单位同意。

（5）工程最终延期审批表（B5）。本表用于工程延期事件结束后，工程项目监理部根据承包单位报送的"工程临时延期申请表"（A7）及延期事件发展期间陆续报送的有关资料，对申报情况进行调查、审核与评估后，向承包单位下达的最终是否同意工程延期日数的批复。表中"说明"是指总监理工程师同意或不同意工程最终延期的理由和依据，同时应注明最终同意工期延长的日数及竣工日期。本表由总监理工程师签发，签发前应征得建设单位同意。

（6）费用索赔审批表（B6）。本表用于收到施工单位报送的"费用索赔申请表"（A8）后，工程项目监理部针对此项索赔事件，进行全面的调查了解、审核与评估后，做出的批复。本表中应详细说明同意或不同意此项索赔的理由，同意索赔时，同意支付的索赔金额及其计算方法，并附有关的资料。本表由专业工程监理工程师审核后，报总监理工程师签批，签批前应与建设单位、承包单位协商确定批准的赔付金额。

3. 各方通用表（C类表）

（1）监理工作联系单（C1）。本表适用于参与建设工程的建设、施工、监理、勘察设计和质监单位相互之间就有关事项的联系，发出单位有权签发的负责人应为：建设单位的**现场代表**（施工合同中规定的工程师）、承包单位的项目经理、监理单位的项目总监理工程师、设计单位的本工程设计负责人、政府质量监督部门的负责监督该建设工程的监督师，不能任何人随便签发，若用正式函件形式进行通知或联系，则不宜使用本表，改由发出单位的法人签发。该表的事由为联系内容的主题词。若用于混凝土浇灌申请时，可由工程项目经理部的技术负责人签发，工程项目监理部也用本表予以回复，本表可以由土建工程监理工程师签署。本表签署的份数根据内容及涉及范围而定。

（2）工程变更单（C2）。本表适用于参与建设工程的建设、施工、勘察设计、监理各方使用，在任一方提出工程变更时都要先填该表。在建设单位提出工程变更时，填写后由工程项目监理部签发，必要时建设单位应委托设计单位编制设计变更文件并签转项目监理部；承包单位提出工程变更时，填写本表后报送项目监理部，项目监理部同意后转呈建设单位，需要时由建设单位委托设计单位编制设计变更文件，并签转项目监理部，施工单位在收到项目监理部签署的"工程变更单"后，方可实施工程变更，工程分包单位的工程变更应通过承包单位办理。该表的附件应包括工程变更的详细内容，变更的依据，对工程造价及工期的影响程度，对工程项目功能、安全的影响分析及必要的图示。总监理工程师组织监理工程师收集资料，进行调研，并与有关单位磋商，如取得一致意见时，在本表中写明，并经相关的建设单位的现场代表、承包单位的项目经理、监理单位的项目总监理工程师、设计单位的本工程设计负责人等在本表上签字，此项工程变更才生效。本表由提出工程变更的单位填报，份数视内容而定。

（二）监理规划

监理规划应在签订委托监理合同，收到施工合同、施工组织设计（技术方案）、设计图纸文件后一个月内，由总监理工程师组织完成该工程项目的监理规划编制工作，经监理公司技术负责人审核批准后，在监理交底会前报送建设单位。

监理规划的内容应有针对性，做到控制目标明确、措施有效、工作程序合理、工作制度健全、职责分工清楚，对监理实践有指导作用。监理规划应有时效性，在项目实施过程中，应根据情况的变化作必要的调整、修改，经原审批程序批准后，再次报送建设单位。

为规范监理规划的书写，具体书写监理规划时要求注意的有以下几点：

（1）内容应符合《建设工程监理规范》（GB 50319—2000）"4.1 监理规划"中 4.1.3 条的 12 款要求。

（2）监理工作目标应包括工程控制目标、工程质量控制目标、工程造价控制目标。

（3）工程进度控制，包括工期控制目标的分解、进度控制程序、进度控制要点和控制进度的风险措施等；工程质量控制，包括质量控制目标的分解、质量控制程序、质量控制要点和控制质量风险的措施等；工程造价控制，包括造价控制目标的分解、造价控制程序、控制造价风险措施等；工程合同其他事项的管理，包括工程变更管理、索赔管理要点、程序以及合同争议的协调方法等。

（4）项目监理部的组织机构：主要写明组织形式、人员构成、监理人员的职责分工、人员进场计划安排。

（5）项目监理部监理工作制度，包括信息和资料管理制度、监理会议制度、监理工作报告制度、其他监理工作制度。

（三）监理实施细则

对于技术复杂、专业性强的工程项目应编制"监理实施细则"，监理实施细则应符合监理规划的要求，并结合专业特点，做到详细、具体、具有可操作性，监理实施细则也要根据实际情况的变化进行修改、补充和完善，内容主要有：专业工作特点，监理工作流程，监理控制要点及目标值，监理工作方法及措施。

（四）监理日记

根据《建设工程监理规范》（GB 50319—2000）中 3.2.5 第七款：由专业工程监理工程师根据本专业监理工作的实际情况做好监理日记和 3.2.6 第六款：（监理员应履行以下职责）做好监理日记和有关的监理记录。显然，监理日记由专业监理工程师和监理员书写，监理日记和施工日记一样，都是反映工程施工过程的实录，一个同样的施工行为，往往两本日记可能记载有不同的结论，事后在工程发现问题时，日记就起了重要的作用。因此，认真、及时、真实、详细、全面地做好监理日记，对发现问题，解决问题，甚至仲裁、起诉都有作用。

监理日记有不同角度的记录，项目总监理工程师可以指定一名监理工程师对项目每天总的情况进行记录，通称为项目监理日志；专业工程监理工程师可以从专业的角度进行记录；监理员可以从负责的单位工程、分部工程、分项工程的具体部位施工情况进行记录，侧重点不同，记录的内容、范围也不同。项目监理日志主要内容有：

（1）当日材料、构配件、设备、人员变化的情况。

（2）当日施工的相关部位、工序的质量、进度情况；材料使用情况；抽检、复检情况。

（3）施工程序执行情况；人员、设备安排情况。

（4）当日监理工程师发现的问题及处理情况。

（5）当日进度执行情况；索赔（工期、费用）情况；安全文明施工情况。

（6）有争议的问题，各方的相同和不同意见；协调情况。

（7）天气、温度的情况，天气、温度对某些工序质量的影响和采取措施与否。

（8）承包单位提出的问题，监理人员的答复等。

（五）监理例会会议纪要

监理例会是履约各方沟通情况，交流信息、协调处理、研究解决合同履行中存在的各方面问题的主要协调方式。会议纪要由项目监理部根据会议记录整理，主要内容包括：

（1）会议地点及时间。

（2）会议主持人。

（3）与会人员姓名、单位、职务。

（4）会议主要内容、议决事项及其负责落实单位、负责人和时限要求。

（5）其他事项。

例会上意见不一致的重大问题，应将各方的主要观点，特别是相互对立的意见记入"其他事项"中。会议纪要的内容应准确如实，简明扼要，经总监理工程师审阅，与会各方代表会签，发至合同有关各方，并应有签收手续。

（六）监理月报

《建设工程监理规范》（GB 50319—2000）7.2节对监理月报有较明确的规定，对监理月报的内容、编制组织、签认人、报送对象、报送时间都有规定。监理月报由项目总监理工程师组织编写，由总监理工程师签认，报送建设单位和本监理单位，报送时间由监理单位和建设单位协商确定，一般在收到承包单位项目经理部报送来的工程进度，汇总了本月已完工程量和本月计划完成工程量的工程量表、工程款支付申请表等相关资料后，在最短的时间内提交，大约在5～7d。

监理月报的内容有七点，根据建设工程规模大小决定汇总内容的详细程度，具体为：

（1）工程概况：本月工程概况，本月施工基本情况。

（2）本月工程形象进度。

（3）工程进度：本月实际完成情况与计划进度比较；对进度完成情况及采取措施效果的分析。

（4）工程质量：本月工程质量分析；本月采取的工程质量措施及效果。

（5）工程计量与工程款支付：工程量审核情况；工程款审批情况及支付情况；工程款支付情况分析；本月采取的措施及效果。

（6）合同其他事项的处理情况：工程变更；工程延期；费用索赔。

（7）本月监理工作小结：对本月进度、质量、工程款支付等方面情况的综合评价；本月监理工作情况；有关本工程的建议和意见；下月监理工作的重点。

有些监理单位还加入了承包单化、分包单位机构、人员、设备、材料构配件变化；分部、分项工程验收情况；主要施工试验情况；天气、温度、其他原因对施工的影响情况；工程项目监理部机构、人员变动情况等的动态数据，使月报更能反映不同工程当月施工实际情况。

（七）监理工作总结

《建设工程监理规范》（GB 50319—2000）7.3节对监理工作总结有所规定：监理总结有工程竣工总结、专题总结、月报总结三类，按照《建设工程文件归档整理规范》的要求，三类总结在建设单位都属于要长期保存的归档文件，专题总结和月报总结在监理单位是短期保存的归档文件，而工程竣工总结属于要报送城建档案管理部门的监理归档文件。

工程竣工的监理总结内容有六点：

（1）工程概况。

（2）监理组织机构、监理人员和投入的监理设施。

（3）监理理合同履行情况。

（4）监理工作成效。

（5）施工过程中出现的问题及其处理情况和建议（该内容为总结的要点，主要内容有质量问题、质量事故、合同争议、违约、索赔等处理情况）。

（6）工程照片（有必要时）。

（八）其他监理文件档案资料

按照《建设工程监理规范》（GB 50319—2000）7.1 节和 8.3 节的规定，监理文件档案资料有两种：一种是施工阶段的监理文件档案资料 28 条，另一种是设备采购监理和设备制造工作的监理文件档案资料 22 条，除上述主要监理文件外，其他监理文件档案资料详见《建设工程监理规范》（GB 50319—2000）。

第五节　建设工程项目管理软件的应用

一、建设工程项目管理软件应用概述

建设工程项目管理软件是指在项目管理过程中使用的各类软件，这些软件主要用于收集、综合和分发项目管理过程的输入和输出的信息。传统的项目管理软件包括时间进度计划、成本控制、资源调度和图形报表输出等功能模块，但从项目管理的内容出发，项目管理软件还应该包括合同管理、采购管理、风险管理、质量管理、索赔管理、组织管理等功能，如果把这些软件的功能集成，整合在一起，即构成了建设工程项目管理信息系统。

目前在项目管理过程中使用的项目管理软件数量多，应用面广，几乎覆盖了建设工程项目管理全过程的各个阶段和各个方面。为更好地了解建设工程项目管理软件的应用，有必要对其进行分类。从项目管理软件适用的各个阶段进行划分。

1. 适用于某个阶段的特殊用途的项目管理软件

这类软件种类繁多，软件定位的使用对象和使用范围被限制在一个比较窄的范围内，所注重的往往是实用性，例如用于项目建议书和可行性研究工作的项目评估与经济分析软件，房地产开发评估软件用于设计和招投标阶段的概预算软件、招投标管理软件、快速报价软件等。

2. 普遍适用于各个阶段的项目管理软件

例如进度计划管理软件，费用控制软件及合同与办公事务管理软件等。

3. 对各个阶段进行集成管理的软件

工程建设的各个阶段是紧密联系的，每个阶段的工作都是对上一阶段工作的细化和补充，同时要受到上一阶段所确定的框架的制约，很多项目管理软件的应用过程就体现了这样一种阶段间的相互控制、相互补充的关系。例如一些高水平费用管理软件能清晰地体现投标价（概预算）形成（合同价核算与确定，工程结算）、费用比较分析与控制，工程决算的整个过程，并可自动将这一过程的各个阶段关联在一起。

二、建设工程项目管理软件的应用意义

建设工程项目管理软件在我国工程建设领域的应用经历从无有、从简单到复杂、从局部应用向全面推广、从单纯引进或自行开发到引进与自主开发相结合的过程，到目前为止，在工程建设领域应该使用项目管理软件已经成为共识，在一个项目的管理过程中是否使用了项目管理软件已成为衡量项目管理水平高低的标志之一，一个监理公司能否熟练使用项目管理软件完成建设工程项目的监理工作，能否协助业主利用项目管理软件对建设工程项目实施有效的管理，监理公司内部是否拥有较为完善的信息管理系统也已成为考察监理能力，适应市场化竞争的要求。建设工程项目管理软件的应用可以达到以下目的：

（1）提升企业的核心竞争力，适应市场化竞争的要求。

（2）缩短建筑企业的服务时间，提高建筑企业的客户满意度，及时地获取客户需求，实现对市场变化的快速响应。

（3）可以有效提高企业的决策水平，项目管理软件的应用使企业在获取、传递、利用信息资源方面更加灵活、快捷和开放，可以极大地增强决策者的信息处理能力和方案评价选择能力拓展了决策者的思维空间，延伸了决策者的智力，最大限度地减少了决策过程中的不确定性、随意性和主观性，增强了决策的合理性、科学性及快速反应，提高了决策的效益和效率。

（4）有效降低企业成本。项目管理软件的应用可以直接影响建筑企业价值链的任何一环的成本，改变和改善成本结构。

（5）有助于理顺建筑企业内部的各种信息，提高建筑企业的管理水平。

（6）加速知识在建筑企业中的传播，同时在企业内部营造出一个重视知识、重视人才的环境。

（7）加速信息在建筑企业内部和建设工程项目建设的各个参与方之间的流动，实现信息的有效整合和利用，减少信息损耗。

（8）通过项目管理软件及其所代表的现代项目管理思想在项目管理中的应用，可以提高建设工程项目的管理水平，提高建设工程项目各个参与方的管理水平，提高建设工程项目的整体效益，从而最终增强国家的综合实力。

（9）有利于建筑相关行业适应加入 WTO 后的国际化竞争。在全球知识经济和信息化高速发展的今天，作为项目管理工作中重要的知识管理工具——项目管理软件的应用已经成为决定建筑企业成败的关键因素，也是建筑企业实现跨地区、跨国经营的重要前提。

三、建设工程项目管理软件的应用现状

项目管理软件在建设工程项目管理中的应用是建设工程管理现代化的主要标志之。项目的管理是动态过程，在这一过程中有大量的数据和信息需要处理，需要各种图表，需要在施工前做好规划、编制好计划，需要在项目执行过程中反馈真实的记录，需要执行过程中对计划进行不断的调整。这些具体工作的实现过程，同时也是项目管理水平提高的过程，是项目管理软件的应用过程。没有计算机系统的应用，就谈不上高水平的项目管理，对于大型建筑工程项目尤其如此。

目前，在项目管理软件的应用过程中，存在以下几种形式：

1. 以业主为主导的统一的项目管理软件应用形式

采用这类形式的往往是大型或特大型建设工程项目。在这类项目的实施过程中业主或者聘请专业的咨询单位或人员为建设工程项目提供涉及项目管理全过程的咨询，或者自行建立相应的部门专门从事这方面的工作，无论采用哪种方式，都需要做到事前针对项目的特点和业主自身的具体情况对项目管理软件（或项目管理信息系统）的应用进行详细的规划。

2. 项目的某个参与方单独或各自单独应用项目管理软件的形式

这种项目管理软件的应用形式目前在建设工程项目管理中普遍存在。由于建设工程项目的各个参与方对项目管理软件应用的认识程度存在很大差距，只要业主没有对项目管理软件在项目管理中的应用进行统一布置，则往往是工程参与中的先知先觉者会单独选用适用于自己的项目管理软件或使用自己完善的面向企业管理和项目管理的信息系统，使得使用项目管理软件的参与方比其他未使用项目管理软件的参与方有更高的效率，能掌握更多的信息，能更早地预知风险，能对出现的问题做出快速响应，在各个参与方之间处于一种有利的地位。各自单位使用建设工程项目管理软件，又会带来诸多的不协调，从整体上看应用效果不如前一种形式。

四、项目管理软件应用时应注意解决的问题

1. 信息的标准化问题

随着项目管理软件和以项目管理软件为核心的项目管理信息系统应用的不断深入，信息的标准化问题已成为当前需要解决的首要问题。不同软件和系统公司，建设工程项目各个参与方面的数据信息不能共享，设计、施工、监理生产的数据不能进行交流，数据出现脱节，导致在软件应用过程中发生诸如信息的重复输入、信息存在不一致等问题，使各个参与方在对项目管理软件的应用上举棋不定、难于决断，这种情况的存在，严重阻碍了项目管理软件应用或建设工程项目管理信息化的进程。显然，解决此类问题的关键是在软件的技术方面，即软件厂商间的标准统一问题，更重要的是在项目管理中加强信息的标准化管理，制定统一的信息规范。

2. 管理观念方面的问题

项目管理软件和以项目管理软件为核心的项目管理信息系统的应用能否取得成功，关键是要将先进的项目管理观念同项目管理实际结合在一起。

3. 建立应用的整体观念

项目管理软件和以项目管理软件为核心的项目管理信息系统的应用是一项系统工程，项目的各个参与方应树立以管理技术和管理基础为先导、选择适用的项目管理软件或系统实施、培训并重的整体观念，事前系统性的整体规划，是整个应用过程实现的技术途径。

4. 单元软件和管理信息系统的问题

在项目管理软件应用的初期，往往注重对具有某些特定功能的项目管理软件的投入，但随着应用水平的不断提高，用户应逐渐地把重点转向各种功能软件和信息的集成和整合方面，即建设工程项目信息管理系统构建上来，不应过分集中在对单一软件的应用上。

5. 决策层应高度重视项目管理软件和项目管理信息系统的应用问题

对项目管理软件和项目管理信息系统的应用，不仅是企业或项目的最高领导亲自参与主持，还该包括整个决策层的参与决策。

思 考 题

1. 信息时代的特点是什么？

2. 什么是数据？什么是信息？它们有什么关系？

3. 建设工程项目信息如何分类？从哪些角度进行分类？

4. 监理工程师进行建设工程项目信息管理的基本任务是什么？

5. 建设工程信息流程有什么特点？

6. 建设工程信息在建设各个阶段如何进行收集？

7. 建设工程信息的加工、整理、分发、检索、储存各有什么要求？

8. 什么是建设工程文件？什么是建设工程档案？建设工程文件档案资料有何特征？

9. 建设单位、承包单位、监理单位、城建档案管理部门各自对建设工程文件档案资料的管理职责有哪些？

10. 建设工程档案资料编制质量有哪些要求？

11. 工程竣工验收时，档案验收的程序是什么？重点验收内容是什么？

12. 建设工程监理文件档案如何进行分类？

13. 监理工作基本表式有哪几类？使用时应注意些什么？

第八章 建设工程安全生产监理

第一节 建设工程安全生产监理概述

建设工程安全生产关系到人民群众生命和财产安全，甚至关系到经济的发展和社会的稳定，因此，在建设工程生产过程中必须贯彻"安全第一，预防为主"的方针，切实做好安全生产监理工作。

一、基本概念

1. 安全生产

安全生产是指在生产过程中保障人身安全和设备安全。有两方面的含义：在生产过程中保护职工的安全和健康，防止工伤事故和职业病危害；在生产过程中防止其他各类事故的发生，确保生产设备的连续、稳定、安全运转，保护国家财产不受损失。

2. 安全生产监理

监理单位依据国家有关法律法规和工程建设强制性标准和地方政府的有关规定，对施工单位的安全生产管理行为的监督检查和安全防护措施的监督抽查。

3. 施工现场安全生产保证体系

施工现场安全生产保证体系由建设工程承包单位制定，是实现安全生产目标所需的组织机构、职责、程序、措施、过程、资源和制度。

4. 安全检查

安全检查是指对施工现场安全生产活动进行的检查工作。其目的是：

（1）通过检查，可以发现施工中人的不安全行为和物的不安全状态、不卫生问题，从而采取对策，消除不安全因素，保障安全生产。

（2）利用安全生产检查，进一步宣传、贯彻、落实国家安全生产方针、政策和各项安全生产规章制度。

（3）安全检查实质上也是群众性的安全教育。通过检查，增强领导和群众的安全意识，纠正违章指挥、违章作业，提高搞好安全生产的自觉性和责任感。

（4）通过检查可以互相学习、总结经验、吸取教训、取长补短，有利于进一步促进安全生产工作。

（5）通过安全生产检查，了解安全生产状态，为分析安全生产形势，研究加强安全管理提供信息和依据。

5. 事故

事故是指任何造成疾病、伤害、死亡，财产、设备、产品或环境的损坏或破坏。施工现场安全事故包括：物体打击、车辆伤害、机械伤害、起重伤害、触电事故、淹溺、灼烫、火灾、高处坠落、坍塌、放炮、火药爆炸、化学爆炸、物理性爆炸、中毒和窒息及其他伤害。

6. 应急救援

应急救援是指在安全生产措施控制失效情况下，为避免或减少可能引发的伤害或其他影响而采取的补救措施和抢救行为。它是安全生产管理的内容，是项目经理部实行施工现场安全生产管理的具体要求，也是监理工程师审核施工组织设计与施工方案中安全生产的重要内容。

7. 应急救援预案

应急救援预案是指针对可能发生的、需要进行紧急救援的安全生产事故，事先制定好应对补救措施和抢救方案，以便及时救助受伤的和处于危险状态中的人员、减少或防止事态进一步扩大，并为善后工作创造好的条件。

二、建设工程安全生产监理的意义

1. 建设工程安全生产的特点

建设工程事故频发是由其自身的特点所决定的，只有了解其特点，才可有效防治。

（1）工程建设的产品具有产品固定、体积大、生产周期长的特点。无论是房屋建筑、市政工程、公路工程、铁路工程、水利工程等，只要工程项目选址确定后，就在这个地点施工作业，而且要集中大量的机械、设备、材料、人员，连续几个月或者几年才能完成建设任务，发生安全事故的可能性会增加。

（2）工程建设活动大部分是在露天空旷的场地上完成的，严寒酷暑都要作业，劳动强度大，工人的体力消耗大，尤其是高空作业，如果工人的安全意识不强，在体力消耗的情况下，经常会造成安全事故。

（3）施工队伍流动性大。建设工地上施工队伍大多由外来务工人员组成，因此，造成管理难度的增大。很多建筑工人来自于农村，文化水平不高，自我保护能力和安全意识较弱，如果施工承包单位不重视岗前培训，往往会形成安全事故频发状态。

（4）建筑产品的多样性决定了施工过程变化大，一个单位工程有许多道工序，每道工序施工方法不同，人员不同，相关的机械设备不同，作业场地不同，工作时间不同，各工序交叉作业很多都加大了管理难度，如果管理稍有疏忽，就会造成安全事故。

综上所述，安全事故很容易发生，因此"安全第一、预防为主"的指导思想就显得非常重要。做到"安全第一、预防为主"就可以减少安全事故的发生，提高生产效率，进而达到工程建设的目标。

2. 建设工程安全生产监理的意义

《建设工程安全生产管理条例》针对建设工程安全生产中存在的主要问题，确立了建设企业安全生产和政府监督管理的基本制度，规定了参与建设活动各方主体的安全责任，明确了建筑工人安全与健康的合法权益，是一部全面规范建设工程安全生产的专门法规，可操作性强，对规范建设工程安全生产必将起到重要的作用。对提高工程建设领域安全生产水平、确保人民生命财产安全、促进经济发展、维护社会稳定都具有十分重要的意义。

三、建设工程安全生产监理的原则

1. "安全第一，预防为主" 的原则

根据《中华人民共和国安全生产法》的总方针，"安全第一"表明了生产范围内安全与生产的关系，肯定了安全生产在建设活动中的首要位置和重要性；"预防为主"体现了事先策划、事中控制及事后总结，通过信息收集、归类分析、制定预案等过程进行控制和防范，体现了政府对建设工程安全生产过程中"以人为本"、"关爱生命"、"关注安全"的宗旨。

2. 以人为本、关爱生命

安全生产管理应遵循维护作业人员的合法权益的原则，应改善施工作业人员的工作与生活条件。施工承包单位必须为作业人员提供安全防护设施，对其进行安全教育培训，为施工人员办理意外伤害保险，作业与生活环境应达到国家规定的安全生产、生活环境标准，真正体现出以人为本、关爱生命。

3. 职权与责任一致的原则

国务院建设行政主管部门和相关部门对建设工程安全生产管理的职权和责任应该相一致，其职能和权限应该明确；建设主体各方应该承担相应的法律责任，对工作人员不能够依法履行监督管理职责的，应该给予行政处分，构成犯罪的，依法追究刑事责任。

四、建设工程安全生产监理的任务

建设工程安全监理的任务主要是贯彻落实国家有关安全生产的方针、政策，督促施工承包单位按照建筑施工安全生产的法规和标准组织施工，落实各项安全生产的技术措施，消除施工中的冒险性、盲目性和随意性，减少不安全的隐患，杜绝各类伤亡事故的发生，实现安全生产。

五、建设工程安全生产监理的法律依据

(1)《中华人民共和国建筑法》。

(2)《中华人民共和国安全生产法》。

(3)《建设工程安全生产管理条例》。

(4)《工程建设标准强制性条文》。

(5)《安全生产许可条例》。

(6)《生产安全事故报告和调查处理条例》。

(7)《建筑施工安全检查标准》(JGJ 59—99)。

(8)《施工承包单位安全生产评价标准》(JGJ/T 77—2003)。

(9)《施工现场临时用电安全技术规范》(JGJ 46—88)。

(10)《建筑施工高处作业安全技术规范》(JGJ 80—91)。

(11)《建筑机械使用安全技术规程》(JGJ 33—2001)。

(12)《建筑施工门式钢管脚手架安全技术规范》(JGJ 128—2000)。

(13)《建筑施工扣件式钢管脚手架安全技术规范》(JGJ 130—2001)。

(14)《龙门架及井架物料提升机安全技术规范》(JGJ 88—92)。

(15)《中华人民共和国刑法》第一百三十七条。

(16)《建筑工程预防高处坠落事故若干规定和建筑工程预防坍塌事故若干规定》。

第二节　建设工程安全生产责任

《中华人民共和国安全生产法》规定，生产经营单位必须遵守本法和其他有关安全生产的法律、法规，加强安全生产管理，建立、健全安全生产责任制度，完善安全生产条件，确保安全生产。生产经营单位的主要负责人对本单位的安全生产工作全面负责。《建设工程安全生产管理条例》对建设单位、勘察单位、设计单位、施工单位、工程监理单位及其他与建设工程安全生产有关单位的安全生产责任都做了具体规定。

一、建设单位的安全责任

（1）建设单位应当向施工单位提供施工现场及毗邻区域内供水、排水、供电、供气、供热、通信、广播电视等地下管线资料，气象和水文观测资料，相邻建筑物和构筑物、地下工程的有关资料，并保证资料的真实、准确、完整。建设单位因建设工程需要，向有关部门或者单位查询前款规定的资料时，有关部门或者单位应当及时提供。

（2）建设单位不得对勘察、设计、施工、工程监理等单位提出不符合建设工程安全生产法律、法规和强制性标准规定的要求，不得压缩合同约定的工期。

（3）建设单位在编制工程概算时，应当确定建设工程安全作业环境及安全施工措施所需费用。

（4）建设单位不得明示或者暗示施工单位购买、租赁、使用不符合安全施工要求的安全防护用具、机械设备、施工机具及配件、消防设施和器材。

（5）建设单位在申请领取施工许可证时，应当提供建设工程有关安全施工措施的资料。依法批准开工报告的建设工程，建设单位应当自开工报告批准之日起15日内，将保证安全施工的措施报送建设工程所在地的县级以上地方人民政府建设行政主管部门或者其他有关部门备案。

（6）建设单位应当将拆除工程发包给具有相应资质等级的施工单位。建设单位应当在拆除工程施工15日前，将下列资料报送建设工程所在地的县级以上地方人民政府建设行政主管部门或者其他有关部门备案：

1）施工单位资质等级证明。

2）拟拆除建筑物、构筑物及可能危及毗邻建筑的说明。

3）拆除施工组织方案。

4）堆放、清除废弃物的措施。实施爆破作业的，应当遵守国家有关民用爆炸物品管理的规定。

二、施工单位的安全责任

（1）施工单位从事建设工程的新建、扩建、改建和拆除等活动，应当具备国家规定的注册资本、专业技术人员、技术装备和安全生产等条件，依法取得相应等级的资质证书，并在其资质等级许可的范围内承揽工程。

（2）施工单位主要负责人依法对本单位的安全生产工作全面负责。施工单位应当建立健全安全生产责任制度和安全生产教育培训制度，制定安全生产规章制度和操作规程，保证本单位安全生产条件所需资金的投入，对所承担的建设工程进行定期和专项安全检查，并做好安全检查记录。

施工单位的项目负责人应当由取得相应执业资格的人员担任，对建设工程项目的安全施工负责，落实安全生产责任制度、安全生产规章制度和操作规程，确保安全生产费用的有效使用，并根据工程的特点组织制定安全施工措施，消除安全事故隐患，及时、如实报告生产安全事故。

（3）施工单位对列入建设工程概算的安全作业环境及安全施工措施所需费用，应当用于施工安全防护用具及设施的采购和更新、安全施工措施的落实、安全生产条件的改善，不得挪作他用。

（4）施工单位应当设立安全生产管理机构，配备专职安全生产管理人员。专职安全生产管理人员负责对安全生产进行现场监督检查。发现安全事故隐患，应当及时向项目负责人和安全生产管理机构报告；对违章指挥、违章操作的，应当立即制止。

（5）建设工程实行施工总承包的，由总承包单位对施工现场的安全生产负总责。总承包单位应当自行完成建设工程主体结构的施工。总承包单位依法将建设工程分包给其他单位的，分包合同中应当明确各自的安全生产方面的权利、义务。总承包单位和分包单位对分包工程的安全生产承担连带责任。分包单位应当服从总承包单位的安全生产管理，分包单位不服从管理导致生产安全事故的，由分包单位承担主要责任。

（6）垂直运输机械作业人员、安装拆卸工、爆破作业人员、起重信号工、登高架设作业人员等特种作业人员，必须按照国家有关规定经过专门的安全作业培训，并取得特种作业操作资格证书后，方可上岗作业。

（7）施工单位应当在施工组织设计中编制安全技术措施和施工现场的临时用电方案，对下列达到一定规模的危险性较大的分部分项工程编制专项施工方案，并附具安全验算结果，经施工单位技术负责人、总监理工程师签字后实施，由专职安全生产管理人员进行现场监督：

1）基坑支护与降水工程。

2）土方开挖工程。

3）模板工程。

4）起重吊装工程。

5）脚手架工程。

6）拆除、爆破工程。

7）国务院建设行政主管部门或者其他有关部门规定的其他危险性较大的工程。

对前面所列工程中涉及深基坑、地下暗挖工程、高大模板工程的专项施工方案，施工单位还应当组织专家进行论证、审查。

8）建设工程施工前，施工单位负责项目管理的技术人员应当对有关安全施工的技术要求向施工作业班组、作业人员作出详细说明，并由双方签字确认。

9）施工单位应当在施工现场入口处、施工起重机械、临时用电设施、脚手架、出入通道口、楼梯口、电梯井口、孔洞口、桥梁口、隧道口、基坑边沿、爆破物及有害危险气体和液体存放处等危险部位，设置明显的安全警示标志。安全警示标志必须符合国家标准。施工单位应当根据不同施工阶段和周围环境及季节、气候的变化，在施工现场采取相应的安全施工措施。施工现场暂时停止施工的，施工单位应当做好现场防护，所需费用由责任方承担，或者按照合同约定执行。

10）施工单位应当将施工现场的办公、生活区与作业区分开设置，并保持安全距离；办公、生活区的选址应当符合安全性要求。职工的膳食、饮水、休息场所等应当符合卫生标准。施工单位不得在尚未竣工的建筑物内设置员工集体宿舍。施工现场临时搭建的建筑物应当符合安全使用要求。施工现场使用的装配式活动房屋应当具有产品合格证。

11）施工单位对因建设工程施工可能造成损害的毗邻建筑物、构筑物和地下管线等，应当采取专项防护措施。施工单位应当遵守有关环境保护法律、法规的规定，在施工现场采取措施，防止或者减少粉尘、废气、废水、固体废物、噪声、振动和施工照明对人和环境的危害和污染。在城市市区内的建设工程，施工单位应当对施工现场实行封闭围挡。

12）施工单位应当在施工现场建立消防安全责任制度，确定消防安全责任人，制定用火、用电、使用易燃易爆材料等各项消防安全管理制度和操作规程，设置消防通道、消防水源，配备消防设施和灭火器材，并在施工现场入口处设置明显标志。

13）施工单位应当向作业人员提供安全防护用具和安全防护服装，并书面告知危险岗位的操作规程和违章操作的危害。作业人员有权对施工现场的作业条件、作业程序和作业方式中存在的安全问题提出批评、检举和控告，有权拒绝违章指挥和强令冒险作业。在施工中发生危及人身安全的紧急情况时，作业人员有权立即停止作业或者在采取必要的应急措施后撤离危险区域。

14）作业人员应当遵守安全施工的强制性标准、规章制度和操作规程，正确使用安全防护用具、机械设备等。

15）施工单位采购、租赁的安全防护用具、机械设备、施工机具及配件，应当具有生产（制造）许可证、产品合格证，并在进入施工现场前进行查验。施工现场的安全防护用具、机械设备、施工机具及配件必须由专人管理，定期进行检查、维修和保养，建立相应的资料档案，并按照国家有关规定及时报废。

16）施工单位在使用施工起重机械和整体提升脚手架、模板等自升式架设设施前，应当组织有关单位进行验收，也可以委托具有相应资质的检验检测机构进行验收；使用承租的机械设备和施工机具及配件的，由施工总承包单位、分包单位、出租单位和安装单位共同进行验收。验收合格的方可使用。《特种设备安全监察条例》规定的施工起重机械，在验收前应当经有相应资质的检验检测机构监督检验合格。施工单位应当自施工起重机械和整体提升脚手架、模板等自升式架设设施验收合格之日起30日内，向建设行政主管部门或者其他有关部门登记。登记标志应当置于或者附着于该设备的显著位置。

17）施工单位的主要负责人、项目负责人、专职安全生产管理人员应当经建设行政主管部门或者其他有关部门考核合格后方可任职。施工单位应当对管理人员和作业人员每年至少进行一次安全生产教育培训，其教育培训情况记入个人工作档案。安全生产教育培训考核不合格的人员，不得上岗。

18）作业人员进入新的岗位或者新的施工现场前，应当接受安全生产教育培训。未经教育培训或者教育培训考核不合格的人员，不得上岗作业。施工单位在采用新技术、新工艺、新设备、新材料时，应当对作业人员进行相应的安全生产教育培训。

19）施工单位应当为施工现场从事危险作业的人员办理意外伤害保险。意外伤害保险费由施工单位支付。实行施工总承包的，由总承包单位支付意外伤害保险费。意外伤害保险期限自建设工程开工之日起至竣工验收合格止。

三、监理单位的安全责任

工程监理单位应当审查施工组织设计中的安全技术措施或者专项施工方案是否符合工程建设强制性标准。

工程监理单位在实施监理过程中，发现存在安全事故隐患的，应当要求施工单位整改；情况严重的，应当要求施工单位暂时停止施工，并及时报告建设单位。施工单位拒不整改或者不停止施工的，工程监理单位应当及时向有关主管部门报告。

工程监理单位和监理工程师应当按照法律、法规和工程建设强制性标准实施监理，并对建设工程安全生产承担监理责任。

工程监理单位有下列行为之一的，责令限期改正；逾期未改正的，责令停业整顿，并处 10 万元以上 30 万元以下的罚款；情节严重的，降低资质等级，直至吊销资质证书；造成重大安全事故，构成犯罪的，对直接责任人员，依照刑法有关规定追究刑事责任；造成损失的，依法承担赔偿责任：

（1）未对施工组织设计中的安全技术措施或者专项施工方案进行审查的。

（2）发现安全事故隐患未及时要求施工单位整改或者暂时停止施工的。

（3）施工单位拒不整改或者不停止施工，未及时向有关主管部门报告的。

（4）未依照法律、法规和工程建设强制性标准实施监理的。

第三节　建设工程施工阶段的安全监理

一、建设工程安全监理的主要工作内容

监理单位应当按照法律、法规和工程建设强制性标准及监理委托合同实施监理，对所监理工程的施工安全生产进行监督检查，具体内容如下。

（一）施工准备阶段安全监理的主要工作内容

（1）监理单位应根据《建设工程安全生产管理条例》的规定，按照工程建设强制性标准、《建设工程监理规范》（GB 50319）和相关行业监理规范的要求，编制包括安全监理内容的项目监理规划，明确安全监理的范围、内容、工作程序和制度措施，以及人员配备计划和职责等。

（2）对中型及以上项目和《建设工程安全生产管理条例》第二十六条规定的危险性较大的分部分项工程，监理单位应当编制监理实施细则。实施细则应当明确安全监理的方法、措施和控制要点，以及对施工单位安全技术措施的检查方案。

（3）审查施工单位编制的施工组织设计中的安全技术措施和危险性较大的分部分项工程安全专项施工方案是否符合工程建设强制性标准要求。审查的主要内容应当包括：

1）施工单位编制的地下管线保护措施方案是否符合强制性标准要求。

2）基坑支护与降水、土方开挖与边坡防护、模板、起重吊装、脚手架、拆除、爆破等分部分项工程的专项施工方案是否符合强制性标准要求。

3）施工现场临时用电施工组织设计或者安全用电技术措施和电气防火措施是否符合强制性标准要求。

4）冬季、雨季等季节性施工方案的制订是否符合强制性标准要求。

5）施工总平面布置图是否符合安全生产的要求，办公、宿舍、食堂、道路等临时设施设置以及排水、防火措施是否符合强制性标准要求。

（4）检查施工单位在工程项目上的安全生产规章制度和安全监管机构的建立、健全及专职安全生产管理人员配备情况，督促施工单位检查各分包单位的安全生产规章制度的建立情况。

（5）审查施工单位资质和安全生产许可证是否合法有效。

（6）审查项目经理和专职安全生产管理人员是否具备合法资格，是否与投标文件相一致。

（7）审核特种作业人员的特种作业操作资格证书是否合法有效。

（8）审核施工单位应急救援预案和安全防护措施费用使用计划。

（二）施工阶段安全监理的主要工作内容

（1）监督施工单位按照施工组织设计中的安全技术措施和专项施工方案组织施工，及时制止违规施工作业。

（2）定期巡视检查施工过程中的危险性较大工程作业情况。

（3）核查施工现场施工起重机械、整体提升脚手架、模板等自升式架设设施和安全设施的验收手续。

（4）检查施工现场各种安全标志和安全防护措施是否符合强制性标准要求，并检查安全生产费用的使用情况。

（5）督促施工单位进行安全自查工作，并对施工单位自查情况进行抽查，参加建设单位组织的安全生产专项检查。

二、建设工程安全监理的工作程序

（1）监理单位按照《建设工程监理规范》和相关行业监理规范要求，编制含有安全监理内容的监理规划和监理实施细则。

（2）在施工准备阶段，监理单位审查核验施工单位提交的有关技术文件及资料，并由项目总监在有关技术文件报审表上签署意见；审查未通过的，安全技术措施及专项施工方案不得实施。

（3）在施工阶段，监理单位应对施工现场安全生产情况进行巡视检查，对发现的各类安全事故隐患，应书面通知施工单位，并督促其立即整改；情况严重的，监理单位应及时下达工程暂停令，要求施工单位停工整改，并同时报告建设单位。安全事故隐患消除后，监理单位应检查整改结果，签署复查或复工意见。施工单位拒不整改或不停工整改的，监理单位应当及时向工程所在地建设主管部门或工程项目的行业主管部门报告，以电话形式报告的，应当有通话记录，并及时补充书面报告。检查、整改、复查、报告等情况应记载在监理日志、监理月报中。监理单位应核查施工单位提交的施工起重机械、整体提升脚手架、模板等自升式架设设施和安全设施等验收记录，并由安全监理人员签收备案。

（4）工程竣工后，监理单位应将有关安全生产的技术文件、验收记录、监理规划、监理实施细则、监理月报、监理会议纪要及相关书面通知等按规定立卷归档。

三、书面检查的内容

1. 施工承包单位安全生产管理体系的检查

（1）施工承包单位应具备国家规定的安全生产资质证书，并在其等级许可范围内承揽工程。

（2）施工承包单位应成立以企业法人代表为首的安全生产管理机构，依法对本单位的安全生产工作全面负责。

（3）施工承包单位的项目负责人应当由取得安全生产相应资质的人担任，在施工现场应建立以项目经理为首的安全生产管理体系，对项目的安全施工负责。

（4）施工承包单位应当在施工现场配备专职安全生产管理人员，负责对施工现场的安全施工进行监督检查。

（5）工程实行总承包的，应由总包单位对施工现场的安全生产负总责，总包单位和分包单位应对分包工程的施工安全承担连带责任，分包单位应当服从总包单位的安全生产管理。

2. 施工承包单位安全生产管理制度的检查

（1）安全生产责任制。这是企业安全生产管理制度中的核心，是上至总经理下至每个生产工人对安全生产所应负的职责。

（2）安全技术交底制度。施工前由项目的技术人员将有关安全施工的技术要求向施工作业班组、作业人员作出详细说明，并由双方签字落实。

（3）安全生产教育培训制度。施工承包单位应当对管理人员、作业人员，每年至少进行一次安全教育培训，并把教育培训情况记入个人工作档案。

（4）施工现场文明管理制度。

（5）施工现场安全防火、防爆制度。

（6）施工现场机械设备安全管理制度。

（7）施工现场安全用电管理制度。

（8）班组安全生产管理制度。

（9）特种作业人员安全管理制度。

（10）施工现场门卫管理制度。

3. 工程项目施工安全监督机制的检查

（1）施工承包单位应当制定切实可行的安全生产规章制度和安全生产操作规程。

（2）施工承包单位的项目负责人应当落实安全生产的责任制和有关安全生产的规章制度和操作规程。

（3）施工承包单位的项目负责人应根据工程特点，组织制定安全施工措施，消除安全隐患，及时如实报告施工安全事故。

（4）施工承包单位应对工程项目进行定期与不定期的安全检查，并做好安全检查记录。

（5）在施工现场应采用专检和自检相结合的安全检查方法、班组间相互安全监督检查的方法。

（6）施工现场的专职安全生产管理人员在施工发现场发现安全事故隐患时，应当及时向项目负责人和安全生产管理机构报告，对违章指挥、违章操作的应当立即制止。

4. 施工承包单位安全教育培训制度落实情况的检查

（1）施工承包单位主要负责人、项目负责人、专职安全管理人员应当经建设行政主管部门进行安全教育培训，并经考核合格后方可上岗。

（2）作业人员进入新的岗位或新的施工现场前应当接受安全生产教育培训，未经培训或培训考核不合格的不得上岗。

（3）施工承包单位在采用新技术、新工艺、新设备、新材料时应当对作业人员进行相应的安全生产教育培训。

（4）施工承包单位应当向作业人员以书面形式，告之危险岗位的操作规程和违章操作的危害，制定出保障施工作业人员安全和预防安全事故的措施。

（5）对垂直运输机械作业人员，安装拆卸、爆破作业人员，起重信号、登高架设作业人员等特种作业人员，必须按照国家有关规定，经过专门的安全作业培训，并取得特种作业操作资格证书，方可上岗作业。

5. 安全生产技术措施的审查

主要检查施工组织设计中有无安全措施，对下列达到一定规模的危险性较大的分部分项工程编制专项施工方案，并附有安全验算结果，经施工承包单位技术负责人、总监理工程师签字后实施，由专项安全生产管理人员进行现场监督。

（1）基坑支护与降水工程专项措施。

（2）土方开挖工程专项措施。

（3）模板工程专项措施。

（4）起重吊装工程专项措施。

（5）脚手架工程专项措施。

（6）拆除、爆破工程专项措施。

（7）高处作业专项措施。

（8）施工现场临时用电安全专项措施。

（9）施工现场的防火、防爆安全专项措施。

（10）国务院建设行政主管部门或者其他有关部门规定的其他危险性较大的工程。

对上述所列工程中涉及深基坑、地下暗挖工程、高大模板工程的专项施工方案，施工承包单位还应当组织专家进行论证、审查。

四、现场巡视检查的内容

巡视检查是监理工程师在施工过程中进行安全与质量控制的重要手段。在巡视检查中应该加强对施工安全的检测，防止安全事故的发生。

1. 高空作业情况

为防止高空坠落事故的发生，监理工程师应重点巡视现场，看施工组织设计中的安全措施是否落实。

（1）架设是否牢固。

（2）高空作业人员是否系保险带。

（3）是否采用防滑、防冻、防寒、防雷等措施，遇到恶劣天气不得高空作业。

（4）有无尚未安装栏杆的平台、雨篷、挑檐。

（5）孔、洞、口、沟、坎、井等部位是否设置防护栏杆，洞口下是否设置防护网。

（6）作业人员从安全通道上下楼，不得从架子攀登，不得随提升机、货运机上下。

（7）梯子底部坚实可靠，不得垫高使用，梯子上端应固定。

2．安全用电情况

为防止触电事故的发生，监理工程师应对安全用电情况予以重视，不合格的要求整改。

（1）开关箱是否设置漏电保护。

（2）每台设备是否一机一闸。

（3）闸箱三相五线制连接是否正确。

（4）室内、室外电线、电缆架设高度是否满足规范要求。

（5）电缆埋地是否合格。

（6）检查、维修是否带电作业，是否挂标志牌。

（7）相关环境下用电电压是否合格。

（8）配电箱、电气设备之间的距离是否符合规范要求。

3．脚手架、模板情况

为防止脚手架坍塌事故的发生，监理工程师对脚手架的安全应该引起足够重视，对脚手架的施工工序应该进行验收。主要有：

（1）脚手架用材料（钢管、卡子）质量是否符合规范要求。

（2）节点连接是否满足规范要求。

（3）脚手架与建筑物连接是否牢固、可靠。

（4）剪刀撑设置是否合理。

（5）扫地杆安装是否正确。

（6）同一脚手架用钢管直径是否一致。

（7）脚手架安装、拆除队伍是否具有相关资质。

（8）脚手架底部基础是否符合规范要求。

4．机械使用情况

由于使用过程中违规操作、机械故障等，会造成人员的伤亡。因此，对于机械安全使用情况，监理工程师应该进行验收，对于不合格的机械设备，应令施工承包单位清出施工现场，不得使用，对没有资质的操作人员停止其操作行为。验收检查主要有：

（1）具有相关资质的操作人员身体情况、防护情况是否合格。

（2）机械上的各种安全防护装置和警示牌是否齐全。

（3）机械用电连接等是否合格。

（4）起重机载荷是否满足要求。

（5）机械作业现场是否合格。

（6）塔吊安装、拆卸方案是否编制合理。

（7）机械设备与操作人员、非操作人员的距离是否满足要求。

5. 安全防护情况

有了必要的防护措施就可以大大减少安全事故的发生，监理工程师对安全防护情况的检查验收主要有：

（1）防护是否到位，不同的工种应该有不同的防护装置，如：安全帽、安全带、安全网、防护罩、绝缘服等。

（2）自身安全防护是否合格，如：头发、衣服、身体状况等。

（3）施工现场周围环境的防护措施是否健全，如：高压线、地下电缆、运输道路以及沟、河、洞等对建设工程的影响。

（4）安全管理费用是否到位。能否保证安全防护的设置需求。

6. 文明施工情况检查

（1）施工承包单位应当在施工现场入口处，起重机械、临时用电设施、脚手架、出入通道口、电梯井口、楼梯口、孔洞口、基坑边沿、爆破物及有害气体和液体存放处等危险部位设置明显的安全警示标志。在市区内施工，应当对施工现场实行封闭围挡。

（2）施工承包单位应当在施工现场建立消防安全责任制度，确定消防安全责任人，制定用火、用电，使用易燃、易爆材料等各项消防安全管理制度和操作规程，设置消防通道、消防水源、配备消防设施和灭火器材，并在施工现场入口处设置明显防火标志。

（3）施工承包单位应当根据不同施工阶段和周围环境及季节气候的变化，在施工现场采取相应的安全施工措施。

（4）施工承包单位对施工可能造成损害的毗邻建筑物、构筑物和地下管线，应当采取专项防护措施。

（5）施工承包单位应当遵守环保法律、法规，在施工现场采取措施，防止或减少粉尘、废水、废气、固体废物、噪音、振动和施工照明对人和环境的危害和污染。

（6）施工承包单位应当将施工现场的办公区、生活区和作业区分开设置，并保持安全距离。办公生活区的选址应当符合安全性要求。职工膳食、饮水应当符合卫生标准，不得在尚未完工的建筑物内设员工集体宿舍。临时建筑必须在建筑物 20m 以外，不得建在管道煤气和高压架空线路下方。

7. 其他方面安全隐患的检查

（1）施工现场的安全防护用具、机械设备、施工机具及配件必须有专人保管，定期进行检查、维护和保养，建立相应的资料档案，并按国家有关规定及时报废。

（2）施工承包单位应当向作业人员提供安全防护用具和安全防护服装。

（3）作业人员有权对施工现场的作业条件、作业程序和作业方式中存在的安全问题提出批评、检举和控告，有权拒绝违章指挥和强令冒险作业。

（4）施工中发生危及人身安全的紧急情况时，作业人员有权立即停止作业或者采取必要的紧急措施后撤离危险区域。

（5）作业人员应当遵守安全施工的强制性标准、规章制度和操作规程，正确使用安全防护用具、机械设备。

（6）施工现场临时搭建的建筑物应当符合安全使用要求，施工现场使用的装配式活动房应有产品合格证。

五、安全事故处理

安全事故发生后，应急救援工作至关重要。应急救援工作做得好可以最大限度地减少损失，可以及时挽救事故受伤人员的生命，可以尽快使事故得到妥善的处理与处置。

1. 生产安全事故的应急救援预案

（1）县级以上地方人民政府建设行政主管部门应当根据本级人民政府的要求，制定本行政区域内建设工程特大生产安全事故的应急救援预案。

（2）施工承包单位应当制定本单位生产安全事故应急救援预案，建立应急救援组织或者配备应急救援人员，配备必要的应急救援器材、设备，并定期组织演练；施工现场应当根据本工程的特点、范围、对施工现场易发生重大事故的部位、环节进行监控，制订施工现场生产安全事故救援预案；实行施工总承包的，由总承包单位统一组织编制建设工程生产安全事故救援预案，工程总承包单位和分包单位按照应急救援预案各自建立应急救援组织或者配备应急救援人员，配备应急救援器材、设备，并定期组织演练。

2. 生产安全事故的应急救援

安全事故发生后，监理工程师积极协助、督促施工承包单位按照应急救援预案进行紧急救助，以最大限度地减少损失，挽救事故受伤人员的生命。

3. 生产安全事故等级

根据生产安全事故（以下简称事故）造成的人员伤亡或者直接经济损失，事故一般分为以下等级：

（1）特别重大事故，是指造成30人以上死亡，或者100人以上重伤（包括急性工业中毒，下同），或者1亿元以上直接经济损失的事故。

（2）重大事故，是指造成10人以上30人以下死亡，或者50人以上100人以下重伤，或者5000万元以上1亿元以下直接经济损失的事故。

（3）较大事故，是指造成3人以上10人以下死亡，或者10人以上50人以下重伤，或者1000万元以上5000万元以下直接经济损失的事故。

（4）一般事故，是指造成3人以下死亡，或者10人以下重伤，或者1000万元以下直接经济损失的事故。

4. 生产安全事故报告制度

监理单位在生产安全事故发生后，应督促施工承包单位及时、如实地向有关部门报告，应下达停工令，并报告建设单位，防止事故的进一步扩大和蔓延。

（1）事故发生后，事故现场有关人员应当立即向本单位负责人报告；单位负责人接到报告后，应当于1小时内向事故发生地县级以上人民政府安全生产监督管理部门和负有安全生产监督管理职责的有关部门报告。情况紧急时，事故现场有关人员可以直接向事故发生地县级以上人民政府安全生产监督管理部门和负有安全生产监督管理职责的有关部门报告。

（2）安全生产监督管理部门和负有安全生产监督管理职责的有关部门接到事故报告后，应当依照下列规定上报事故情况，并通知公安机关、劳动保障行政部门、工会和人民检察院：

1）特别重大事故、重大事故逐级上报至国务院安全生产监督管理部门和负有安全生产监督管理职责的有关部门。

2）较大事故逐级上报至省、自治区、直辖市人民政府安全生产监督管理部门和负有安全生产监督管理职责的有关部门。

3）一般事故上报至市级人民政府安全生产监督管理部门和负有安全生产监督管理职责的有关部门。安全生产监督管理部门和负有安全生产监督管理职责的有关部门依照前款规定上报事故情况，应当同时报告本级人民政府。国务院安全生产监督管理部门和负有安全生产监督管理职责的有关部门以及省级人民政府接到发生特别重大事故、重大事故的报告后，应当立即报告国务院。必要时，安全生产监督管理部门和负有安全生产监督管理职责的有关部门可以越级上报事故情况。

（3）安全生产监督管理部门和负有安全生产监督管理职责的有关部门逐级上报事故情况，每级上报的时间不得超过2小时。

（4）报告事故应当包括下列内容：

1）事故发生单位概况。

2）事故发生的时间、地点以及事故现场情况。

3）事故的简要经过。

4）事故已经造成或者可能造成的伤亡人数（包括下落不明的人数）和初步估计的直接经济损失。

5）已经采取的措施。

6）其他应当报告的情况。

5. 生产安全事故的调查处理

（1）事故的调查。特别是对于重大事故的调查应由事故发生地的市、县级以上建设行政主管部门或者国务院有关主管部门组成调查组负责进行，调查组可以聘请有关方面的专家协助进行技术鉴定、事故分析和财产损失的评估工作。调查的主要内容有：与事故有关的工程情况；事故发生的详细情况，如发生的地点、时间、工程部位、性质、现状及发展变化等；事故调查中的有关数据和资料；事故原因分析和判断；事故发生后所采取的临时防护措施；事故处理的建议方案及措施；事故涉及的有关人员及责任情况。

（2）事故的处理。首先必须对事故进行调查研究，收集充分的数据资料，广泛听取专家及各方面的意见和建议，经科学论证，决定该事故是否需要做出处理，并坚持实事求是的科学态度，制定安全、可靠、适用及经济的处理方案。

（3）事故处理报告应逐级上报。事故处理报告的内容包括：事故的基本情况；事故调查及检查情况；事故原因分析；事故处理依据；安全、质量缺陷处理方案及技术措施；实施安全、质量处理中的有关数据、记录、资料；对处理结果的检查、鉴定和验收；结论意见。

6. 法律责任

（1）事故发生单位主要负责人有下列行为之一的，处上一年年收入40%～80%的罚款；属于国家工作人员的，并依法给予处分；构成犯罪的，依法追究刑事责任：

1）不立即组织事故抢救的。

2）迟报或者漏报事故的。

3）在事故调查处理期间擅离职守的。

（2）事故发生单位及其有关人员有下列行为之一的，对事故发生单位处 100 万元以上 500 万元以下的罚款；对主要负责人、直接负责的主管人员和其他直接责任人员处上一年年收入 60%~100% 的罚款；属于国家工作人员的，并依法给予处分；构成违反治安管理行为的，由公安机关依法给予治安管理处罚；构成犯罪的，依法追究刑事责任：

1）谎报或者瞒报事故的。

2）伪造或者故意破坏事故现场的。

3）转移、隐匿资金、财产，或者销毁有关证据、资料的。

4）拒绝接受调查或者拒绝提供有关情况和资料的。

5）在事故调查中作伪证或者指使他人作伪证的。

6）事故发生后逃匿的。

（3）事故发生单位对事故发生负有责任的，依照下列规定处以罚款：

1）发生一般事故的，处 10 万元以上 20 万元以下的罚款。

2）发生较大事故的，处 20 万元以上 50 万元以下的罚款。

3）发生重大事故的，处 50 万元以上 200 万元以下的罚款。

4）发生特别重大事故的，处 200 万元以上 500 万元以下的罚款。

（4）事故发生单位主要负责人未依法履行安全生产管理职责，导致事故发生的，依照下列规定处以罚款；属于国家工作人员的，并依法给予处分；构成犯罪的，依法追究刑事责任：

1）发生一般事故的，处上一年年收入 30% 的罚款。

2）发生较大事故的，处上一年年收入 40% 的罚款。

3）发生重大事故的，处上一年年收入 60% 的罚款。

4）发生特别重大事故的，处上一年年收入 80% 的罚款。

（5）事故发生单位对事故发生负有责任的，由有关部门依法暂扣或者吊销其有关证照；对事故发生单位负有事故责任的有关人员，依法暂停或者撤销其与安全生产有关的执业资格、岗位证书；事故发生单位主要负责人受到刑事处罚或者撤职处分的，自刑罚执行完毕或者受处分之日起，5 年内不得担任任何生产经营单位的主要负责人。为发生事故的单位提供虚假证明的中介机构，由有关部门依法暂扣或者吊销其有关证照及其相关人员的执业资格；构成犯罪的，依法追究刑事责任。

（6）建设单位、设计单位、施工单位、工程监理单位违反国家规定，降低工程质量标准，造成重大安全事故的，对直接责任人员，处 5 年以下有期徒刑或者拘役，并处罚金；后果特别严重的，处 5 年以上 10 年以下有期徒刑，并处罚金。

思　考　题

1. 什么是安全生产？

2. 什么是安全生产监理？

3. 建设工程安全生产的特点是什么?

4. 建设工程安全生产监理的原则是什么?

5. 建设工程安全生产监理的任务是什么?

6. 监理单位的安全责任是什么?

7. 建设工程安全监理的主要工作内容是什么?

第九章　建设工程环境监理

第一节　工程环境监理概述

工程环境监理是建设工程监理的派生分支，是建设工程监理的重要组成部分，也是建设工程监理制的深入与发展，它着重工程建设中环境保护方面的工作，同时又相对具有社会化、专业化和独立性，是工程建设环境管理的技术支持。

工程环境监理作为环境管理的全新领域，它包括环境科学的理论与实施创新的探索，涉及环境管理监督、环境污染防治技术、建设项目竣工后生产及环境保护验收、生态环境保护及工程监理等方面的多层次问题。由此可见，工程环境监理是一个针对性很强，又涉及面广的环境管理新领域，它正处在不断提高、充实、完善、规范的过渡时期。

一、工程环境监理的意义和作用

生态环境是"由生态关系组成的环境"的简称，是指影响生态系统发展的环境条件的总体，它是人类生存的自然环境和社会环境的综合（即）生态系统。一般指水资源（水环境）、土地资源（土地环境）、生物资源（生物环境）以及气候资源（气候环境）。由于现代社会人的数量占据了陆地动物的大部分，其活动对自然界有不可忽视的影响力，一切人为的改变生态环境的活动都应符合生态规律，工程建设项目也不例外。尤其在工程施工过程中，工程建设会对施工区及其周边地区的自然环境和生态系统带来影响与干扰，如工程施工废弃物的弃置会破坏农田、造成土地退化、水土流失，施工活动会破坏植被、对野生动植物生境造成干扰和破坏，施工废水和施工人员生活污水排放会污染施工区域的河流湖泊，施工过程中以及施工人员排放的垃圾会影响环境卫生，施工过程中产生的粉尘、机械设备和施工运输车辆产生的废气会污染施工区及附近地区的大气，施工噪声会影响附近民众的工作休息等。为尽量减轻工程施工对环境造成的不利影响，需将环境保护措施贯彻落实到整个工程的管理中去，将监管部门的外部控制转变为施工过程中的内部主动控制，确保建设周期施工现场、周围环境、污染物排放和生态保护达到国家规定标准或要求。

长期以来，我国在建设项目环境保护管理工作中，比较重视"事前"的环境影响评价工作和"事后"的"三同时"竣工环境保护验收制度，而在环境影响报告书批复之后、竣工验收之前的施工阶段，环境监督管理尚显薄弱。也就是说在"事中"阶段造成的环境污染和破坏，例如生态破坏、水土流失、景观影响以及环境污染等，现行的管理模式还不能做到及时有效的反应。为了有效地控制工程施工阶段的环境污染和生态影响，有必要变"事后"管理为"过程"管理，实现全过程环境管理。在此背景下，我国引入了工程环境监理制度。

我国的环境监理工作开始于 20 世纪 80 年代。国家环境保护总局于 2002 年 7 月发布了《关于统一规范环境监察机构名称的通知》（环发［2002］100 号），将全国各级环保局

（厅）所属的"环境监理"类机构统一更名为"环境监察"机构，以区别于社会中介性质的监理机构。从此环境监理的概念就对应于社会中介性质类监理机构的服务行为。

我国正式开展工程监理工作始于20世纪的80年代，而将环境保护纳入工程监理是在90年代，其标志性工程是1994年开工的黄河小浪底工程。黄河小浪底工程是部分利用世界银行贷款项目，项目管理单位应世界银行专家对环境监理的要求，将环境保护条款列入了编制的招标文件中。1993年，小浪底建管局成立了资源处。1995年9月，环境监理工程师进驻工地，在施工区和移民安置区开展了环境监理工作，这在我国水利水电工程建设中尚属首次。实践证明，小浪底工程建设引入的工程环境监理，是一种先进的环境管理模式，它把环境保护与工程建设紧密结合，使环境管理工作融入整个工程实施过程中，变被动的环境管理为主动的环境管理，变事后管理为过程管理，有效地控制了工程施工对生态环境的影响和破坏。

进入21世纪，我国从国家重大建设项目着手，本着"三同时"制度的原则全面推广实施环境监理工作。因黄河小浪底工程中首次正规地引入的现代意义上的环境监理取得了卓越的成效，被称赞为"发展中国家环境保护的楷模"。为了推广小浪底工程环境监理的经验，2002年10月原国家环保总局会同铁道部、交通部、水利部等部门联合下发了《关于在国家重点工程项目开展工程环境监理试点工作的通知》（环发〔2002〕141号），相继对生态环境影响突出的13个国家重点工程，开展了施工期环境监理试点。其中包括：黄河公伯峡水电站工程、渝怀铁路、青藏铁路格尔木至拉萨段、西气东输管道工程、上海国际航运中心洋山深水港区一期工程等。相关省、市环保局结合当地实际，因地制宜地开展了对应建设项目的工程环境监理。通过这些建设项目的环境监理工作的实践、总结和提高，摸索出适合我国国情的工程环境监理工作内容、工作形式与工作经验，为建立健全我国建设项目全过程的环境监理模式、理论和规范奠定了基础。

例如，青藏铁路的修建，因规模及跨越区域自然条件的复杂性，对沿线区域的生物多样性、自然保护区、高原冻土环境、原始自然湿地、景观及水系环境等都会产生影响，其建设特别是对生态环境的影响引起了国内外广泛关注，对其环境监理的要求、难度和意义都特别重大。据2002年4月23日《中国青年报》报道，中国铁路建设史上第一份环境保护责任书在青海省格尔木市正式签订，明确了青藏铁路建设过程中的环保目标，量化了具体环保措施。通过工程环境监理对青藏铁路建设的全过程管理，不仅有效控制了建设活动对生态环境的影响，也最大限度地保护了沿线环境，是工程环境监理的一次完美实践。

又如，西气东输工程总投资近500亿元。其中，用于管道沿线的环境保护和施工后的生态环境修复投资近10亿元。中国石油天然气集团公司于2003年12月制定并印发了《中国石油天然气集团公司环境影响评价管理规定》，对规划环境评价、建设项目环境评价到设计和施工期环境管理以及环境保护验收，都做了详细规定。这不仅意味着工程环境监理工作的重要性越来越受到社会到企业的重视，也表明了工程环境监理在工程建设环节中不可或缺的重要地位得以确立。

因此，工程环境监理在现代工程建设活动中，作为工程监理的重要内容越来越受到重视，日趋成为必不可少的监理内容。特别在地球环境日益受到重视的今天，建设工程实施环境监理，对加强建设项目施工期的环境保护和监控，提高建设项目环境保护力度，保障建设项目的顺利进行，实现经济建设和社会可持续发展，具有十分重要的意义。

我国幅员辽阔，不同地域的生态环境特点虽存在明显的差别，体现出生态环境地带性分布特征。不同地域内的工程建设对当地生态环境的影响也会显示出不同的特征，但从行业角度看，工程建设对其周围区域生态环境的影响仍具有一些共同特性。

为此，建设项目环境监理控制的目标，可以概述为通过有效的环境监理控制工作和具体的控制措施，在满足投资、进度和质量要求的前提下，确保防治环境污染和生态环境破坏的措施以及环境保护设施投资概算等环境保护对策的落实。

建立和实施工程环境监理的重要作用概括为以下几方面。

1. 有效控制因工程建设对环境带来的影响

工程环境监理的实施，不仅可以有效控制因工程建设对环境带来的影响，而且可以通过环境监理的参与实现对环境的全程管理，使工程项目更加有利于环境，达到服务于人类的建设目的。环境监理可以强化对建设项目施工期环境监管的力度，帮助解决环评中提出的生态保护和污染防治措施与要求，发现和完善环评中存在的问题与不足，可以有效地解决生态影响类建设项目环境管理以及其他建设项目施工期环境监督的"哑铃"现象，规范建设项目参与各方的环保行为，"力求"实现工程建设项目环保目标。

2. 满足投资者对专业服务的社会需求与国际接轨

随着我国社会经济的发展，工程建设项目规模越来越大。外资、中外合资、利用外国贷款项目越来越多，各种工程建设项目在管理方面的共同特点都是通过实施工程招标来选择承建商，同时聘请工程环境监理单位与环境监理工程师实施工程环境监理（例如黄河小浪底工程）。随着工程建设项目责任制的逐步落实，项目业主承担的投资风险越来越大。他们越来越感到仅凭自身的能力和经验难以完全胜任工程项目管理，因而产生需要借助社会化的智力资源弥补自身不足的渴望，让专长工程建设项目环境管理的环境监理工程师为其提供技术管理服务。实施工程环境监理有利于同国际接轨，可以使项目业主更专心致力于必须由业主自己作出决策的事务。

3. 提高和强化工程建设监理水平

工程环境监理是工程建设监理的重要组成部分。以工程建设项目法人为主的工程项目发包体系，以工程勘察设计、施工安装、材料设备供应单位为主的承包体系，以独立性、社会化、专业化的工程建设监理单位为主的技术服务体系的三大建筑市场体系正在形成。工程环境监理的出现是工程建设监理的进步与发展、细化和完善，工程环境监理的发展是工程建设监理项目管理水平的提高与职能强化，对工程建设领域发挥市场机制作用是十分有利的。

二、工程环境监理的概念

工程环境监理是专门从事工程建设中环境保护方面的监理工作，是建设监理的派生分支和重要组成部分，可以看做是工程监理与环境保护学科的交叉衍生物。因此其概念的框架与工程监理基本相似，是指具有相应资质的第三方机构，接受建设单位的委托，承担建设项目的环境管理工作，代表建设单位对污染防治和生态保护的情况进行检查，确保各项环境保护措施落到实处。

工程环境监理是指社会化、专业化的工程环境监理单位，在接受工程建设项目业主的委托和授权后，根据国家批准的工程项目建设文件，有关环境保护、工程建设的法律法规和工程环境监理合同以及其他工程建设合同，针对工程建设项目所进行的旨在实现工程建设项目环保目标的监督性管理工作。综合包含施工环境质量达标监理、施工区域生态保护及恢复措施监理、环保设施建设监理和环保污染防治措施落实监理等。

工程环境监理包括两部分内容。一是监理项目主体工程的施工应符合环保要求，如噪声、废气、污水等排放应达标等，可称为"环保达标监理"；二是对施工期和保护营运期的各环境保护单项工程进行监理，可称为"环保工程监理"。

工程环境监理是在施工过程中通过监理进行的环境保护管理工作，与整个施工组织管理紧密结合，是对建设项目的施工期、施工场地及环境影响区域的环境质量以及建设项目"三同时"制度的落实情况予以监督，并代表建设项目法人对承建单位的建设行为进行环境保护直接监督管理的专业化管理服务活动。

工程环境监理在我国建设项目环境保护管理中尚在试行推广过程中，对环境监理的称谓目前因地区、行业及建设项目实施阶段的不同而有多种表述。如项目环保监理、工程环境监理、环保工程监理、工程环保监理、施工项目环保监理或项目环保达标监理等。在国家环保部等五部委《关于在重点建设项目中开展工程环境监理试点的通知》（环发［2002］141号）中，称之为工程环境监理。

三、工程环境监理的目的及其性质

随着公众环境意识的增强和日臻完善的环保法规、标准的颁布，在建设项目中工程环境监理成为不可或缺的重要一环。工程环境监理单位及其环境监理工程师必须把握工程环境监理的关键，明确工程环境监理的中心任务、目的及其应承担的责任。

在预定的投资、工期和质量目标内，实现工程建设项目环保目标是工程建设项目参与各方的共同任务。工程环境监理单位及其环境监理工程师并不能直接实现工程建设项目环保目标。工程环境监理是一种工程建设环保咨询服务活动，与其他工程建设活动有着明显的区别和差异，具有自身特性。

1. 工程环境监理的目的

广义来讲，环境保护目标包括污染排放总量控制目标、环境质量目标、环境敏感区的保护、生态环境保护等，是一个独立的系统。因此在建设项目施工期的环境监理中，必然要和投资、进度、质量三大目标融合在一起，形成有机的联系，像三大目标相互之间的关系一样，是矛盾的对立统一体。各工程建设不可避免地要引起工程周边环境现状发生改变，环境监理单位及其环境监理工程师，应该围绕工程的质量、投资、进度三大目标控制进行环保目标控制，搞好工程环保目标控制，促进质量、投资、进度目标控制。这样工程环境监理才能得以生存和发展。

工程环境监理的目的是将国家有关建设项目环境管理的法律、环境质量法规、标准、规范和建设项目环境报告书及政府环境管理部门的批复文件的相应要求，全方位地贯彻落实到建设项目的工程设计和施工管理全过程中，监督建设项目环境保护污染预防与治理设备设施"三同时"，加强建设项目施工期及施工场地的环境管理和污染防治、预防生态破坏监控工作力度，确保建设周期施工现场、周围环境、污染物排放和区域生态保护达到国家规定标准或要求。

环境监理工作目标主要体现在以下几个方面：

（1）确保工程环保设计和相关监理文件中提出的环保工作得到合理的实施，使环境影响报告中的环保要求得到落实。这是环境监理工作的核心目标，也是各项环保政策法规的基本要求。

（2）监督施工单位采取有效的措施将施工活动对环境的不利影响控制在可接受的范围内，保护建设项目区域自然环境、生态环境，提高环保工作水平，同时维护施工单位的权益。

（3）结合工程实际情况，协助业主进行环境管理，宣传环保知识，增强环保意识。

（4）落实建设项目环境保护"三同时"制度有关的规定要求。

（5）建设项目施工环境管理过程中实现建设项目环境、社会、经济效益统一。

（6）形成丰富完整的监理工作资料，真实反映工作过程，为工程的环保验收提供依据。

环境监理在建设项目环境管理环节中应起到由环境评价到环境验收的连接作用，丰富翔实的环境监理工作资料将为下一阶段顺利进行环境验收打下坚实的基础。

环境监理分为施工期环境质量达标监理、生态保护及恢复措施落实监理和环境污染防治设施建设监理。不同阶段的监理目标概述如下：

（1）施工期环境质量达标监理是监督检查项目施工过程中各种污染因子达到环境质量标准要求的监理。

（2）生态保护及恢复措施落实监理是监督检查项目建设过程中自然生态保护和恢复措施、自然保护区、风景名胜区、文物古迹保护区、水源保护区和保护措施落实情况的监理。

（3）环境污染防治设施监理是监督检查项目施工建设过程中环境污染治理设施措施、环境风险防范设施按照环境影响评价文件及批复的要求建设的监理。

2. 环境监理的性质

环境监理服务是按建设项目环境监理委托合同规定进行，受法律约束与保护。环境监理基本性质仍然是服务性、独立性、公正性和科学性，其特点是：

（1）服务对象单一性。环境监理服务对象单一性，是由建设项目环境监理工作性质所决定的。建设项目环境监理企业只能接受建设单位的独家委托，在项目施工期内运用自身的环保专业知识、经验、信息及必要的检测手段，为建设单位提供项目建设环境管理服务。

（2）服务强制推行性。建设项目环境监理属于强制推行的制度，该制度的实施虽然晚于国家建设项目环境影响评价制度和建设项目环境保护"三同时"制度，但作为建设项目环境管理新的重要组成部分，必然要依靠国家环境法律手段和环境管理行政手段推行。在国家对建设项目全方位、全过程的环境管理的要求下，建设项目环境监理的法律、法规、技术规范制度将不断得以完善，建设项目的环境监理必将更加规范地得以施行。

（3）具有双重身份的监督功能。建设项目环境监理具有一定的特殊地位。它与建设单位构成委托与被委托服务关系，代表建设单位对项目施工期的施工参与方实施授权的环保监督责任。同时与项目施工期的施工参与方无任何经济关系，是监督与被监督关系。可根据建设单位的授权，有权对被监理对象的施工期不当建设行为进行环保监督，或上报委托人预先防范，或现场指令改正，或向当地环保主管部门反映，请求纠正。

四、环境监理与工程监理的关系

目前我国的工程环境监理是参照工程监理的方法和经验开展的，因此工程环境监理与工程监理在许多方面有相同之处。二者都是建设单位委托监理单位对建设项目进行管理的方式，都具有社会化和专业化的独立性，在监理原则、程序、方法、手段、组织机构、运行模式上都是相同的。但是由于环境的复杂性和特殊性，工程环境监理又有特殊的要求，二者既相对独立又紧密相关，环境监理与工程监理在项目监理工作中各有侧重，互相协调、依存，是项目监理工作中平等的两个主体，同为第三方，参照《中华人民共和国环境保护法》、《建设项目环境保护管理条例》、《环境监理工作暂行办法》等，其关系列于表9-1便于比较。

表9-1　　　　　　　　　　　工程环境监理与工程监理的异同

项目	工 程 环 境 监 理	工 程 监 理
目的	保证环境保护设计中各项环境保护措施能够顺利实施，保证施工合同中有关环境保护的合同条款切实得到落实，有效控制工程对周围环境的影响，达到国家对建设项目环境保护的总体要求	协助建设单位按计划完成工程建设
任务	对工程建设中污染环境、破坏生态的行为进行监督管理，对建设项目配套的环保工程进行施工监理	从组织、技术、合同和经济的角度采取措施，对工程建设的质量、进度、费用进行监理
作用	规范参建各方建设的环保行为，实现工程建设中对环境最低程度的破坏、最大限度的保护、最强力度的恢复，实现工程经济效益、社会效益和环境效益的统一，完善我国建设项目环境管理体系，促进人与自然的和谐发展	规范建设单位、施工单位等参建各方的建设行为，提高工程质量、工程投资效益，有效控制工程建设工期，实现工程项目的经济和社会效益，促进工程建设管理水平的提高
对象	主体工程中的环保工程以及受工程影响的外部环境，如绿化工程、污水处理工程、自然景观、水质、大气、噪声、水土保持、人体健康等	主体工程本身及与工程质量、进度、投资等的相关要素
内容	主体工程、临时工程、生态、景观环境和施工污染控制、环境恢复措施落实等。协调好工程建设与环境保护，以及业主、承包商及社会和公众利益	"三控制、二管理、一协调"即质量、进度、投资控制；合同管理和信息的收集、分类、处理、反馈及存储的管理；业主和承包商之间、业主与设计单位之间、工程建设各部门之间的协调组织工作
范围	工程施工区域及邻近受影响地带	工程施工区域
依据	有关环保法律、法规、标准、合同、设计文件、环境影响报告书和水土保持方案报告书等。如《环境监理工作暂行办法》，《建设工程施工现场管理规定》，《环境保护法》和《建设项目环境保护管理条例》等	有关建设项目的政策、法律、规范、标准、合同、设计文件。如《中华人民共和国建筑法》、《中华人民共和国环境保护法》和《建设工程监理范围和规模标准规定》等
方式	主要是巡视检测、检查和文件审查。根据巡视检测、检查和文件审查中发现的具体情况以及监测单位提供的监测报告，对施工单位提出监理意见	主要是旁站监理、质量检测及审查各种资质、证书等，据此提出监理意见

由表 9-1 可见，两者不同之处如下。

1. 负责的工作重心不同

环境监理在监理过程中侧重环境保护问题，工程监理侧重于工程的质量、进度、投资和安全控制。

2. 管理与监督的依据不同

环境监理的依据主要是环境保护法律法规和环境影响评价、设计文件。在工程的设计和施工管理中，落实国家环境管理部门有关建设项目环境管理的法律、环境质量法规标准和环评报告及批复文件的相关要求等。而工程监理的依据主要是建设项目设计文件和各项设计及施工的质量标准和规范。

3. 对现场监理人员的素质要求不同

环境监理人员除了要熟悉工程的设计文件、施工组织计划及施工工艺和方法外，还必须熟悉环境保护方面的法律法规，并具有多年的环境保护工作经验，其所属单位必须具备环境监理资质。而工程监理人员则以熟悉工程设计、施工组织、进度安排及施工工艺等为主。

4. 监理内容和侧重点不同

环境监理的工作重点是工程和施工人员活动的区域及其影响区域的环境，不仅要监理主体工程施工区域，还要注意取料场、堆料场、临建工程、施工营地、施工道路及排水去向等可能影响范围的环境。而工程监理则主要侧重工程施工区域，其工作重心是工程本身。

5. 监理手段和方式不同

环境监理的监理手段主要是巡视检测、检查和文件审查。根据巡视检测、检查和文件审查中发现的具体情况以及监测单位提供的监测报告，对施工单位提出监理意见。而工程监理的手段主要是旁站监理、质量检测及审查各种资质、证书等，据此提出监理意见。

五、工程环境监理与环境评价和环保局环境监察的关系

工程环境监理单位是具有独立性、社会化、专业化等特点的专门从事工程建设项目工程环境监理和其他相关工程技术服务的经济组织。环境监理工程师是工程环境监理单位中具有《环境监理工程师资格证书》和《环境监理工程师岗位证书》，并经政府环境行政主管部门注册，从事工程环境监理的专业环境监理人员。

政府环境行政主管部门（监理站、环境监察支队）对工程项目建设所实施的环境监察（有时也称环境监理）属依法行政；项目业主自行进行的环境监督管理不具备社会化、专业化和"受委托的第三方"，属"自行工程建设环境管理"。只有工程环境监理单位才能按照独立、自主的原则，以"公正的第三方"身份开展工程环境监理活动。只有具备环境监理工程师资质与注册才能从事工程环境监理工作。非工程环境监理单位所进行的监督管理活动不能称为工程环境监理。

（一）工程环境监理与环境评价的关系

工程环境监理与环境评价的关系可以概述如下。

1. 环境影响报告书是环境监理的重要依据

环境监理的主要任务是监督环境影响报告书里所提出的各项环保措施的落实情况。因此，环境监理工作的各个阶段都必须围绕环境影响报告书的预测结果和对策措施来开展工作，根据报告书来确定环境监理范围和工作内容。

2. 环评报告书应明确环境监理工作内容

《中华人民共和国环境影响评价法》规定，环境影响报告书必须提出预防或减轻不良环境影响的对策和措施，而环境监理作为减轻施工期不良环境影响的一项重要措施，其相关内容应该在环评报告书中得到落实。具体内容包括：工程环境监理单位和人员的资质；工程招标合同等文件的管理；工程环境监理的原则要求、一般程序、工作要求；施工准备阶段、施工阶段和工程保修阶段的环境监理。

3. 工程环境监理与环境评价相互促进提高

在环境评价单位实际经验不足，报告书里提出的施工期环保措施操作性不强时，往往可以通过工程环境监理的工作，将现场环境管理中遇到的实际问题反馈到环境评价工作中，可使环评报告书中的对策措施更具有针对性和可操作性。反之，详细全面的环境评价，也有利于工程环境监理工作顺利进行。二者互相补充，互相促进提高。

（二）工程环境监理与环保局环境监察（环境监理）的关系

政府环境保护主管部门对建设项目的监督管理是一种宏观性质的监督管理活动，工程环境监理是一种微观上的监督管理，二者是有着性质区别的。工程环境监理与环保局环境监察（环境监理）的区别概括为：

工程环境监理与政府环境行政主管部门监理站、监察支队、大队的"环境监理"都属于工程建设领域的环境监督管理，但二者在性质、执行者、工作范围、权限依据、方法和手段诸方面都有着明显的差异。

在性质上，工程环境监理是一种社会的、专业的、市场的行为，是发生在工程建设项目组织系统范围之内的，平等经济主体之间的横向监督管理，是一种微观性质的、委托性的服务活动。而环保局监理站的"环境监理"、"三查、两调、一收费"是一种行政行为，是工程建设项目组织系统各经济主体之外的管理主体，对工程建设项目系统之内务经济主体所进行的一种纵向监督管理，是一种宏观性质的，强制性的政府监督管理行为。

在执行者上，工程环境监理的实施者是社会化、专业化的工程环境监理单位及其环境监理工程师，而"环境监理"是政府环境行政主管部门的环境监察支队和环境监察；前者是在接受项目业主的委托和授权后，为项目业主提供的一种高智力工程技术服务，后者是代表政府环境行政主管部门对建设项目有关环境质量的依法行政。

在工作范围上，工程环境监理的工作范围因项目业主的委托授权的范围大小而变化，伸缩性较大，可以包括投资、进度、工程质量、合同管理、信息管理等一系列活动，而"环境监理"（环境监察）只限于与工程建设项目有关的环境保护问题，工作范围相对较稳定。

在工作依据上，政府部门的"环境监理"是以国家地方颁布的法律法规部门规章、标准规范为基本依据，维护法律法规的严肃性；而工程环境监理不仅以上述法律、法规、标准、规范为依据，还要以工程建设合同为依据，不仅要维护法律法规的严肃性，还要维护合同的严肃性。

在工作深度和广度上，工程环境监理要实现一系列主动控制措施，既要做到全面控制，又要做到事前、事中、事后控制。它需要连续地持续在整个工程建设项目建设过程中，而政府"环境监理"则主要是对工程建设项目建设过程的现阶段进行阶段性的监督、检查、确认，侧重于"现行"的行为。

在工作方法和手段上，工程环境监理主要采取组织管理的方法，从多方面采取措施进行组织协调努力实现工程建设项目环保目标；而政府"环境监理"则更侧重于行政管理的方法和手段，如限期整改、处罚等。

第二节　工程环境监理的着眼点

一、工程环境的影响因素

建设项目施工期环境监理工作的主要目的是减缓或消除建设项目施工期或施工行为对环境的影响，了解建设项目施工期对环境的影响因素及特征，是环境监理工作的基础。

建设项目在施工期或施工行为对环境的影响因素及特征各具特点，不尽相同。一般来说，按照环境要素可以分为水环境影响、大气环境影响、声环境影响、固体废弃物环境影响、生态环境影响等。

1. 水环境影响因素

建设项目施工对当地水环境的影响主要来自施工作业中的生产污水和施工人员生活污水两方面。施工作业的生产污水主要指工程中机修及洗车、钻孔作业过程、材料清洗、物料流失等因素产生的污水。施工人员生活污水主要指施工现场工作人员生活区排放的污水。

2. 大气环境影响因素

建设项目施工期对大气环境的影响因素主要包括施工扬尘及路面铺浇沥青的烟气等。

3. 声环境影响因素

建设项目施工期对声环境的影响因素包括交通车辆噪声和施工机械噪声。

4. 固体废弃物环境影响因素

固体废弃物是指在社会的生产、流通、消费等一系列活动中产生的一般不再具有原使用价值而被丢弃的固态、半固态物质，或者是提取目的组分后弃之不用的剩余物质。

工程项目建设施工过程产生的固体废弃物包括两类，一类是弃土、废渣等固体废物，另一类是生活垃圾。

5. 生态环境影响

建设项目施工期对生态环境的影响包括植被的破坏、动物生活环境的损坏、水土流失、占用土地及难以恢复等。

工程项目施工期对环境的影响因素众多，有污染性项目，也有生态型项目。在施工现场必须落实环境影响减缓措施，以防治或减轻降低环境质量以及对施工现场职工的身体健康的损害，避免干扰周围居民的正常生产、生活。

二、工程环境监理的环境影响敏感点

环境影响敏感点，是指建设项目环境监理依据项目环评文件，在认真勘察建设项目周边环境的社会构成、地形地貌、经济结构等特征后，查阅建设项目施工设计和施工布局，分析项目建设施工期的各种工程建设行为可能产生或潜在的环境污染影响及破坏因素的工程环境污染因素，对项目周围环境可能产生的有明显的污染影响和环境破坏有着灵敏影响反映的位置。

建设项目周围环境影响敏感点分：社会环境影响敏感点；自然环境影响敏感点；经济环境影响敏感点和环境标准规范约束性环境影响敏感点。

1. 社会环境影响敏感点

社会环境影响敏感点，又称"人居环境影响敏感点"，即是和人类居住、生活、活动密切相关的行为产生地。有居民小区（居住地）、规模村庄、散居农舍、乡镇所在地、学校及幼托园所、医院（含医疗站，卫生院所、疗养院、诊所）、敬老院、移民搬迁区和移民安置区、商业集市、汽车站及加油加气站点、寺庙楼观等宗教场所、游乐场园、单体或连体农家乐场所、自然遗址保护区、重点文物保护区、重点遗址保护区、地质遗迹保护区、风景名胜旅游区及景点等。

2. 自然环境影响敏感点

自然环境影响敏感点是自然形成、人类历史活动形成、人类现代文明形成的体现、人与自然和谐生活的场地。有城市地下水和地表水水源保护区、河流、湖泊、水库、池塘、渠道、村镇水源保护地、水生生物保护繁殖保护区（地）、水土保护功能区、水源涵养功能保护区、温泉及温泉保护区（地）、地下涌泉及保护区（地）、海滩、滩涂及滩涂保护区、海水浴场及游泳场、海景沙滩、各自然保护区、生态保护区、名树古树保护区、植物园、防护林区（带）、草原牧场、高原草甸、沙漠治理保护区、植物景观欣赏保护区（园）、文物古迹保护区、公园、动物园、森林公园，林场及天然林保护区、红树林、水源涵养功能保护区、生物多样性功能保护场、物种多样性保护区、野生动植物保护繁殖场（园）、遗传基因多样性保护区等。

3. 经济环境影响敏感点

经济环境影响敏感点是指人类生存、生产的基本要素，也是人类在环境中要生产发展、生活富裕、生态良好的表现形式，主要有农田耕地、鱼塘水塘、经济作物种植地（如棉花、水果类、烟叶、豆类农作物）、水生动物养殖区（地）、海区海产品养殖区、滩涂海产品养殖区（地）、种鱼场、草原牧场，动物繁殖场地、牲畜养殖场地、规模性苗圃及植物种植园（区）、花园及花苗栽培园（区）等。

4. 环境标准规范约束性环境影响敏感点

环境标准规范约束性环境影响敏感点是指距建设项目有一定距离，但在国家环境标准规定的防护距离内的人类活动地。国家环境标准与规范有《工业企业卫生防护距离标准》、《石化企业防护距离标准》（SH 3093—1999）、《以噪声污染为主工业企业卫生防护距离标准》（GB 18083—2000）、《村镇集中饮用水源保护区划分技术规范》（DB61/T 335—2003）等。国家环境标准与规范严格规定了建设项目的环境影响防护距离和范围，也形成了特定防护距离和范围内的环境影响敏感点。

三、确定环境影响敏感点的依据、程序与要求

确定建设项目在施工过程中环境影响敏感点，对确定建设项目施工期的环境保护目标，落实项目工程环境保护措施和规范影响环境的施工行为，确定建设项目重点环境监理对象，制定有针对性的建设项目环境监理控制措施，有着至关重要的作用。

确定环境影响敏感点的基础依据：

充分了解掌握建设项目环境影响评价报告及政府环境管理部门的批复规定及要求，分析建设项目环境影响范围、环境特征和环境影响因素。参照国家和地方政府环境管理部门的规定，结合本项目工程的特点、环境保护之要求，环评报告中的建设项目环境监理清单和建设项目竣工环境保护验收清单，进行环境影响敏感点的整理与分类。

环境影响敏感点的确定需在充分掌握建设项目的施工设计及相应施工安排，把握因施工可能产生的环境污染源及其影响范围，以及施工行为所形成的工程环境影响因素后，综合环境影响因素和工程环境影响因素，并认真复核项目施工场地的基础进行。

确定建设项目环境影响敏感点的程序与要求：

1. 落实建设项目施工及其影响范围

在签订建设项目工程环境监理合同时，详查落实建设项目施工及其影响范围。其中包括项目主体工程及辅助工程施工区域、临时占用施工用地、取土（石）场、弃土（石）渣场、临时运输道路、移民搬迁安置区、卫生防护距离处。了解施工范围，明确施工环境影响敏感点的拟定范围。

2. 分析污染源、工程环境影响因素及重点环境监理项目

详细查阅建设项目环境影响评价报告及批复文件，了解建设项目工程施工设计及说明书，分析整理出建设项目工程施工行为中可能产生污染源、工程环境影响因素及重点环境监理项目。

3. 考察施工地环境现状及可能影响范围区域

沿建设项目工程施工范围界线外实地考察施工地环境现状及可能影响范围：

（1）涉及的自然环境影响点。主要有自然保护区护区、林场等。

（2）涉及的重点保护文物、历史遗迹保护区等。

（3）沿项目范围界线所涉及水源保护地、河流、湖泊等相关状况。

（4）沿项目范围界线 200m 内的居民户数及人数、学校、医院、文教区、疗养地等社会构成。调查临时运输道路距路红线 50m 处的社会构成。

（5）调查沿项目范围界线取（弃）土场、废渣场、临时道路等直接影响的地形地貌、地质状况、农田、植被、动植物、珍稀生物等生态现状。

4. 制作环境监理内容和目标的表格

在复核建设项目环评报告及建设项目施工设计总体平面布局的基础上，把详细调查的施工环境影响敏感点的现状，以及将项目界线范围各种施工行为发生处，可能造成周边环境污染影响和生态破坏的区域标注在建设项目范围图上，一一对应标示环境监理的工程环境影响因素与环境影响敏感点。

5. 标注重点监理点内容及位置

监理用表格形式逐字逐段记录工程环境影响与环境影响敏感点位置、距污染源的距离、保护对象、重点监理对象、主要环境影响等内容，形成一个完整的"建设项目施工期环境影响敏感点"汇总表。

6. 确定环境影响敏感点线

与建设项目单位共同明确施工场地界线，沿场地界线外 200m 处确定为环境影响敏感点线。

第三节 工程环境监理的工作制度、程序和内容

一、工程环境监理的工作制度

监理工作开展过程中应建立一系列工作制度，以保证工程环境监理工作规范、有序地进行。监理工作制度主要包括会议（首次会议、监理例会、专题会议等）、报告、函件来往、记录、档案管理制度等。应建立施工环境保护监理例会制度，定期召开环保会议，施工方介绍相关工作进展，监理工程师对其进行全面评议，提出存在的问题及整改要求。会议过程应完整地记录下来，形成会议纪要，成为约束履约各方行为的依据。

报告制度是指在监理过程中，若发现存在着明显的工程质量和环境安全隐患的，应及时报告建设单位，并要求施工单位整改。施工单位拒不整改的，环境工程监理单位应及时向环保主管部门报告。监理单位应定期编制监理月报、季报或年报递交给建设单位，对取得的成果、存在的问题、建议解决的方案及后期工程安全质量隐患的计划等内容。

函件来往制度是在施工过程中监理工程师发现了工程安全质量隐患后，应通过书面《环境监理通知书》或《监理备忘录》等形式通知施工单位；情况紧急需口头通知时，随后必须以书面函件形式予以确认。同样，施工单位对问题的处理结果或答复也应致函监理工程师。

工作记录制度涵盖了工程环境监理的多个方面，是监理工程师给出的最基础的原始资料，它不仅可以是文字材料，也可以是照片、录像等影像资料。它主要包括日常工作记录、交底记录、会议记录、监理日志、交竣工验收记录等。

档案管理制度也涉及了工程环境监理的多个方面，泛指对监理过程中各种材料的整理和保存。

环境监理的基本工作制度可概述为：①现场巡视监察制度；②环境监理记录制度；③旁站监理制度；④跟踪检查制度；⑤环境监测制度；⑥发布环境监理文件制度；⑦环境监理会议制度；⑧环境监理报告制度；⑨环境监理函件往来制度；⑩人员培训制度；⑪环境监理奖惩制度；⑫环境监理资料归档制度。

二、工程环境监理的程序

环境监理程序在施工准备阶段和施工阶段两个时期有不同的内容。对于有生物防治工程的建设项目，其环保工程一般会滞后主体工程期，对其环境监理要延续到环保竣工验收期为止。

1. 施工准备阶段

环境监理在建设项目施工准备阶段和进入现场时的工作，是确保整个项目施工阶段环境监理效果的前提，是顺利开展环境监理工作的必备程序。其主要内容为：

（1）建立工程环境监理机构：将环境监理人员审查表报总监审查→环境监理人员进场→备置环境监理检测设备→组建工地环境监理试验室→内部分工，成立专业监理组→制定

环境监理岗位职责→制定监理计划。

（2）岗前准备：熟悉项目环评、水保报告等文件，以及相关环保法律、法规、标准和规范→培训现场环境监理人员→调查施工环境，熟悉监理范围内的环境敏感点和环境保护、建立重点。

（3）核实《环评报告书》、《水保方案报告书》等立项评估文件及其批复文件的落实情况。

针对环评报告书等提出的环保措施及相关批复要求，在现场踏勘的基础上，可查施工图设计文件中环保措施与要求的落实情况。对未落实的环保措施，应提请设计单位复核并进行补充或追加设计。

（4）检查环保项目施工方的施工准备：审查施工组织设计中的环保条款→检查施工方针对施工期的环保管理体系（包括环境管理机构、人员及岗位、职责、环境管理措施及计划等是否完善、明确）→检查施工方场地占用情况（重点是临时占地）及采取的环保措施情况→审批施工方提交的施工期环保计划→组织召开第一次环境监理工地现场会。

（5）对施工营地、临建设施（预制场与拌和站）、施工便道、砂石料场以及取弃土石（渣）场等临时用地选址的确认。重点是：对生态环境影响范围场地界线的确认；生态恢复措施的可行性；使用期限与用地手续的合法性；周边居民点、学校医院等环境重点保护对象的保护措施等。

（6）编制建设项目施工期内环保管理办法和环保责任书，并与项目参与方签订。组织项目参与各方相关人员进行环保培训。

（7）参与环保项目、设备及材料的招标时，负责组织编制施工招标文件中的环保责任条款，在招标文件中落实环保措施。在施工监理招标文件中落实环保责任条款。在参与招、评标及定标时应将环保作为评、定标的重要内容予以落实。

（8）对环保项目施工方的资格进行审查，对项目拟选的环保设备材料进行生产资质和产业标准资质的审查，对环保项目施工特殊作业人员的资格审查。

2. 施工阶段

（1）环保达标监理程序：由环保监理工程师对施工过程、行为的巡视，辅以简单的检测，对照国家和地方环境保护标准和规范，按照项目环评报告及批复要求监督施工方的施工活动，确保环保措施落到实处。

监理程序为：环境监理员按照环境监理实施细则清单巡查→发现影响环境的施工行为→报告环境监理师→环境监理师下达整改指令→施工方整改并报告整改结果→环境监理师复查。重大环保问题还应上报项目主管单位和环境监理总监以及政府环境管理部门，由政府环境管理部门决策。

（2）环保工程的监理程序：环保项目施工方向环境监理方提交《临时用地环境影响报告单》、《污水处理工程检验报告单》等申请→环境监理师实证查认→若有问题要上报环境监理总监→总监下发《环境保护监理通知单》并报建设单位→建设单位下发整改意见→施工方改进并上报《污水处理整改恢复报告》等报告→环境监理现场验证。

（3）环保工程设计监理程序：由环境监理师根据施工中环境敏感点的变化情况，在现场检测的基础上，根据项目环境评价报告书确定的预测方法，预测营运期噪声、污水及烟雾排放等超标情况，提出环保防护措施及环保工程的设计建议。同时，对环保工程的设计及环保措施进行审查。

具体监理程序是：环境监理师根据工程实际情况确定环境敏感点及保护目标的变化情况→现场实测背景值→查阅环评报告书→预测营运期污染超标情况→提交环保工程设计建议→报环境管理部门审批→总监签发报业主审批→设计单位进行环保工程设计→审查设计文件。

（4）单位工程完工环保验收：单位工程完工后，由施工单位提交《单位工程完工环保验收申请报告》，环境管理部门组织专业处室、环境监理方以及施工方对单位工程的环保措施落实情况进行验收，验收结果作为交工验收时环保单项验收备查。

具体监理程序是：施工单位提交《单位工程完工环保验收申请报告》→环境监理师现场复查→现场高级监理签认报环境管理部门→环境管理部门组织现场验收→总监签发《单位工程完工环保验收合格证书》。

三、工程环境监理的内容

建设项目环境监理的内容主要包括建设项目施工设计和施工过程中，是否全面落实了环境影响报告书及批复文件的要求；建设项目污染防治设施、生态建设保护与修复措施的"三同时"实施与进度；施工期间的区域环境质量、污染物排放是否符合国家和地方规定的标准要求，建设项目环境保护投资是否落实到位等。

建设项目环境监理的范围包括建设项目施工及生活服务区域和工程环境影响区域。一般主要有项目主体工程及辅助工程施工区域、办公场地、生活营地、施工道路、附属设施临时占用施工用地、取土（石）场、弃土（石）渣场、临时运输道路、移民搬迁安置区、卫生防护距离处，以及在上述范围内的施工活动可能造成周边环境污染和生态破坏的区域；对涉及移民拆迁与安置和专项设施防护与拆迁等建设项目，一般还包括移民搬迁安置区和专项设施建设区。

工程环境监理内容又基本分为施工期环境保护达标监理、生态保护恢复措施落实监理和环保设施建设监理：

（1）环境保护达标监理是监督检查项目施工建设过程中各种污染因子达到环境保护标准要求。

（2）生态保护措施落实监理是监督检查项目施工建设过程中自然生态保护和恢复措施、水土保持措施及自然保护区、文物古迹保护区、风景名胜区、水源保护区的保护措施落实情况。

（3）环保设施建设监理是监督检查项目施工建设过程中环境污染治理设施、环境风险防范设施按照环境影响评价文件及批复的要求建设情况。

环境监理应监督落实环境影响评价文件提出的环保对策措施，并对环境影响评价文件提出的环保对策措施进行必要的补充。不同阶段的监理目标不同，其监理内容不同。

1. 环境监理施工准备阶段

（1）参加建设项目设计交底，熟悉环境影响评价文件和工程及环保项目设计文件，掌握项目重要的环境保护对象和配套环保设施，了解项目建设过程的具体环保目标，对敏感的环保目标作出标识，并根据环境影响评价文件缺陷和现场实际情况提出补充和优化建议。

（2）审查项目施工单位提交的施工组织设计、环保设施环保技术方案、环保施工进度计划、环保开工报告，对施工方案中环保目标和环保措施提出审查意见，制定环境监理检查计划。审查施工单位的环保管理体系是否责任明确又切实可行，开展环境保护教育培训与宣传。

（3）审查施工单位的临时用地方案是否符合环保要求，临时用地的环保恢复计划是否可行。

（4）组织建设项目第一次工地会议，确定参会各方在项目建设期间的环保责任，落实建设施工期的环保措施，并提出监理措施要求，形成完整的各方必须遵循的建设项目环境保护的工作流程和相应的有效的环保规章制度。

2. 环境监理施工阶段

（1）审查施工单位编制的工程施工方案中的环保措施是否可行。

（2）对施工现场、施工作业进行巡视或旁站监理。检查环境影响评价文件和施工设计中提出的环保措施的落实情况。主要包括如下内容：

1）大气污染防治措施的环境监理。检查和监测施工区域大气污染源达标排放情况，施工区域及其影响区域应达到规定的环境质量标准。

2）生产和生活污水的环境监理。内容包括来源、排放量、水质标准、处理设施的建设过程和处理效果等，检查和监测是否达到了污水排放标准。

3）固体废物处理措施的环境监理。固体废物处理包括生产、生活垃圾和生产废渣处理，监督固体废物处理的程序和达标情况，保证工程所在地现场清洁整齐，不污染环境。

4）噪声控制措施的环境监理。为防止噪声危害，对产生强烈噪声或振动的污染源，应按设计要求进行防治。监督施工区域及其影响区域的噪声环境质量达到相应的标准，重点是靠近生活营地和居民区施工的单位，必须避免噪声扰民。

5）施工区域生态保护、野生动植物及海洋生态保护措施的环境监理。监督各种迁移、隔离、改善栖息地环境、人工增殖等各方面措施的落实情况。

6）人群健康措施的环境监理。监督生活饮用水安全可靠性，要求建设单位预防传染疾病在施工人员中传播，并提供必要的福利及保证卫生条件等措施，按时、保质落实。

7）危险化学品的管理措施的环境监理。监督危险化学品的放置场所、使用行为和处置方法是否符合要求，保证危险化学品的安全使用和处置。

（3）工程建设中产生环境污染的工序和环节的环境监理。包括土石方建设过程；隧道、桥梁、管道、道路施工过程中的土地开挖过程；车辆运输过程；尾矿库、灰渣场、取土场的建设过程及建设达标情况；砂石料场开采、加工、储存及环保措施的落实情况；取、弃土场防护措施及施工材料运输过程中的防护措施落实情况；施工便道修筑和使用情况（尤其在生态环境脆弱、敏感地带）；临时用地植被恢复及水保措施等。

（4）监测施工区域内各项环境质量指标，出具各项环境监测报告或成果。

（5）向建设项目施工单位发出环境监理工作指令，并检查环境监理指令的执行情况。

（6）编写建设项目环境监理报告。

（7）组织建设项目工地环境监理例会。对于建设项目周围有环境敏感点，水源保护区或人口密集的地区，应在项目建设中召开环境监理例会，参加成员由建设单位、环境监理单位、专家、施工单位、周围社会代表组成，就共同关心的项目环境保护问题进行讨论，找出项目环境保护解决的办法。工程建设过程中，应根据情况每隔一定时间开展一次环境监理例会，就前一阶段项目施工情况对环境产生的影响进行评估，采取的环境保护措施和效果进行总结，找到环境保护新的解决方案，并责成建设方实施。

（8）协助环境保护行政主管部门和建设项目单位处理突发环保事件。

3. 环境监理施工竣工验收阶段

（1）参加建设项目竣工试生产前的验收交工检查，确认现场清理工作、临时用地的恢复等是否达到环境保护要求。

（2）评估建设项目配套的环保设施落实情况，评估建设项目环保任务或环保目标、措施的完成情况，对尚存的建设项目主要环境问题提出继续监督或处理的方案和建议。

（3）检查建设项目建设单位和施工单位的建设项目环保资料是否达到要求。建立、保管建设项目环境监理资料档案。

（4）编制工程项目施工过程的环境监理报告。报告内容应包括建设项目的内容、时段、环境影响因素、具体的减缓措施的实施情况、建设项目遵守"三同时"的情况。

思 考 题

1. 何为工程环境监理？
2. 工程环境监理的任务和目的是什么？
3. 工程环境监理具有哪些性质？
4. 工程环境监理和环保部门的环境监察有什么不同？
5. 确定工程环境影响敏感点的依据、程序与要求是什么？
6. 工程环境监理的程序有哪些阶段？每个阶段的主要内容是什么？
7. 工程环境监理的内容有哪些？
8. 试述如何推行工程环境监理制。

参 考 文 献

［1］ Richard H. Clough/Glenn A . Sears. Construction Project Management. John Wiley & Sons Inc. 1991.

［2］ Charles B Thomson. CM：Developing Marketing and Delivering Construction .

［3］ Management Services. McGraw - Hill Book Company. 1981.

［4］ 美国项目管理学会 . 王勇，张斌译 . 项目管理知识体系指南 ［M］. 北京：电子工业出版社，2000.

［5］ 刘贞平，等 . 工程建设监理概论 ［M］. 北京：中国建筑工业出版社，1997.

［6］ 黄如宝，等 . 建设项目投资控制——原理、方法与信息系统 ［M］. 上海：同济大学出版社，1995.

［7］ 乐云 . 国际新型建筑工程 CM 承发包模式 ［M］. 上海：同济大学出版社，1998.

［8］ 雷胜强，等 . 国际工程风险管理与保险 ［M］. 北京：中国建筑工业出版社，1996.

［9］ 王明德 . 营建管理新制度——合作管理（Partnering）之应用 ［M］. 台湾营建管理季刊，1997.

［10］ 徐大图，王雪青，等 . 工程建设投资控制 ［M］. 北京：知识产权出版社，2000.

［11］ 王雪青 . 工程估价 ［M］. 北京：中国建筑工业出版社，2006.

［12］ 于守法，等 . 投资项目可行性研究指南 ［M］. 北京：中国电力出版社，2002.

［13］ 丛培经，等 . 建设工程施工发包承包价格 ［M］. 北京：中国计划出版社，2002.

［14］ 林晓言 . 投融资管理教程 ［M］. 北京：经济管理出版社，2001.

［15］ 陈有安，等 . 项目融资与风险管理 ［M］. 北京：中国计划出版社，2000.

［16］ 陈建国，等 . 工程计量与造价管理 ［M］. 上海：同济大学出版社，2001.

［17］ 何伯森 . 国际工程合同与合同管理 ［M］. 北京：中国建筑工业出版社，1999.

［18］ 杜训 . 国际工程估价 ［M］. 北京：中国建筑工业出版社，1996.

［19］ 刘晓君 . 建筑技术经济学 ［M］. 北京：中国建筑工业出版社，2000.

［20］ 中华人民共和国住房与城乡建设部 . GB 50500—2008 建设工程工程量清单计价规范 ［S］. 北京：中国计划出版社，2008.

［21］ 《建设工程工程量清单计价规范》编制组 . CB 50500—2008 中华人民共和国国家标准建设工程工程量清单计价规范 ［S］. 北京：中国计划出版社，2008.

［22］ 谭大璐 . 工程估价 ［M］. 第三版 . 北京：中周建筑工业出版社，2008.

［23］ 全国监理工程师培训教材编写委员会，工程建设进度控制 ［M］. 北京：中国建筑工业出版社，1997.

［24］ 赵志缙，应惠清 . 建筑施工 ［M］. 上海：同济大学出版社，1997.

［25］ 李庆华 . 中国网络计划技术大全 ［M］. 北京：地震出版社，1993.

［26］ GB 50319—2000 中华人民共和国国家标准建设工程监理规范 ［S］. 北京：中国建筑工业出版社，2001.

［27］ 全国质量管理和质量保证标准化技术委员会秘书处，中国质量体系认证机构国家认可委员会秘书处 . 2000 版质量管理体系国家标准理解与实施 ［M］. 北京：中国标准出版社，2000.

［28］ GB 50319—2000 中华人民共和国国家标准建设工程监理规范 ［S］. 北京：中国建筑工业出版社，2001.

［29］ GB 50300—2001 中华人民共和国国家标准建设工程施工质量验收统一标准 ［S］. 北京：中国建筑工业出版社，2002.

［30］ GB 50204—2001 中华人民共和国国家标准混凝土结构工程施工质量验收规范 ［S］. 北京：中国

[31] GB/T 50326—2001 中华人民共和国国家标准建设工程项目管理规范 [S]. 北京：中国建筑工业出版社，2002.

[32] 顾慰慈. 工程监理质量控制 [M]. 北京：中国建材工业出版社，2001.

[33] 全国人大常委会法工委研究室. 中华人民共和国合同法释义 [M]. 北京：人民法院出版社，1999.

[34] 何红锋. 工程建设中的合同法与招标投标法 [M]. 北京：中国计划出版社，2002.

[35] 黄文杰. 建设工程招标实务 [M]. 北京：中国计划出版社. 2002.

[36] 曲修山. 建设工程招标代理法律制度 [M]. 北京：中国计划出版社，2002.

[37] 戴桂英，袁炳玉. 中华人民共和国招标投标法知识问答 [M]. 北京：企业管理出版社. 1999.

[38] 中华人民共和国财政部. 世界银行贷款项目招标文件范本——货物采购国内竞争性招标文件（中英文合订本）[M]. 北京：清华大学出版社，1997.

[39] 建设部政策法规司. 建设系统合同示范文本汇编 [M]. 北京：中国建筑工业出版社，2001.

[40] 国际咨询工程师联合会与中国工程咨询协会. 施工合同条件 [M]. 北京：中国机械工业出版社，2002.

[41] 国际咨询工程联合会. 刘英，等译. 土木工程施工分包合同条件 [M]. 北京：中国建筑工业出版社，1997.

[42] 中国建设监理协会. 建设工程监理信息管理 [M]. 北京：中国建筑工业出版社，2011.

[43] 曹晓红，李继文. 建设项目工程环境监理中的问题和建议 [J], 环境与可持续发展，2006.

[44] 程胜高，戴明新，安琪. 工程环境监理发展态势及其与环境评价关系 [J]. 环境科学与技术，2005，28（5）：63-65.

[45] 谷朝君，宋世伟. 生态类项目工程环境监理管理模式探讨 [A]. 国家环境保护总局环境影响评价管理司. 公路建设项目生态环境保护研究与实践 [C]. 北京：中国环境科学出版社，2007：337-341.

[46] 国家环境保护总局. 建设项目环境保护管理条例 [EB /OL] [2006-12-10].

[47] 国家环境保护总局. 环境监理工作暂行办法 [EB /OL] [2006-12-10].

[48] 黄萍，纪辉. 工程环境监理工作发展浅析 [J]. 科技信息. 2011（05）.

[49] 李国学. 固体废弃物处理与资源化 [M]. 北京：中国环境科学出版社，2005.

[50] 李世义. 工程环境监理基础与实务 [M]. 北京：中国环境科学出版社，2008.

[51] 李耀增. 青藏铁路的环境监理 [J]. 环境保护，2006（13）：28-31.

[52] 尚宇鸣，张宏安，燕子林，等. 小浪底工程环境保护与环境监理 [J]. 人民黄河，2002，22（2）：38-39.

[53] 谭民强，步青云，蔡梅，等. 关于建立工程环境监理制度的问题分析与对策探索 [J]. 环境保护. 2009（08）.

[54] 王东. 浅论工程建设环境监理中的问题和建议 [J]. 污染防治技术. 2009（04）.

[55] 谢建宇，马晓明. 工程环境监理与工程监理的比较及发展建议 [J]. 四川环境，2007，26（2）：109-112.

[56] 解新芳，尚宇鸣. 黄河小浪底工程环境保护实践 [M]. 郑州：黄河水利出版社，2000.

[57] 叶宏，胡颖铭. 建设项目环境监理的地位和作用初议 [J]. 四川环境. 2010（02）.

[58] 周闯，张蓉，史晓. 我国工程环境监理的发展态势及建议 [J]. 内蒙古环境科学，2009（01）.

[59] 张志强，焦德富，王子玉，等. 建设项目环境监理初探 [J]. 环境保护与循环经济. 2009（02）.

[60] 张长波，罗启仕. 我国工程环境监理的发展态势及其前景展望 [J]. 环境科学与技术. 2010（S2）：672-677.

[61] 马广儒，王旭，赵胜利. 土木工程监理 [M]. 北京：中国水利水电出版社，2009.

[62] 赵建奇，等. 建设项目环境监理100问 [M]. 北京：中国环境科学出版社，2010.